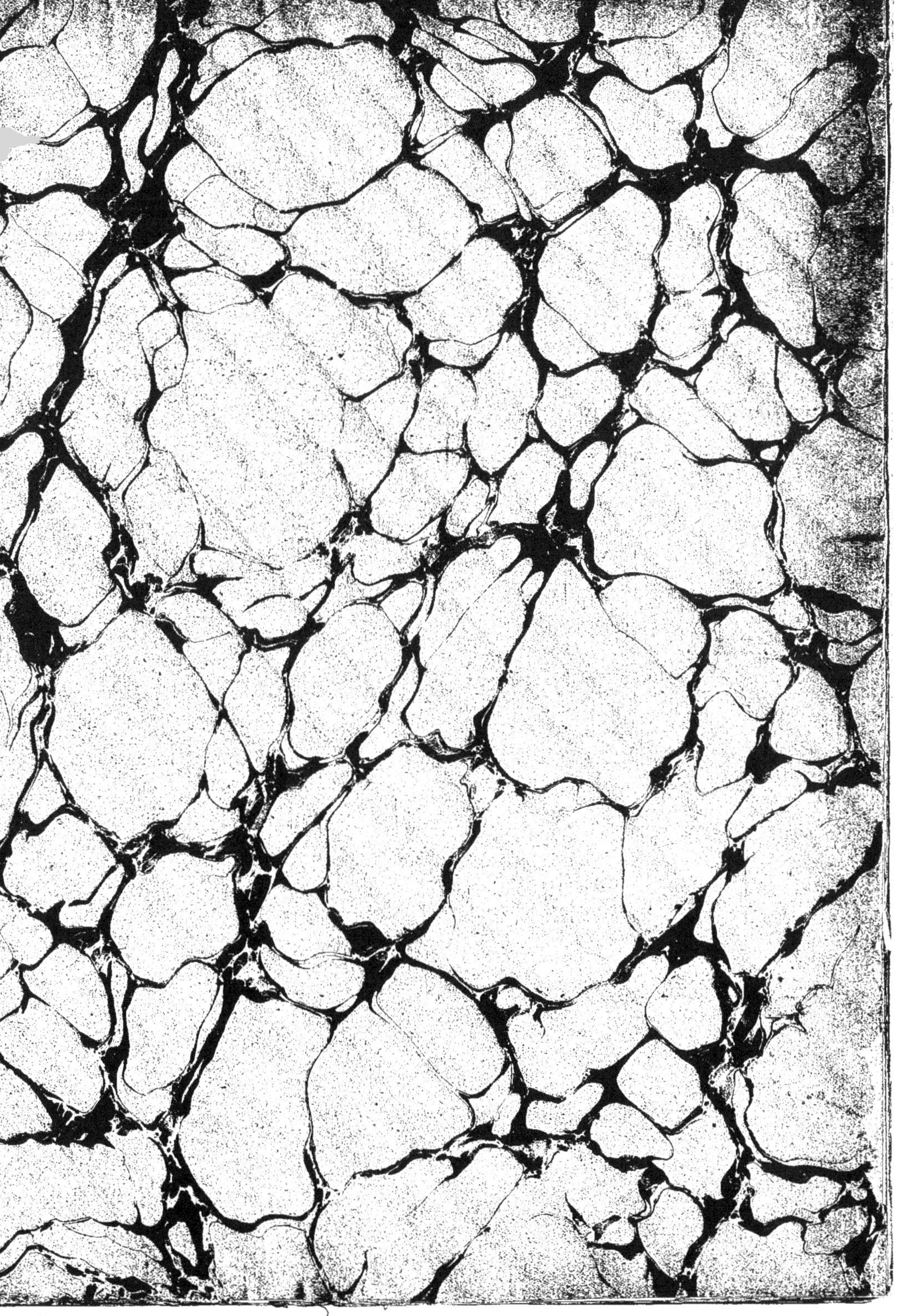

MATÉRIAUX

POUR LA

CARTE GÉOLOGIQUE DE LA SUISSE

PUBLIÉS PAR LA COMMISSION GÉOLOGIQUE DE LA SOCIÉTÉ HELVÉTIQUE DES SCIENCES NATURELLES

AUX FRAIS DE LA CONFÉDÉRATION

NOUVELLE SÉRIE : VIIIme LIVRAISON

38me LIVRAISON DU RECUEIL

(JOINTE A LA DEUXIÈME ÉDITION DE LA FEUILLE VII)

DEUXIÈME SUPPLÉMENT A LA DESCRIPTION GÉOLOGIQUE

DE LA

PARTIE JURASSIENNE DE LA FEUILLE VII

DE LA

CARTE GÉOLOGIQUE DE LA SUISSE AU 1 : 100,000

AVEC DEUX CARTES GÉOLOGIQUES AU 1 : 25,000, CINQ PLANCHES DE COUPES ET PROFILS, DONT DEUX COLORIÉES, ET NOMBREUSES ZINCOGRAVURES DANS LE TEXTE

PAR

LOUIS ROLLIER

BERNE

EN COMMISSION CHEZ SCHMID & FRANCKE (ANC. LIBRAIRIE J. DALP)

1898

Imprimerie Stæmpfli & Cie., Berne.

MATÉRIAUX

POUR LA

CARTE GÉOLOGIQUE DE LA SUISSE

PUBLIÉS PAR LA COMMISSION GÉOLOGIQUE DE LA SOCIÉTÉ HELVÉTIQUE DES SCIENCES NATURELLES

AUX FRAIS DE LA CONFÉDÉRATION

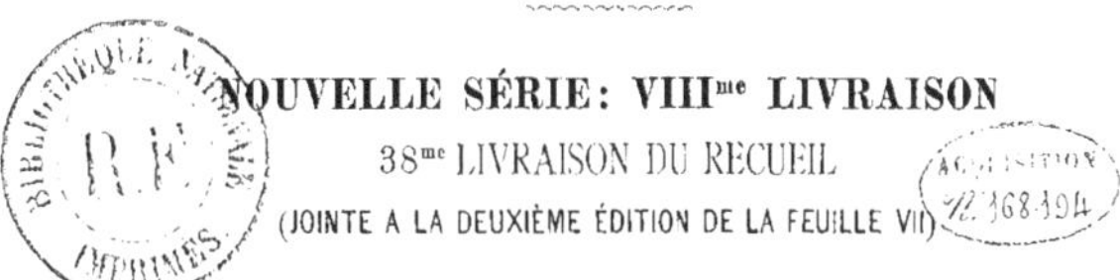

NOUVELLE SÉRIE : VIIIme LIVRAISON

38me LIVRAISON DU RECUEIL

(JOINTE A LA DEUXIÈME ÉDITION DE LA FEUILLE VII)

DEUXIÈME SUPPLÉMENT A LA DESCRIPTION GÉOLOGIQUE

DE LA

PARTIE JURASSIENNE DE LA FEUILLE VII

DE LA

CARTE GÉOLOGIQUE DE LA SUISSE AU 1 : 100,000

AVEC DEUX CARTES GÉOLOGIQUES AU 1 : 25,000, CINQ PLANCHES DE COUPES ET PROFILS, DONT DEUX COLORIÉES, ET NOMBREUSES ZINCOGRAVURES DANS LE TEXTE

PAR

LOUIS ROLLIER

BERNE

EN COMMISSION CHEZ SCHMID & FRANCKE (ANC. LIBRAIRIE J. DALP)

1898

Imprimerie Stæmpfli & Cie., Berne.

La Commission géologique déclare que les auteurs sont seuls responsables du contenu de leurs ouvrages.

DEUXIÈME SUPPLÉMENT

A LA

DESCRIPTION GÉOLOGIQUE DE LA PARTIE JURASSIENNE

DE LA

FEUILLE VII DE LA CARTE GÉOLOGIQUE DE LA SUISSE AU 1 : 100,000

JURA BERNOIS ET RÉGIONS ADJACENTES DU JURA NEUCHÂTELOIS, SOLEUROIS, BÂLOIS ET DU DÉPARTEMENT DU DOUBS,

AVEC EXTRAITS D'UN MANUSCRIT DE A. QUIQUEREZ

SUR LE

TERRAIN SIDÉROLITHIQUE (MINES DE FER DU JURA)

PAR

LOUIS ROLLIER

Avec deux cartes géologiques au 1 : 25,000, cinq planches de coupes et profils, dont deux coloriées, et nombreux clichés zincographiques dans le texte

Joint à la deuxième édition de la feuille VII au 1 : 100,000

PRÉFACE

Ce deuxième supplément à la huitième livraison des Matériaux pour la Carte géologique de la Suisse (Jura bernois et districts adjacents, par J.-B. Greppin, 1870) devait paraître en même temps que la deuxième édition de la feuille VII de la Carte géologique de la Suisse, à laquelle il doit, comme notre premier supplément, servir de texte explicatif. Les circonstances nous obligent d'ajourner encore la publication de cette édition revisée, qui sera entièrement levée pour la partie septentrionale, comme pour le reste de la feuille, au moyen des feuilles au 1 : 25,000 de l'Atlas Siegfried. La Commission géologique fédérale a bien voulu publier à cette échelle quelques régions particulièrement intéressantes (Environs de St-Imier, cartes A et B, jointes au premier supplément; Environs de Beinwyl [1]) avec la Hohe-Winde, pl. I *b*; Environs d'Asuel, pl. I *a* de ce deuxième supplément, levées de 1888 à 1898), pour lesquelles nous tenons à lui exprimer toute notre reconnaissance.

Si dans notre premier supplément nous avons tenu à faire la description de la Carte, en même temps que l'histoire géogénique du territoire compris entre le val de Delémont et la bordure interne du Jura, dans cette nouvelle livraison, consacrée plus particulièrement à la stratigraphie de la partie septentrionale de la feuille VII, nous ne ferons que de compléter et reviser les données de J.-B. Greppin, sauf pour la stratigraphie de l'Oolithique (Dogger) et pour quelques autres chapitres d'une portée plus générale.

La partie tectonique est un résumé des faits orographiques connus sur l'ensemble de la feuille. Nous avons à dessein laissé de côté la description proprement dite de la carte ou des contours des étages qui nous a paru être suffisamment traitée. Nous n'avons pas voulu non plus reprendre l'histoire

[1]) Dans le texte, nous avons préféré conserver l'orthographe ancienne des noms géographiques allemands. L'orthographe nouvelle des cartes est l'affaire du Bureau topographique.

géogénique de l'ensemble de la feuille VII, attendu que la partie septentrionale ne modifie pas nos conclusions, et que cette contrée se relie intimément au Jura de Ferrette et au Blauen situés en dehors de nos limites.

Quant à la paléonstatique et à la description de fossiles nouveaux, nous en ferons encore abstraction dans cette livraison.

On constatera de notables différences entre les contours de la feuille VII, deuxième édition, ceux de l'édition antérieure (J.-B. Greppin, 1870), ceux de la carte inédite ou manuscrite de Gressly (1850-60) et de la carte de J. Thurmann (1836-1850), également manuscrite, et reproduite en copies par Gressly ou par Bonanomi, jusqu'aux dernières années de la vie de Thurmann. Il y avait, en effet, de nombreuses rectifications à faire aux cartes antérieures, par exemple cette longue voussure oolithique marquée au lieu de plusieurs replis du Malm (Séquanien, etc.) depuis la Ferrière aux Breuleux. Le Sonnenberg, marqué tout en Astartien sur la carte de Greppin, est, en réalité, une large combe argovienne avec plusieurs pointements de dalle nacrée. Thurmann y marquait de l'Oxfordien, puisque l'Argovien n'en était pour lui qu'un équivalent synchronique. L'Infracrétacique est aussi mieux marqué pour le val de St-Imier sur la carte de Thurmann que sur celle de Greppin. Le Sidérolithique (Gompholithe) d'Indevillers et d'ailleurs de la carte de Thurmann avait de même passé dans l'oubli.

Toute la région N.-E. de la feuille (environs de Beinwyl et de Seewen) est fort défectueuse sur la carte de Müller (Carte géologique du canton de Bâle, 1862), d'où les contours ont passé presque sans modifications sur celle de J.-B. Greppin. Sur la carte de Müller, toute la Scheulte et le Monnat sont marqués „Corallenkalk“ au lieu d'une voussure oolithique ouverte jusqu'au Lias. Le Tertiaire du vallon de Vermes (Devant-la-Mait) ne figure même pas du tout. La Hohe-Winde est marquée tout simplement en Hauptrogenstein, sans détails tectoniques, ni Lias, ni Tertiaire. On voit aussi de fausses liaisons d'Oxfordien ou de Lias entre des chaînes adjacentes à travers les cluses, par exemple au Bogenthal, à Birkmatt, etc. A. Müller ne fait figurer du Tertiaire que dans le vallon de Girlang (d'après la carte et les reliefs de Gressly), tandis qu'il lui est partout inconnu sur les hauteurs de Neuhäuslein, à la Hohe-Winde, au S. de Waldenbourg, etc.

On remarquera sur notre feuille pour l'Ajoie des contours du Kimeridien et du Portlandien assez différents de ceux des cartes antérieures, voire même de celle des environs de Porrentruy, par J. Thurmann et E. Froté, jointe à la *Lethea Bruntrutana* (Nouv. Mém. Soc. helv. sc. nat., vol. 20). Dans cette région, ces différences tiennent à une modification des limites stratigraphiques de ces étages. Nous avons, pour des raisons à exposer ultérieurement, commencé le Portlandien avec le niveau des marnes à *Exogyra virgula*, rattachant ainsi l'Hypovirgulien de Thurmann au Kimeridien. Pour les autres étages du Malm, les limites sont restées sans modifications sur les travaux antérieurs, à l'exception bien entendu de l'Argovien que nous faisons figurer pour la première fois comme facies du Rauracien. On remarquera au changement de signes (traits-points) quelles sont les régions observables où s'accomplissent les transformations latérales de ces deux étages synchroniques. On verra aussi pour la première fois figurer l'amincissement de l'Oxfordien vers le S., puis sa disparition sur la bordure interne du Jura.

Il ne nous a pas été possible de reporter en détail les étages de l'Oolithique sur la carte au 1 : 100,000, à cause des difficultés d'observations dans les rampes, les crêts boisés, et surtout à cause de la petitesse de l'échelle de la carte. La topographie des cartes au 1 : 25,000 représente même d'une manière insuffisante le relief du sol produit par les étages du Dogger. Mais comme ce dernier ne participe que pour une assez faible part à la composition de la surface de notre sol, l'inconvénient se fera moins sentir que s'il y avait une grande étendue de pays à colorier dans ce terrain, comme c'est le cas pour le Malm ou pour la Molasse.

Ni le Lias, ni le Keuper n'ont été décomposés en étages, à cause de l'insuffisance et de l'exiguïté des affleurements dans ces terrains le plus souvent recouverts de végétation. La carte est du reste assez chargée de signes pour les autres groupes.

Quant au Tertiaire, nous avons voué une attention spéciale aux changements de facies ou de dépôt dans les limites des étages actuellement admis (voir la légende de la carte). Nous avons tenu compte des derniers travaux sur la stratigraphie de ce groupe, et bien qu'il nous reste quelques doutes sur certaines subdivisions, nous devons nous en tenir pour le moment aux modifications apportées par les géologues de Lyon à la classification de

M. K. Mayer. On arrivera peut-être plus tard à subdiviser la molasse alsacienne en deux assises au moyen des calcaires à *Helix rugulosa*. On démontrera peut-être un nouveau parallélisme de notre Molassique inférieur avec les étages Tongrien et Aquitanien d'Alsace. Il est, en effet, inconcevable de voir le calcaire à cérithes d'Ajoie disparaître parmi les sédiments molassiques des environs de Mulhouse. En attendant que la lumière se fasse, nous avons dû prendre un parti et adopter une échelle qui sera sans doute modifiée par la suite, mais qui n'en réalise pas moins un pas en avant dans la stratigraphie tertiaire, si difficile à fixer.

On trouvera en marge de la feuille, à côté de l'échelle des couleurs, les explications nécessaires pour s'orienter sur la composition des étages. Mais il est bien évident que ces quelques indications ne suffisent pas pour arriver à connaître d'une manière satisfaisante la géologie de nos montagnes. Il faut aussi avoir recours aux textes explicatifs ; le texte de J.-B. Greppin est indispensable à l'intelligence de nos suppléments, et doit être considéré comme la base de la géologie de la feuille VII.

Quant aux localités fossilifères, nous avons pris la résolution de supprimer sur notre feuille le signe spécial servant à les fixer, attendu que leur nombre est beaucoup trop considérable et que les affleurements sont variables. Il y a des couches entières formées de débris organiques (polypiers, crinoïdes, etc.). Partout où l'on creuse dans les couches, il y a quelque chose à récolter. Nous avons, par contre, pris soin de faire graver sur la carte les noms des gisements classiques et des régions citées particulièrement riches en fossiles, généralement peu connues dans la topographie ordinaire des cartes (Fringeli, Thiergarten, Pâturatte, etc.). Il suffit de connaître approximativement l'emplacement des localités fossilifères, tout en consultant les contours des étages sur la carte, pour arriver aux affleurements. Là, plus qu'ailleurs, c'est le flair et la bonne chance qui font découvrir des pièces intéressantes. Il faut profiter de visiter les nouveaux travaux d'art, les éboulements récents, etc., attendu que les anciens affleurements sont presque toujours recouverts ou épuisés. En outre, il ne faut pas que la carte remplace absolument les textes. C'est en lisant ces derniers qu'on apprend à se diriger sur le terrain. Souvent l'indication de points fossilifères sur la carte ne procure que des déceptions aux collectionneurs.

Nos principales sources vauclusiennes ont été marquées pour la première fois sur la carte au 1 : 100,000. Nous renvoyons pour la description et les considérations hydrologiques à l'article y relatif de J.-B. Greppin (Matériaux, Ire série, 8e livraison, p. 321-338), intitulé : „Sources du Jura central“.

Pour l'exploitation des mines et des carrières (matériaux de construction, sable, terre à briques, pierre à ciment, gypse, etc.), il existe des notices spéciales pour le Jura neuchâtelois, bernois, soleurois et bâlois compris dans les limites de la feuille VII ; elles ont été insérées dans la Notice sur les exploitations minérales de la Suisse, publiée par le Groupe 27 de l'Exposition nationale suisse à Genève en 1896.

La carte, plus complète et à plus grande échelle (1 : 100,000) que celle de MM. Weber et Brosi, qui date de l'Exposition de Zurich en 1883, n'a malheureusement pas été publiée. L'original se trouve au Musée d'histoire naturelle de Genève.

Les éboulements sont figurés sur notre feuille d'après les schéma proposés par la Commission géologique dans une circulaire spéciale pour l'étude de ce type orodynamique. Il est clair qu'à notre échelle, nous n'avons pu faire figurer que les plus considérables.

Ce n'est pas sans appréhension que nous livrons au public la 4e Carte géologique du Jura central, étant persuadé de l'existence dans la nôtre, aussi bien que dans les précédentes, de nombreuses lacunes et d'autres imperfections inhérentes à ce genre de travail. Nous y avons toutefois inséré toutes les données parvenues à notre connaissance, soit renseignements obtenus dans le pays, soit communications des amateurs de géologie ou des géologues jurassiens, que nous avons toujours vérifiées sur le terrain. C'est avec plaisir et reconnaissance que nous inscrivons ici les noms des amis de la géologie du Jura avec lesquels nous avons été en relations utiles et agréables :

MM. *B. Æberhardt*, professeur au progymnase, à Bienne.
Baumberger, alors maître secondaire à Douanne.
J. Bindy, ancien curé, à Vermes.
Bohrer, buraliste, à Erschwyl.
A. Charpié, négociant, à Malleray.

MM. *P. Choffat*, géologue officiel à Lisbonne (Portugal).

Dr *L. du Pasquier*, alors professeur à l'Académie de Neuchâtel.

A. Eberhardt, alors instituteur à Moutier.

G. Egger, alors directeur à Laufon.

l'abbé *Fellrath*, alors curé de Montsevelier.

P. Fleury, préfet de Laufon.

Frey, inspecteur forestier, à Berne.

H. Gobat, inspecteur scolaire, à Delémont.

Ed. Greppin, chimiste, à Bâle.

R. Griesser, curé de Seewen (Soleure).

Dr *V. Gross*, médecin, à Neuveville.

Dr *A. Gutzwiller*, professeur, à Bâle.

F. Hirt, instituteur, à Douanne.

G. Ischer, pasteur, à Mett, près Bienne.

Dr *F. Jenny*, maître réal, à Bâle.

E. Juillerat, professeur, à Bienne.

Dr *F. Koby*, recteur, à Porrentruy.

Dr *F. Lang*, professeur et ancien recteur, à Soleure.

Dr *F. Leuthardt*, professeur, à Liestal.

Moulin, pasteur, à Valangin.

Dr *F. Mühlberg*, professeur, à Aarau.

A. Perrin, alors pasteur à Court.

O. Rossel, horloger, à Tramelan.

Dr *H. Schardt*, professeur à l'Académie de Neuchâtel.

Dr *C. Schmidt*, professeur à l'Université de Bâle.

E. Schüler, rédacteur, à Bienne.

D. Simon, professeur au progymnase de Delémont.

H. Taillard, tenancier de l'Hôtel de la Couronne, à Goumois.

Dr *F. Thiessing*, rédacteur, à Berne.

Dr *van Werweke*, géologue officiel, à Strasbourg.

Certes, il reste encore des faits à observer, des détails qui ont toujours une certaine importance. Il est permis d'espérer que la connaissance de notre sol continuera à progresser grâce à l'intérêt scientifique et aux jouissances intellectuelles qui se rattachent à cette étude. Nous exprimons le vœu que cette carte provoque des rectifications et de nouvelles observations dont la science pure ou appliquée puisse tirer parti.

N.-B. Le texte qui suit a été rédigé pour la partie stratigraphique à Genève, durant l'hiver 1897/98, et soumis à la Commission géologique dans sa séance de mai dernier. La partie tectonique a été commencée à Strasbourg, durant l'hiver de 1895, et achevée à Neuchâtel après les courses complémentaires de l'été dernier.

Zurich, le 11 novembre 1898.

L. ROLLIER.

TABLE DES MATIÈRES

Seconde Partie.

PREMIÈRE PARTIE.

STRATIGRAPHIE.

La partie stratigraphique de ce deuxième supplément ne sera pas traitée avec les mêmes développements pour chaque terrain. C'est d'abord la nature et le nombre des affleurements pour les terrains inférieurs qui s'y opposent. L'Oolithique (Dogger) n'ayant pas fait le sujet d'une publication spéciale depuis J.-B. Greppin, nous avons tenu à lui donner un certain développement pour permettre au lecteur de faire des comparaisons avec ce qu'ont produit dernièrement dans ce groupe les contrées voisines de la nôtre. Le Jurassique supérieur (Malm) pouvait être traité plus rapidement, attendu que nous lui avons consacré ailleurs des études détaillées. Nous nous en tiendrons ici pour ce groupe à ce qu'il présente de nouveau et de particulièrement intéressant dans le Jura septentrional. Pour l'Infracrétacique, nous ferons la critique des explications parues ces dernières années sur les gisements anormaux ou les poches de marnes néocomiennes dans le Valangien. Les terrains tertiaires et quaternaires contiendront ce que nous avons trouvé de nouveau et d'important à signaler dans le reste de la feuille VII étudié depuis la publication de notre premier supplément (1893).

I. Muschelkalk.

Dans toute l'étendue de la feuille VII, on ne trouve pas de terrains plus anciens que les marnes et dolomies à anhydrite qu'on réunit ordinairement au groupe du Muschelkalk ou à l'étage Conchylien de d'Orbigny. Les noms d'étages de ce groupe n'ayant pas encore été fixés pour le N. de l'Europe, nous nous dispenserons d'en parler ici.

Günsberg. La localité la plus instructive pour sa coupe très étendue des terrains inférieurs au Jurassique est celle des carrières de gypse dans la montagne au N. du village de Günsberg, près Soleure. Comme des coupes de cette belle rampe n'ont jamais été publiées[1]), nous les donnerons ici comme vues d'ensemble des terrains à partir des marnes à anhydrite au-dessous du Muschelkalk proprement dit, jusqu'aux premiers étages jurassiques.

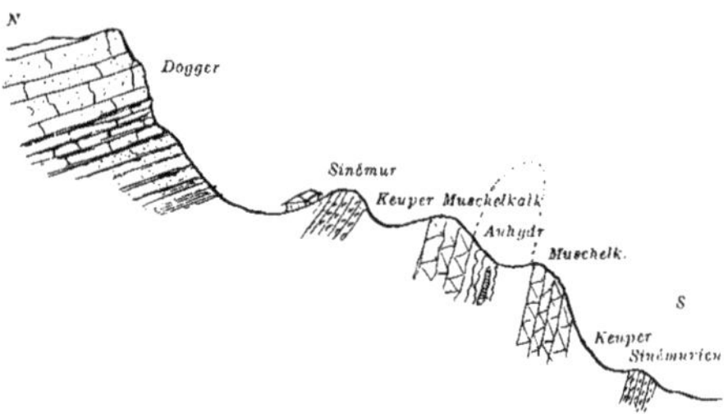

Fig. 1. Coupe au N.-W. de Günsberg par Längmatt.

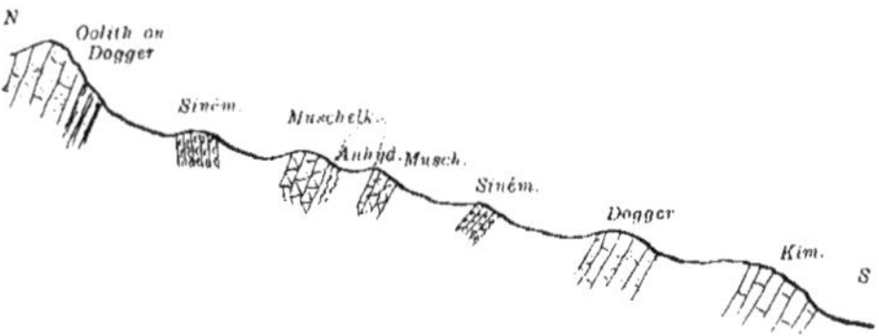

Fig. 2. Coupe au N. de Günsberg.

Reigoldswyl. Le Muschelkalk affleure en crêts chevauchés les uns sur les autres ou en voûtes régulières dans la région de Meltingen à Waldenbourg et plus à l'E., en dehors de nos limites. On voit une exploitation de gypse dans les marnes grises dites à anhydrite au flanc de la colline E. de Zullwyl. Le sommet de cette rampe est occupé par du Muschelkalk qui va en s'abaissant vers Nunningen.

---

[1]) Rappelons ici pour mémoire que le Muschelkalk du Balmberg a fourni au musée de Soleure un exemplaire intéressant de *Ceratites parcus* v. Buch, décrit et figuré dans Abhandlungen der Königl. Akademie der Wissenschaften zu Berlin, vol. de 1848: Über Ceratiten, pl. 4, fig. 2, p. 13.

La meilleure coupe du Muschelkalk se trouve dans le crêt formé par ce terrain au S. de Reigoldswyl, au pied du sentier des Wasserfalle. Le sommet est formé de calcaires gris ondulés, en petits bancs, avec lits marneux intercalés. Dans le milieu du massif, on voit des bancs plus épais (de 40 à 70 cm.) d'une roche blanchâtre, pétrie d'articles d'*Encrinus liliiformis*. Puis viennent des bancs rocailleux jaunes, stériles, et un nouveau lit à encrines se répète au bas de l'étage. L'ensemble de ce qu'on voit mesure 30 m. de puissance verticale.

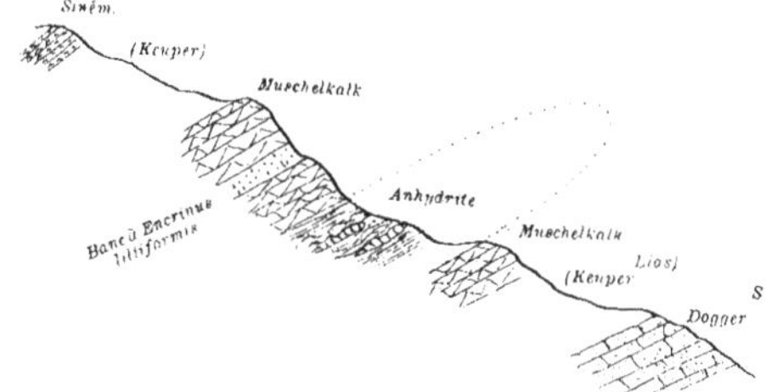

Fig. 3. **Coupe sur Hirzenmatt p. Günsberg.**

II. Keuper.

Le Keuper du Jura septentrional est presque toujours caché sous les cultures des combes liaso-keupériennes, ou sous les éboulis des rampes oolithiques. A part Mönchenstein (Neue-Welt) et Bellerive (8e livr. des Matériaux, p. 17), il a été peu étudié dans notre région, c'est pourquoi nous donnerons les coupes que nous avons pu recueillir sur plus d'un point, grâce à des exploitations ou à des glissements récents.

Günsberg. La coupe la plus complète du Keuper se trouve au Kaspisbergli, immédiatement au-dessus du crêt de Muschelkalk. La voici :

Sinémurien		Calcaire gris-bleuâtre, gréseux, à concrétions de silex gris-bleu.
	3-4 m.	Calcaire à gryphées, plusieurs petits bancs grisâtres, remplis au joint de *Gryphæa arcuata*.
	2 m.	Calcaire grisâtre, dur, en gros bancs.
	$0{,}_5$ m.	Calcaire grisâtre, taches et veines ocreuses, avec traces de spath ferrugineux oxydé. Un *Pecten* lisse.

Sinémurien		0,3 m.	Marne bleue, un peu sableuse.
		0,4 m.	Calcaire terreux, jaune, désagrégeable, bien lité.
		0,3 m.	Marne sableuse jaune d'ocre, grise à la base.
		0,4 m.	Calcaire assez dur, jaune, sableux, à petits fossiles.
		0,25 m.	Marne gris-verdâtre.
		1-2 m.	Marne jaune d'ocre, avec un lit noirâtre au milieu, et des feuillets plus durs.
		4 m.	Marne noire.
Norien (Bittner)	Marnes vertes	5 m.	Marnes vertes avec quelques bancs plus durs.
	Dolomies cubiques	2 m.	Dolomies compactes, bistres, fissurées, avec remplissage de calcite.
		3 m.	Dolomies bien litées, en petits bancs de 0,05 m., à délit cubique, séparés par des feuillets verdâtres argileux. Une zone gris.verdâtre, plus marneuse.
		0,6 m.	Banc de dolomie compacte.
	Marnes bigarrées	1 m.	Marne noire.
		1 m.	Feuillets marneux, bigarrés, rouges et verts, avec quelques lentilles de gypse saccharoïde.
	Calcaires dolomitiques	6 m.	Calcaire à ciment, gris, à taches bleues, en petits bancs réguliers.
		1,5 m.	Calcaire bien lité.
Karnien	Marnes charbonneuse (Lettenkohle)	5 m.	Marne noirâtre ou verdâtre.
		1 m.	Marne lie de vin, feuilletée.
		0,5 m.	Calcaire argileux, roux, terreux.
		1 m.	Calcaire avec lits argileux verdâtres.
		1 m.	Marne bien litée, gris-lilas, charbonneuse.

Muschelkalk (voir fig. 1, p. 2.)

La puissance du Keuper au Günsberg ne dépasse pas 30 m. (cfr. 8e livr., p. 18).

D'après une bienveillante communication de M. le professeur Lang, on a exploité autrefois en galeries (colonel Tugginer) le charbon de la Lettenkohle au Mittlerer Balmberg. Son trop grand contenu d'argile (18 %) le fit abandonner.

Passwang. En suivant le vieux chemin de Neuhäuslein au col du Passwang, on voit, à peu près à mi-chemin, une rampe découverte par glissements dans des dolomies et des marnes rouges qui représentent une série assez complète du Keuper. C'est ici que pour la première fois nous avons recueilli le *Myophoria Goldfussi*, qui se trouve en Alsace dans la dolomie (Grenzdolomit) située à la limite des marnes charbonneuses (Lettenkohle).

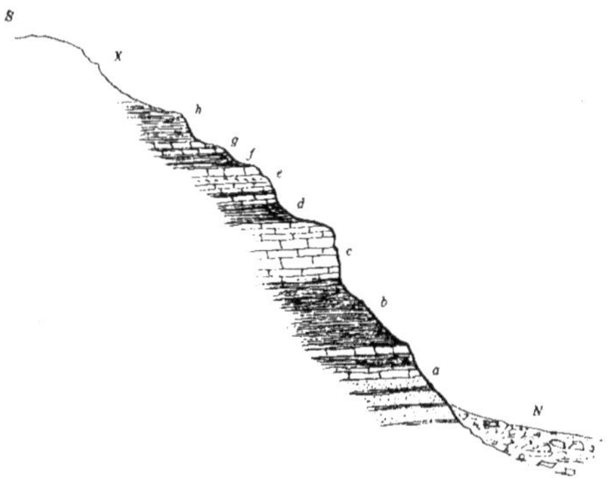

Fig. 4. **Coupe du Keuper, chemin du Passwang à Neuhäuslein.**

Voici la coupe du Keuper sur le chemin du Passwang à Neuhäuslein, Fig. 4. Le complément X se trouve plus à l'est, au-dessous du calcaire à gryphées qui forme saillie dans les prés :

Norien (Bittner)	Dolomies cubiques	Dolomies poreuses, pâles, alternant avec des marnes vertes.
	Marnes bigarrées	1-2 m. Marnes noires ou vertes.
		h. Marnes rouges.
	Calcaires dolomitiques	*g.* 1 m. Dolomie jaune.
		f. 1-2 m. Marnes rouges.
		e. 3 m. Dolomies bistres avec un lit pétri de *Myophoria Goldfussi*.
		d. 1-2 m. Marnes grises, veinées de rouge lie ou de vert.
		c. 2-3 m. Dolomies bistres.
		b. 5 m. Marnes vertes.

Karnien	Marnes charbonneuses	*a.* 5 m.	Marnes et dolomies avec marnes micacées noirâtres, sableuses, en alternance.

Moret, W. d'Erschwyl. On voit immédiatement au-dessous du Lias : Quelques petits bancs de dolomies alternant avec des marnes grisâtres, puis au-dessous : des marnes rouges avec un peu de gypse.

Bärschwyl. La colline des carrières de gypse de Bärschwyl forme un synclinal secondaire au milieu de la grande combe liaso-keupérienne qui s'étend sans interruption depuis Bärschwyl à Erschwyl. On y voit de haut en bas :

8-10 m. Alternance de bancs de 1-4 dm., dolomitiques, quelques-uns sableux, avec marnes gris-bleu, cendrées, quelques-unes rouge lie.

7 m. Marnes rouges, très argileuses, avec quelques bancs dolomitiques vers le bas.

Marnes noires, charbonneuses, avec blocs et grumeaux de gypse plus ou moins mélangé à la masse argileuse, souvent coloré en rose ou en noir, et formant une sorte de brèche de gypse.

L'exploitation se fait en galeries obliques, descendant sous la colline, en suivant l'inclinaison des couches.

On ne voit rien dans la colline au-dessus des dolomies, nous pensons toutefois que ces dernières sont inférieures aux marnes bigarrées du milieu du Keuper.

Cornol. Tout a été publié, ou à peu près, sur le gypse de Cornol exploité dans des carrières à ciel ouvert, dont Gressly a fait la coupe (v. Greppin, Matériaux, 8e livr., p. 16). Les épaisseurs doivent être exprimées en pieds suisses dans la coupe originale, et non en mètres comme l'indique Greppin.

En 1874 le maire Girard de Cornol et Thurberg de la Male-Côte ont fait un puits au N. des gypsières, à peu près au centre de la combe keupérienne. On sait qu'elle est déjetée au N. ; on voit un peu plus loin vers le N. affleurer les dolomies cubiques au sommet du Keuper, et leur recouvrement également renversé de calcaire à gryphées, le tout plongeant à 70° S.

L'ingénieur des mines du Jura, A. Quiquerez, écrit à ce propos[1]:

„Le puits a 96 pieds de profondeur, dans le gypse et les marnes gypseuses. On a ensuite ouvert une galerie vers le N., de 65 pieds de longueur, dans le même terrain, puis dans des alternances de gypse, de marne et quelques schistes micacés, avec trois minces filons de lignites pyriteux pris pour de la houille..... On en a recueilli un panier porté à un maréchal, qui a pu en faire usage, car il y a des morceaux riches en carbone."

Limmern. Dans la chaîne du Passwang, au N. de Mümmliswyl, le centre de la combe liaso-keupérienne est occupé par une voussure plus ou moins

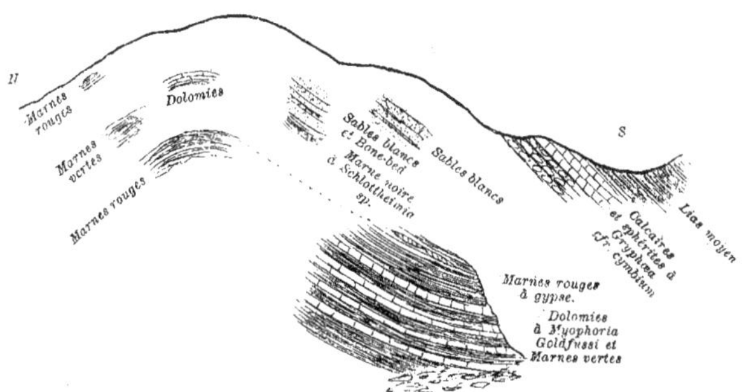

Fig. 5. **Vue à l'E. des Limmern.**

découverte. On y trouve la coupe suivante, rassemblée par fragments à l'E. des métairies des Limmern:

Série (10-15 m.) de marnes vertes dolomitiques et de bancs dolomitiques plus durs, terminée par un lit de marnes rouges, au sommet de la colline anticlinale.

? 10 m. Marnes rouges à gypse fibreux. Au-dessous de ces marnes, belle coupe:

8-10 m. Alternance de dolomies bien litées avec des marnes vertes un peu sableuses. Dans l'un des bancs dolomitiques, trouvé une valve de *Myophoria Goldfussi.*

---

[1]) Renseignements sur les mines du Jura bernois, manuscrit appartenant à l'Inspectorat des mines, p. 394.

Ullmatt. En montant depuis St-Romai près Reigoldswyl à Ullmatthöhe, on trouve au centre de l'anticlinal, immédiatement au-dessous des grès du Lias inférieur :

4 m. Marnes vertes et rouges.

3-4 m. Bancs de dolomies à délit cubique, puis les marnes vertes et rouges avec le grès forment le retour des couches.

Mönchenstein. La coupe du gisement de plantes de la Neue-Welt, dans le lit de la Birse au N. de Mönchenstein, exagérée par Greppin (8ᵉ livr., p. 18), vient d'être publiée à nouveau d'après les relevés de MM. Schmidt et Leuthardt, par M. le professeur Benecke dans le Bd. X, Heft 2, p. 125 de Bericht der naturf. Gesellschaft zu Freiburg i. B.

Le sommet du Keuper n'est pas suffisamment détaillé dans cette coupe pour permettre la comparaison avec les nôtres. Voici les couches découvertes nouvellement dans la colline de Mönchenstein (E) :

Cailloux alpins et limon des plateaux (Deckenschotter).

Marnes bigarrées	Marnes rouges.
Calcaires dolomitiques	Alternance de dolomies barriolées avec lits marneux gris ou verts, 8-10 m.
Marnes charbonneuses	Marnes noires à gypse, et bancs sableux, 4 m. Interruption par les éboulis, brèches dolomitiques, etc., sur le passage au groupe de la Lettenkohle.

Dans un bloc des dolomies supérieures, nous avons recueilli une valve de *Myophoria Goldfussi.*

Résumé. On voit donc par nos coupes relevées ces dernières années que le fossile caractéristique en Alsace et en Souabe de la dolomie limite (Grenzdolomit) se retrouve dans le Norien inférieur du Jura septentrional, immédiatement au-dessous des marnes rouges à gypse, dans des dolomies qui par conséquent, malgré leur répétition en alternance avec des marnes, peuvent être considérées comme l'équivalent du Grenzdolomit ou à peu près. Les marnes à gypse sont en général plus réduites et plus pauvres en gypse qu'en Alsace, et ce caractère s'accentue en marchant vers le S. (Günsberg). On sait que dans les Alpes orientales suisses le gypse fait complètement défaut, et que la Lettenkohle (Mythen, etc.) est surmontée par des dolomies (Röthidolomit) sans gypse, qui ne se retrouve pas davantage dans les marnes rouges (Quartenschiefer).

III. Lias.

Le Lias est généralement peu à découvert dans les combes liaso-keupériennes du Jura bernois et soleurois. Son épaisseur, y compris l'Aalénien, est en moyenne de 150 m. (Erschwyl, Passwang).

La stratigraphie du Lias est bien connue en Franche-Comté (Lettres sur les roches du Jura par J. Marcou, 8°, Zurich 1859, et Actes de la Soc. jur. d'émulation 1883), en Argovie (Mösch, Beiträge z. geol. Karte der Schweiz, 4e Lief.) et en Souabe (Quenstedt: der Jura, 8°, Tübingen 1858, F. Schalch: Bahnlinie Weizen-Immendingen in Mittheil. Grossherz. Badischen geol. Landesanstalt, Bd. II, et Meister: Geol. Skizze d. Kantons Schaffhausen im Jahresbericht des Gymnasiums 1891—1892).

Or, comme il diffère peu dans notre territoire, et que nous n'avons que peu d'affleurements à signaler, nous parlerons avant tout d'un facies intéressant du Lias inférieur ou Sinémurien qui s'observe entre Balsthal et Laufon. C'est un dépôt sableux, quelquefois un grès blanc analogue à celui d'Hettange et de Luxembourg, et inconnu du reste en Alsace. Comme les géologues de Strasbourg ont démontré que l'Hettangien de M. Renevier n'est qu'un facies sableux des zones à *Psiloceras planorbe, Schlottheimia angulata* et parfois même de la zone à *Arietites Bucklandi,* suivant les régions, nous ferons abstraction de ce groupe comme nom d'étage, pour le rapporter entièrement au Sinémurien de d'Orbigny. E. de Beaumont déjà en 1856 admettait des relations analogues pour le grès de Luxembourg par rapport aux couches à *Gryphæa arcuata* [1]).

Limmern. La région la plus étendue et la plus intéressante pour l'étude du Sinémurien sableux se trouve au N.-E. de Mümmliswyl dans la combe des

[1]) Voir Bull. Soc. géol. de France, 2e série, t. 13, p. 219, et Dewalque *eod. loc.*, t. 14, p. 719; v. Werwecke in Mittheilungen der geologischen Landesanstalt von Elsass-Lothringen, Bd. IV.

Limmern que nous avons déjà citée à propos du Keuper. On y voit immédiatement au-dessus de ce terrain, au flanc S. de la voussure régulière du centre de la chaine:

10 m. Marnes un peu feuilletées, passant au Lias moyen.

8 m. Bancs marno-calcaires foncés, se délitant en sphérites, et alternant avec des lits marneux. *Gryphæa obliqua.*

15 m. Grès blancs, tendres ou plus durs, par lits, quelquefois un vrai sable alternant avec des marnes vert clair. A la base, un lit à noyaux argileux qui paraissent avoir été des galets marneux, maintenant plus ou moins dissous. Ce lit renferme des dents de reptiles et de mammifères (*Sargodon, Saurichthys,* etc.). C'est un *bone-bed* un peu plus jeune que celui du Keuper de Souabe.

2 m. Marne calcaire, très foncée, avec *Schlottheimia* sp.

Keuper.

A l'W. des Limmern, le calcaire à gryphées redevient normal, il contient toutefois encore 40 % de silice et d'argile.

Neuhäuslein. Dans la combe liaso-keupérienne du Passwang, immédiatement au S. de l'auberge de Neuhäuslein, près de la ferme nommée Gritt, on trouve au lieu du calcaire à gryphées connu partout ailleurs dans le Jura bernois et soleurois (voir la coupe de Kaspisbergli, p. 3) un grès passant à des marno-calcaires vers le haut, et renfermant partout le fossile caractéristique du Sinémurien moyen: *Gryphæa arcuata.* Ce grès forme saillie ou une petite arête au milieu de la combe.

Au N. de Neuhäuslein, sur un nouveau chemin qui conduit vers Birtis, dans la combe liaso-keupérienne de Ullmatt, on retrouve le grès à gryphées de chaque côté des affleurements du Keuper. Ici le test des gryphées a disparu par dissolution; quelques exemplaires sont à demi silicifiés. Il s'agit bien de l'espèce du Sinémurien moyen: *Gryphæa arcuata* Lam. (*Ostrea gryphus* Lin.).

Erschwyl. On voit aussi le grès sinémurien formant voussure dans les prés à l'W. d'Erschwyl, mais la partie visible des bancs est sans fossiles.

Par contre en continuant le même chemin vers l'ouest, on arrive au sommet du col vers Grindel, en longeant toujours la combe liaso-keupérienne. La carte Siegfried indique la ferme de Moret en ce point. On y voit au bord du chemin un ancien creusage dans le grès à gryphées recouvrant le Keuper dont il a été question ci-dessus. Cette localité est intéressante par la quantité de coquilles silicifiées de *Gryphœa arcuata* engagées dans le grès. Quelques exemplaires ont perdu leur test par dissolution, l'eau d'infiltration dans ces grès étant naturellement peu chargée de carbonate de chaux. Nous avons aussi remarqué l'empreinte d'un gros *Arietites*.

Autres étages du Lias. Les étages moyen et supérieur du Lias sont mal connus dans notre territoire, parce qu'il y a peu d'affleurements. Nous avons signalé, dans le premier supplément à la 8e livraison de ces Matériaux, le Charmouthien du Grenchenberg. Les marno-calcaires prédominent avec des fossiles non pyriteux.

Dans le Lias supérieur formé surtout de marnes schisteuses, on voit les mêmes divisions qu'en Franche-Comté ou en Alsace. La seule localité intéressante est celle de Sous-les-Roches au S. de Bressaucourt, où nous avons appris à connaître ce terrain pendant les courses faites sous la conduite de M. Koby, notre professeur de sciences naturelles à l'école cantonale de Porrentruy. L'affleurement de la base de l'Aalénien qu'on y voyait en 1877 est déjà bien masqué par la végétation. Nous y avons recueilli : *Lioceras opalinum, Belemnites breviformis, Trochus duplicatus, Cerithium armatum, Astarte Suessi, Leda rostralis, Nucula Hausmanni (Hammeri* auct.*), Pentacrinus Rollieri* de Lor.

L'Aalénien supérieur est presque partout une oolithe ferrugineuse que la plupart des auteurs placent déjà à la base de l'Oolithique ; l'école allemande commence même ce dernier avec l'Aalénien. Cette question ne nous occupera pas ici. Nous signalerons seulement les gisements à visiter de ce niveau assez riche en *Harpoceras (Lioceras) falcatum* Qu. sp. (= *L. concavum* auct.) et *H. (Ludwigia) Murchisonœ :* ce sont les environs de Roche p. Moutier, le Coulou, la ferme de Grange-Guéron au N. des Rangiers et les ravins du Balmberg au N. de Soleure.

IV. Dogger ou Oolithique.

Ce terrain renfermera pour nous quatre étages: le *Bajocien* ou *Lédonien*, le *Vésullien*, le *Bathien* et le *Callovien*[1]).

Le Bajocien (Lédonien pour les dépôts coralligènes) reste comme de coutume composé de la Pierre à Entroques et du Calcaire à Polypiers correspondant aux zones à *Harpoceras (Sonninia) Sowerbyi* et à *Stephanoceras (Cœloceras) Humphriesianum*.

Le Vésullien (Mayer) comprend les marnes sableuses à *Stephanoceras Blagdeni* et l'Oolithe subcompacte de Thurmann. (Grande oolithe auctor., Hauptrogenstein.)

Le Bathien (Mayer) est constitué par les Marnes à Homomyes avec *Ostrea acuminata* et les oolithes sus-jacentes correspondant au Forest-Marble. (Grande oolithe de J.-B. Greppin, non E. Greppin.)

Le Callovien comprend le Calcaire roux-sableux de Thurmann (Cornbrash) où apparaît *Rhynchonella varians*, les couches à *Macrocephalites macrocephalus*, la Dalle nacrée, et l'Oolithe ferrugineuse de Clucy à *Peltoceras athleta* (Divésien).

Jura neuchâtelois. Dans les rochers qui entourent l'affleurement liasique de la Combe-aux-Auges sous Montpéreux et à Trémont, derrière la Vue-des-Alpes, on rencontre la plus belle série de l'Oolithique du Jura neuchâtelois, parfai-

---

[1]) Afin d'être bien compris du lecteur, voici comment nous fixerons la signification des étages de M. K. Mayer sur la série oolithique de Normandie:

Callovien (Kellovien)	Marnes de Dives (non Villers). Couches de Lion-sur-Mer à *Eudesia cardium, Per. procerus:* Cornbrash.
Bathien Mayer	Calc. à bryozoaires et polypiers de Ranville, Langrune et couche à *Eligmus* (qlqf. 80 m.). Caillasses à *Per. arbustigerus* et marnes à *Zeil. digona, Dic. coarctata, Eud. cardium.*
Vésullien Mayer	Oolithe miliaire à *Lucina bellona* 30 m. Calcaire marneux du Bessin et calc. de Caen (qlqf. 50 m.).
Bajocien d'Orb. em. May.	Oolithe blanche et ool. ferrugineuse à *Steph. Humphriesianum, Parkinsonia Parkinsoni.* Calc. à *Sphæroc. Sauzei* 0,30 m.
Aalénien Mayer	Mâlière à *Harpoc. Murchisonæ.* .... etc. (qui manque en Normandie).

tement comparable à celle de Besançon et de Mouthier-Haute-Pierre dans le département du Doubs. Le fait le plus instructif dans cette série, c'est la réapparition des polypiers à deux ou trois niveaux, qui réfute d'emblée ce qu'a dit A. Tobler à propos du manque de polypiers et de leur répartition géographique dans cette partie du Jura (Verhandl. Basel, Bd. IX, p. 297). Voici les faits :

Séquanien	1 Calcaires ptérocériens. 2 Oolithe blanche. 3 Bancs marneux. 4 Calcaires oolithiques divers.
Argovien	5 Marno-calcaires et marnes à *Cardioceras alternans*. 6 Calcaires à spongiaires (Couches de Birmensdorf).
Callovien	7 Dalle nacrée typique. 8 Calcaire roux-sableux ou marnes du Furcil.
Bathien	9 Bancs de calcaires blancs, coralligènes : Pierre blanche. 10 Oolithe miliaire, gris-blanchâtre, peu fossilifère, 12 m. 11 Marnes jaunes et marno-calcaires gris, oolithiques ou grésiformes à *Parkinsonia, Ostrea acuminata, Pholadomya Murchisoni, Terebratula maxillata, Rhynchonella obsoleta*.
Vésullien	12 Calcaire à polypiers, sableux, grisâtre : *Pentacrinus Nicoleti, Isastrea*. 13 Calcaires oolithiques, massifs, blanchâtres, subspathiques. 14 Assises marneuses, recouvertes.

Fig. 6. Coupe-profil de Montpéreux depuis la gare des Convers.

Bajocien ou Lédonien

15 Calcaire à polypiers, assez irrégulier, avec bancs et nids argileux: *Ostrea flabelloides, Pecten Dewalquei, Cidaris Schmidlini* (Des.) Cott. = *C. meandrina* auct. : un test avec nombreux radioles adhérénts, *Pentacrinus* sp., *Isastrea* et *Thamnastrea.* C'est le sommet de la carrière de Montpéreux, au flanc E. de la Combe-aux-Auges.

16 Calcaire à entroques en bancs réguliers, bonne pierre pour moellons, presque entièrement formée par des débris spathiques de crinoïdes. Quelques bancs inférieurs sont en dalles avec lits argileux. Trouvé de belles plaques couvertes de calices d'*Extracrinus Dargniesi.* Ce crinoïde a certainement contribué pour une bonne part à la formation de la pierre à entroques.

Aalénien

17 Petits bancs sableux avec lits marno-sableux noirâtres, sans fossiles.

18 Passage au lias supérieur à *Harpoceras opalinum.* Cette espèce a été retirée du puits n° V du tunnel des Loges.

En suivant depuis le N. la route de la Vue-des-Alpes, on peut étudier presque chaque couche à partir de la dépression marneuse (marnes du Furcil) que l'on rencontre sous la dalle nacrée. On trouve d'abord la pierre blanche en bancs réguliers, à oolithes clairsemées, avec des taches roses et bleues, comme à Besançon. Il s'y intercale aussi quelques feuillets marneux gris. Puis viennent des bancs compacts ou grumeleux, marno-calcaires plus ou moins siliceux, jaunâtres ou gris, suivant le degré d'oxydation. On recueille fréquemment *Ctenostreon pectiniforme, Pecten lens, Lima ovalis, Holectypus depressus, Cidaris Courtaudina* Cott. (= *C. cucumifera* auct.[1]), et de nombreux articles de

---

[1]) *Cidaris cucumifera* Agassiz, du terrain à chailles de Besançon (Rauracien inférieur), gisement contesté par de Loriol (Echinologie helvétique), et par Cotteau (Pal. franç., Echinides jur. régul., p. 35). C'est selon eux syn. *Cidaris Courtaudina* Cott. de l'oolithe inférieure de l'Yonne.

Cidaris meandrina Agassiz, du terrain à chailles de Günsberg (Séquanien inférieur), gisement contesté par Mösch, Desor, de Loriol et par Cotteau (Pal. franç., Echinides régul. jurass., p. 81). Ce serait syn. *Cidaris Schmidlini* (Desor) Cotteau du Dogger.

D'après ce que nous venons de voir à Montpéreux, les *Cidaris cucumifera* et *meandrina* de la Pal. franç. ne sont pas absolument cantonnés comme l'indique Cotteau, mais elles se retrouvent toutes deux indifféremment dans le Bajocien et le Bathonien. Nous croyons qu'il y aurait lieu de vérifier si les deux gisements cités par Agassiz ne contiennent vraiment pas de Cidaris à radioles glandiformes répondant à ses figures, étant données les modifications insignifiantes qu'ils subissent en passant du Dogger au Malm (*Cid. propinqua, glandifera,* etc.).

Pentacrinus Brotensis. Il y a des polypiers dans les bancs calcaires qui reposent immédiatement sur les gros bancs oolithiques exploités dans la carrière de Treymont, à quelques pas de la route. Toute cette série repose incontestablement et régulièrement sur les rochers de la Combe-aux-Auges correspondant au Lédonien de Montpéreux.

On voit donc dans les séries oolithiques de Montpéreux et de la Vue-des-Alpes qu'il existe au moins deux niveaux de polypiers, l'un bien connu au sommet du Lédonien (Bajocien), l'autre au sommet du Vésullien. Il est aussi évident que la pierre blanche se rattache à l'oolithe miliaire (grande Oolithe de J.-B. Greppin).

Sur le chemin du Cernil au Pouillerel et aux environs du Petit-Château près Chaux-de-Fonds, on relève la série suivante (Fig. 7):

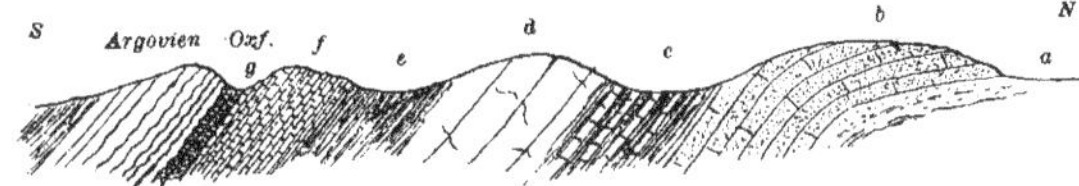

Fig. 7. **Pouillerel p. Chaux-de-fonds.**

Argovien: Calcaire gris avec lits marneux feuilletés, puis Spongitien à la base, avec un banc de marne grise, grumeleuse.

Oxfordien: Marne rousse à nombreux *Belemnites hastatus.*

Callovien
- *g.* Marne noire, onctueuse, à concrétions renfermant des oolithes ferrugineuses noires et *Cosmoceras* sp. Ces deux dépôts ne mesurent ensemble qu'un mètre d'épaisseur.
- *f.* Dalle nacrée, très caractéristique, plaques couvertes de débris d'huîtres et de bryozoaires *(Ceriopora).*
- *e.* Marnes du Furcil, ou calcaire roux sableux.

Bathien
- *d.* Forest-Marble ou pierre blanche, en gros bancs, quelquefois oolithiques avec taches roses.
- *c.* Marno-calcaires gris et marnes feuilletées, gris-bleu, à *Pecten lens, Modiola cuneata, Homomya Vezelayi, Pholadomya Murchisoni, Terebratula maxillata, Echinobrissus quadratus.*

Vésullien
- *b.* Grands bancs oolithiques, compacts ; vers la base passant à une lumachelle d'huîtres brisées et de bryozoaires.
- *a.* Calcaires irréguliers, jaunâtres, siliceux et marneux.

La coupe remarquable des marnes du Furcil près Noiraigue reproduit bien, malgré la distance, les marnes de Bouxwiller (Buchsweiler) en Basse-Alsace. (Voir figure 8.)

Fig. 8. **Coupe du Furcil p. Noiraigue.**

Les petits bancs marno-calcaires de la base de la coupe du Furcil renferment abondamment de gros exemplaires adultes de *Parkinsonia Neuffensis.* Puis au-dessous, dans le lit de la Reuse, on voit des bancs oolithiques (*a*), qui se relèvent plus à l'est, le long de la ligne du chemin de fer. Ce sont des calcaires variables, fendillés, gris-brun, ochracés, très fossilifères: *Ostrea (Alectryonia)* sp., *Ctenostreon pectiniforme*, *Pecten Rhypheus*, *Homomya gibbosa*, *Pholadomya Murchisoni*, *Hemithyris spinosa*, *Rhynchonella obsoleta*, *Terebratula globata*, *T. Furciliensis*, *Holectypus depressus* et *hemisphæricus*, *Clypeus altus*, *C. Osterwaldi*, *Collyrites ringens*, etc. (Voir Jaccard, Matér., 6e livr., p. 219). C'est du Bathien supérieur.

Puis vient un massif oolithique compact, de couleur claire, avec quelques points siliceux par places: *Rhynchonella obsoleta*, *Pecten (Camptonectes)* sp.

Plus loin encore, on a retiré d'une galerie sous le massif précédent des marnes gris-bleu avec nombreux débris de polypiers: *Isastrea*, *Pecten Dewalquei*, bel exemplaire.

Sur la route de Brot à Fretreules, on trouve sur le massif oolithique ou dans sa partie supérieure des bancs coralligènes et siliceux, pétris de *Rhynchonella obsoleta*, *R. major*, *R. acuticosta*, et surtout d'une *Zeilleria* intermédiaire entre *Z. subbucculenta* Chap. et Dew. et *Z. subrugata* Desl., avec quelques exemplaires de *Pecten Dewalquei*, *Cidaris Courtaudina*, nombreux Polypiers, etc. C'est le Bajocien ou Lédonien de Jaccard (Matériaux, 6e livr., p. 222 et suiv.) ou les *Meandrina*-Schichten de M. Mösch. Sa position vers le sommet du Bathien ne peut être douteuse en dressant la carte détaillée de la région. C'est l'équivalent du Forest-Marble.

L'erreur de Jaccard a naturellement passé dans la Monographie des polypiers jurassiques de la Suisse, quant au gisement des polypiers de Brot.

La dalle nacrée des environs de Brot est partout très riche en articles du *Pentacrinus Brotensis* de Lor. dont le gisement est indiqué aussi par erreur comme Bajocien dans la Paléontologie française, Crinoïdes, t. XI, 2e part., p. 152, et Crin. de la Suisse, p. 133. Il est accompagné à Brot de *Pentacrinus Nicoleti* (Des.) de Lor.

Nous avons relevé dernièrement avec M. Th. Rittener, professeur à Ste-Croix, la coupe de l'Oolithique du Chasseron, qui est plus claire que celle des gorges de la Reuse pour fixer la position des couches coralligènes par rapport aux marnes du Furcil et aux massifs oolithiques. La voici:

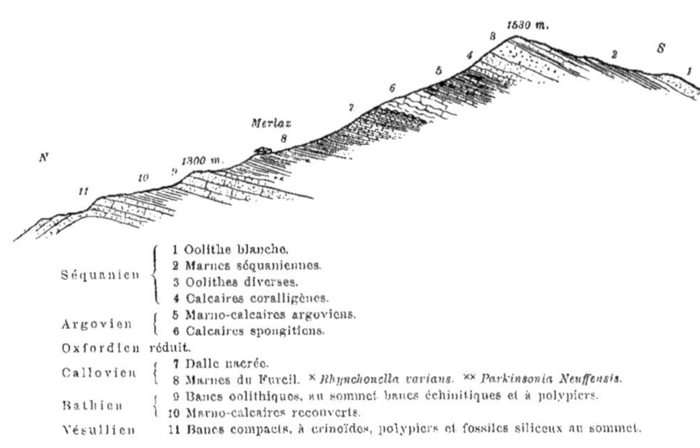

Fig. 9. **Coupe du Chasseron.** (Echelle 3 : 25,000).

Une série analogue relevée sur le chemin de Crébillon, au pied de l'Aiguille de Baulmes, nous montre encore les mêmes faits qu'au Chasseron. On y voit une transformation de l'oolithe vésullienne en brèche à échinodermes en voie d'accomplissement vers le S.-W. Dans la chaîne de la Faucille, ainsi qu'à Mamirolle (Doubs) on retrouve cette roche plus ou moins semblable à la pierre à entroques du Lédonien, mais non synchronique.

Le fait le plus probant pour la stratigraphie de l'Oolithique du Jura neuchâtelois et vaudois, c'est la présence de *Rhynchonella varians* dans les marnes du Furcil (Coll. Jaccard)[1]), à la Merlaz (Chasseron) et aux environs de Baulmes (Rittener). Les exemplaires nombreux et parfaitement typiques de cette espèce nous autorisent donc à rapporter entièrement les marnes du Furcil au calcaire roux sableux du Jura bernois.

Chaîne du Chasseral. La coupe du Steinersberg au Jobert dans la chaîne du Chasseral est importante, parce qu'elle fait voir la base de l'oolithe vésullienne ou passage au Lédonien supérieur. Ce sont des marno-calcaires sableux,

[1]) Les exemplaires du Furcil, bien que parfaitement caractérisés, sont en général beaucoup plus grands que ceux de Baulmes et du Chasseron.

siliceux, où nous avons rencontré en place *Stephanoceras Blagdeni*. Cette espèce continue à se montrer vers l'est, au Balmberg, au Hauenstein, dans des marno-calcaires analogues, du reste peu fossilifères. Nulle part nous n'avons réussi à découvrir à ce niveau *Ostrea acuminata* qui caractérise ailleurs (Alsace, Vesoul) la base du Vésullien. Chez nous, elle ne se montre qu'à la base de l'étage suivant (marnes à Homomyes).

Au-dessus des marno-calcaires sableux à *Stephanoceras Blagdeni* se place au Steinersberg le premier massif de rochers, soit 30-40 m. d'une oolithe fine en gros bancs et qui mérite pour sa compacité mieux que le nom d'oolithe subcompacte de Thurmann, comme presque partout ailleurs dans le Jura, quoique c'en soit incontestablement le niveau. Les fossiles font à peu près défaut.

Au-dessus de ce massif se trouvent des marno-calcaires grumeleux, jaunes ou bleus quand ils sortent de la profondeur. On peut recueillir des fossiles dans quelques dévaloirs au pied des rochers du Vésullien, et on voit en place, au-dessus de ces rochers, les bancs marneux qui les renferment. Les plus caractéristiques sont: *Ostrea acuminata, Homomya Vezelayi* et *Rhynchonella obsoleta.*

Ces assises marneuses se poursuivent avec plusieurs affleurements dans la chaîne du Chasseral, notamment à l'W. de la métairie dite de Bienne (Mittlerer Bielberg), d'où nous les avons citées (Ier suppl. à la 8e livr. des Matériaux pour la Carte géol. de la Suisse, p. 46). Ici l'on rencontre des céphalopodes: *Megatheuthis gigantea, Parkinsonia Neuffensis,* etc., dans des marnes assez analogues à celles du Furcil, mais séparées d'elles ou du calcaire roux sableux par la pierre blanche et l'oolithe miliaire.

On voit affleurer régulièrement ce dernier massif calcaire en rampes (rochers du haut de Steinersberg), en crêts ou en voûtes dans la chaîne du Chasseral. La pierre blanche est parfois complètement remplacée par l'oolithe miliaire. Sa faune est peu riche; on trouve des *Pholadomya Heraulti, P. bucardium* et *P. Murchisoni* surtout à la base du massif, au contact des marnes, dans des assises déjà franchement oolithiques.

Sur la pierre blanche, on rencontre en plusieurs affleurements vers Meiseschlag des marno-calcaires un peu sableux, plus ou moins concrétionnés, de couleur gris-bleu en profondeur, se désagrégeant en patine rousse, et renfermant *Acanthothyris spinosa, Collyrites ovalis,* etc. La dalle nacrée qui recouvre ces assises marneuses est partout la même qu'aux Convers et à Chaux-de-Fonds.

Dans toute la chaîne du Chasseral, on ne trouve pas d'oolithe ferrugineuse à *Peltoceras athleta*. L'assise marneuse à oolithe ferrugineuse d'à peine 1 m. de puissance qui recouvre la dalle nacrée et qui est elle-même recouverte par le Spongitien, ne renferme que des fossiles oxfordiens du niveau de *Cardioceras cordatum* (Combe-Grède, etc.).

Chaîne du Weissenstein. On voit dans le profil du Balmberg et de Längmatt (antea p. 2) une série assez complète du Bajocien au-dessus de l'oolithe ferrugineuse à *Harpoceras (Ludwigia) Murchisonæ* et *Harpoceras (Lioceras) falcatum*. Ce sont des calcaires sableux, fortement ferrugineux, à patine rousse de désagrégation, et renfermant souvent encore des oolithes ferrugineuses. On y rencontre abondamment *Terebratula (Heimia) Mayeri* (Choffat) Haas, qui se retrouve également à ce niveau en Argovie (Betznau). D'autres fossiles sont plus rares, on voit quelquefois un *Camptonectes* et des *Gresslya*. Les facies à entroques et à polypiers sont complètement remplacés ici par des dépôts ferrugineux où les céphalopodes ne sont pas encore ou peu représentés.

Au-dessus du Bajocien se retrouvent les calcaires marno-sableux et siliceux du Vésullien inférieur, dans lesquels nous avons rencontré des *Stephanoceras Blagdeni* avec des Bélemnites et un gros Nautile. On trouve également à ce niveau, et à partir de ce point vers le N.-E., de petits bivalves et gastéropodes au test siliceux, d'un aspect qui rappelle le terrain à chailles siliceux. J.-B. Greppin, qui en a recueilli aux environs de Soyhières (Musée de Strasbourg), les cite par erreur dans le terrain à chailles sous les noms nouveaux de *Nucula subacuta* et *Astarte subnucleus* (Matér., 8e livr., p. 81, et Essai géol., p. 69). Ils sont du reste connus de Quenstedt (Jura Tab. 53) dans son Brauner Gamma. On les retrouve abondamment dans des chailles roulantes sur les pâturages, au pied des rochers vésulliens du Balmberg et des Limmern, dans la chaîne du Passwang. Signalons en outre au musée de Bienne un très bel exemplaire de *S. Blagdeni* recueilli par nous-même dans les marno-calcaires sableux, foncés, du même niveau sur la route de Trimbach au Hauenstein. Il y a aussi au musée de Bienne un gros *Perisphinctes* d'environ 4 dm. de diamètre, provenant des mêmes calcaires bleus lors du percement du tunnel du Hauenstein. En le dégageant de sa gangue, nous avons trouvé plusieurs géodes ou veinules remplies de blende qu'on retrouve çà et là dans les calcaires bleus du dogger.

L'oolithe vésullienne se maintient partout dans la chaîne du Weissenstein et au Montoz avec les mêmes caractères que dans la chaîne du Chasseral. Ce sont de gros bancs de calcaires oolithiques fins, où les fossiles sont pour ainsi dire l'exception.

Par contre, les marnes à homomyes deviennent très fossilifères à partir du Montoz vers l'E. dans la chaîne du Weissenstein. Nous avons déjà signalé les affleurements du Grenchenberg; on les retrouve derrière la Röthifluh, sous l'hôtel du Weissenstein, et au Balmberg. Partout où la marne jaune (ou gris-bleu en profondeur) est entamée, l'on rencontre de nombreux fossiles dont les plus caractéristiques sont *Ostrea acuminata* et *Homomya Vezelayi.*

L'oolithe miliaire bathienne est à peine différente dans toute cette région de l'oolithe vésullienne; on ne remarque que rarement des bancs de pierre blanche.

Le calcaire roux sableux se développe immédiatement au-dessus de l'oolithe miliaire qu'on voit à l'hôtel du Weissenstein. C'est du moins à ce niveau qu'on a rencontré *Rhynchonella varians* dans les fondements de l'hôtel. (Communication de M. le prof. Lang.) Quelques bancs de calcaire roux sableux sont spathiques, assez durs, avec des coquilles spathiques d'une couleur brun-rouge très caractéristique. En général, les assises sont plutôt marneuses. Au flanc N. de la voussure oolithique de la Röthifluh, on rencontre vers le milieu du Callovien un bon affleurement fossilifère, où paraît pour la première fois dans la direction de l'E. *Macrocephalites macrocephalus.* Nous avons récolté abondamment cette espèce, ainsi que *M. tumidus, M. compressus, Perisphinctes Orion, P. funatus, Pholadomya Murchisoni, Ctenostreon pectiniforme* en masse, avec beaucoup de tubes détachés, *Collyrites ovalis, Holectypus depressus,* etc.

Plus à l'W., à Althüsli, derrière le Hasenmatt, ce niveau est occupé surtout par des marnes grises, sableuses, peu fossilifères et recouvertes par la dalle nacrée. Cette dernière est peu développée à la Röthifluh, et il paraît bien que les marno-calcaires roux à Macrocephalites en tiennent en partie la place. *Sphæroceras bullatum* a été trouvé au Grenchenberg par M. Baumberger.

L'oolithe ferrugineuse à *Peltoceras athleta* n'apparaît nulle part dans les pâturages. On en voit un affleurement peu fossilifère en suivant le sentier d'Oberdorf au Stalberg (Welschwegli).

Au Günsberg, on voit un calcaire roux sableux assez marneux, gris ou brun-jaune, avec des rognons calcaires, mal lités et peu fossilifères. Au lieu de la dalle nacrée, vers le sommet de l'étage, on voit un calcaire gris-brun d'un demi-mètre d'épaisseur, à *Pecten vagans*. C'est sur ce banc que repose l'oolithe ferrugineuse à *Peltoceras athleta* qui renferme de très beaux fossiles au test ocreux, d'un jaune d'or. Il y a beaucoup de *Cosmoceras* et d'autres céphalopodes à étudier. Les affleurements très restreints ne présentent que la tête des couches sur une épaisseur d'environ un demi-mètre.

Environs de Moutier. Au-dessus de l'Aalénien, on trouve à Roche la zone à *Harpoceras (Sonninia) Sowerbyi* représentée par des calcaires gris-bleu dans une petite forêt qui domine les prés liasiques à l'W. du village. C'est M. Alb. Eberhardt, instituteur à Moutier, qui a découvert cette station fossilifère où il a recueilli *H. Sowerbyi*, *Pholadomya fidicula*, *Plicatula* sp. Les calcaires à entroques et à polypiers du Jura occidental sont donc transformés déjà en des niveaux plus ou moins sableux et ferrugineux où commencent à se montrer les céphalopodes.

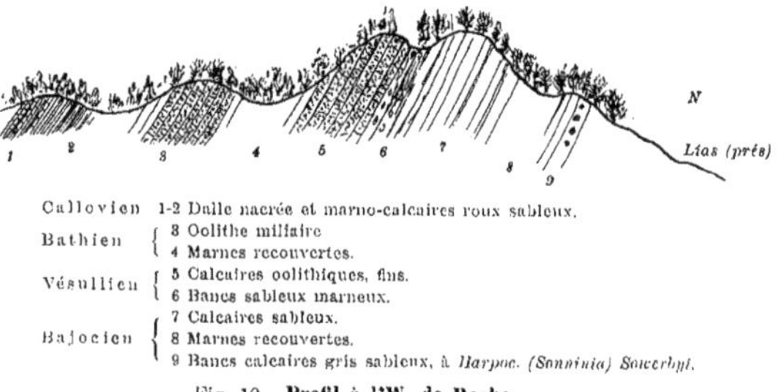

Fig. 10. **Profil à l'W. de Roche.**

Le sommet du Bajocien est aussi occupé par des calcaires gris ou bleuâtres fins, assez sableux. Ils sont séparés de l'oolithe vésullienne par des bancs marno-sableux, également siliceux. C'est comme dans la chaîne du Chasseral le niveau de *Stephanoceras Blagdeni,* dont on voyait autrefois un gros exemplaire dans les petits bancs calcaires chailleux à la base de la belle voussure oolithique au bord de la route au N. de Roche (Ier supplément à la 8e livraison, planche V, fig. 1). Bien que difficile à dégager, cette grosse pièce que nous avait montrée notre regretté maître E. Pagnard, lors d'une excursion scolaire, a été enlevée par un passant.

On voit bien dans notre profil de Roche les deux massifs oolithiques constatés ailleurs, et séparés par la zone marneuse du Bathien inférieur.

Bien que la coupe de Choindez relevée au centre de la voûte oolithique ait été donnée par J.-B. Greppin (Matér., 8e livraison, p. 38-39), nous reprendrons ici cette série dans les carrières nouvellement ouvertes au bord de la route, dans les flancs de la voussure.

Dans les marno-calcaires sableux foncés du centre de la voussure, nous avons recueilli *Modiola gigantea* Qu., Jura, p. 439, bien connu dans le Brauner Delta du Wurttemberg. C'est pour nous le Vésullien inférieur, avec passage au Bajocien supérieur affleurant seul.

Voici la coupe du flanc sud, prise de haut en bas :

Callovien		Calcaire roux sableux disloqué au bord de la combe oxfordienne.
Bathien		Arête de calcaires blancs, plus ou moins oolithiques.
	10-12 m.	Bancs exploités d'oolithe miliaire à taches bleues au milieu des bancs.
	$1,_2$ m.	Couches grumeleuses bleu foncé ou rousses par désagrégation, assez fossilifères : *Ostrea acuminata, Lima bellula, Pecten Saturnus, Clypeus Ploti, Acrosalenia spinosa.*
	$0,_5$ m.	Banc oolithique dur.
	2 m.	Marne sableuse.
	5 m.	Oolithe miliaire.
	10 m.	Marnes grumeleuses, peu découvertes.
Vésul-lien	35 m.	Oolithe compacte, passant insensiblement vers la base aux petits bancs avec lits marno-sableux à *Modiola gigantea.*

Le flanc nord de la voussure de Choindez présente quelques variations d'épaisseur dans l'étage Bathien. Le banc oolithique de $0,_5$ m. de ci-dessus diminue d'épaisseur et les couches sus-jacentes sont davantage entrecoupées de bancs marneux.

Bien que ne présentant pas de coupe nette, il convient cependant de signaler ici les abords du hameau de Vellerat qui ont fourni au géomètre Mathey de très beaux échantillons de *Macrocephalites macrocephalus, Kepplerites, Sphæroceras bullatum, Perisphinctes,* etc., actuellement exposés au musée géologique du Polytechnicum à Zurich.

Fig. 11. **Route de Choindez N.**

Au Moulin-Bollmann, la base du Vésullien est comme à Choindez sableuse, avec rognons siliceux. (Fig. 12.)

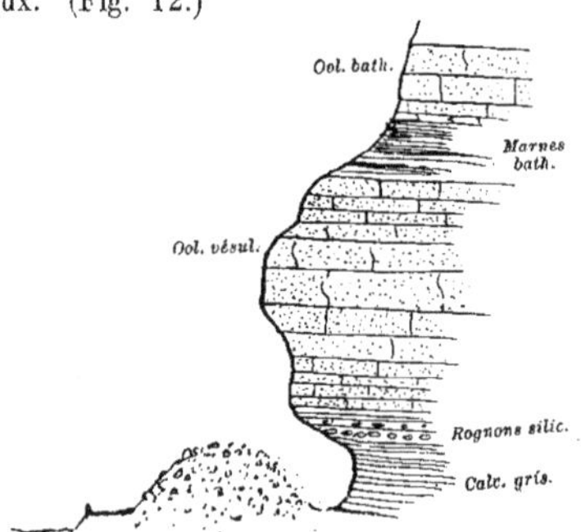

Fig. 12. **Moulin Bollmann.**

On relève dans la chaîne du Moron au S.-E. de Souboz la coupe Fig. 13.

La construction d'un nouveau chemin depuis les anciennes Forges d'Undervelier à la Jacoterie prend en écharpe la voussure oolithique très régulière de la rive droite et permet de relever une coupe intéressante que nous avons relevée en compagnie de nos confrères et amis jurassiens Alb. Eberhardt, B. Æberhardt et Edm. Juillerat. La voici:

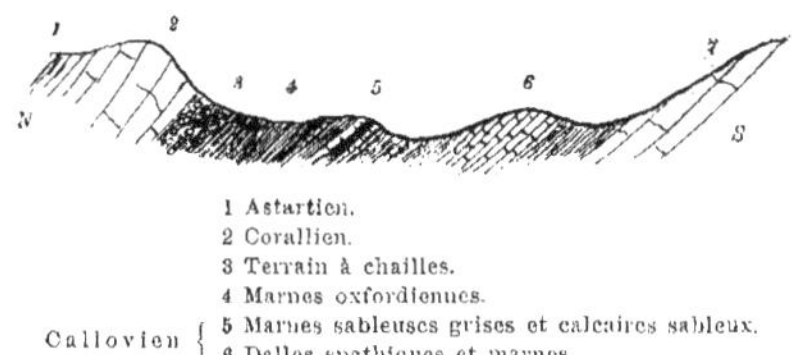

1 Astartien.
2 Corallien.
3 Terrain à chailles.
4 Marnes oxfordiennes.
Callovien { 5 Marnes sableuses grises et calcaires sableux.
6 Dalles spathiques et marnes.
Bathien 7 Pierre blanche.

Fig. 13. **Flanc N. du Moron.**

Étage	Épaisseur	Description
Callovien		Oxfordien en glissement, recouvrant le Callovien proprement dit.
	2 m.	Calcaire grumeleux à oolithes ferrugineuses, peu fossilifère.
	10 m.	Calcaire roux sableux et marnes de 2-3 dm. entre les bancs.
	6 m.	Marnes brun-jaune à *Pholadomya Murchisoni, Terebratula globata, Rhynchonella varians.*
	6 m.	Calcaire oolithique bistre ou roux à *Echinobrissus clunicularis,* avec marnes feuilletées.
Bathien	2 m.	Calcaire gris, non oolithique, à taches bleues.
	1,5 m.	Marno-calcaire gris.
	7 m.	Calcaires oolithiques variables, cannabins, à radioles d'*Hemicidaris Luciensis.*
	8 m.	Couches oolithiques, un peu marneuses.
	7 m.	Bons bancs d'oolithe miliaire à taches bleues.
	5 m.	Marnes jaunes, vraie lumachelle d'*Ostrea (Exogyra) acuminata,* avec moules mal conservés d'*Homomya Vezelayi, Rhynchonella obsoleta, Terebratula intermedia.*
Vésullien	15 m.	Massif calcaire oolithique à taches bleues, d'un grain plus fin que celui de l'oolithe miliaire de ci-dessus.
	2 m.	Bancs oolithiques miliaires, assez tendres.
	4 m.	Bancs oolithiques plus durs.
	15 m.	Calcaires gris, finement grésiformes, peu oolithiques (Tunnel).
	8 m.	Calcaire un peu moins dur que plus bas.

Vésullien	20 m.	Calcaire compact à taches bleues, sans lits marneux, lignes de stratification oblique inclinées à 40° N.-S. Par places, les bancs sont oolithiques.
	8 m.	Alternance de bancs calcaires subcompacts et de marno-calcaires à *Ostrea obscura* Sow., *Ostrea (Alectryonia) costata* Sow.
	5-6 m.	Idem, bancs calcaires un peu grésiformes, en plaquettes, à taches bleues, ou lumachellaires, plus ou moins oolithiques, entrecoupés de marnes sableuses brunes.
	3 m.	Calcaires suboolithiques, spathiques, à débris d'échinodermes et d'huîtres, interrompus par le talus d'éboulis.

Le Callovien du Graitery, ainsi que nous l'avons établi dans notre premier supplément, présente un beau type de la dalle nacrée reposant sur des marno-calcaires gris, d'où proviennent selon toute probabilité les gros échantillons de *Macrocephalites* et de *Sphæroceras bullatum* répandus dans les collections du Jura bernois, et où M. Alb. Eberhardt a recueilli, en outre, de beaux exemplaires de *Rhynchonella Ehningensis* Qu. et de *Magellania (Zeilleria) subrugata* Desl. gisant en compagnie des gros radioles de *Rhabdocidaris copeoides* et *R. Thurmanni,* ainsi que le curieux *Cyclocrinus macrocephalus.* La station n'est pas très bien à découvert, et il faut profiter de la visiter après les pluies de l'été, dans les lits qui se forment vers le Ruz de Chaluet (Combe d'Eschert).

Les lits marneux intercalés dans la dalle nacrée sont très riches en échinides comme *Clypeus Hugii, Hyboclypeus gibberulus, Echinobrissus clunicularis, Holectypus depressus,* etc., qui sont loin d'être partout à un niveau aussi élevé.

Par contre, l'oolithe ferrugineuse de Clucy n'a pas encore été observée dans les pâturages du Graitery.

Dans la chaîne du Probstberg (Soleure), on rencontre en plusieurs points, comme au Brunnersberg, des affleurements du calcaire roux sableux, sans qu'on puisse y retrouver la dalle nacrée qui s'y est sans nul doute assimilée. Ce sont des marnes grises ou brun-jaune, avec des bancs chailleux (sphérites) intercalés. Les fossiles y sont peu abondants, bien que plusieurs citations d'Agassiz (Myes): „Guldenthal d'après Gressly", se rapportent à cette région.

Environs de St-Ursanne. Le Bajocien du cirque de Sous-les-Roches au S. de Bressaucourt est assez analogue à celui de Moutier. C'est un étage calcaire, assez sableux, avec des lits marneux entre les bancs supérieurs, et se désagrégeant en une terre rousse où les fossiles font presque défaut. Nous n'avons ici ni le calcaire à entroques, ni celui à polypiers de la Franche-Comté, le tout est une roche de passage aux calcaires ferrugineux et sableux du Jura oriental.

Au-dessus du Bajocien, l'on rencontre une zone marneuse, mais partout recouverte, avant l'oolithe subcompacte. Cette dernière est surtout constituée par de puissantes assises oolithiques depuis Pont-de-Roide à St-Ursanne. Ce sont des bancs peu fossilifères, à débris d'échinodermes très triturés et sans importance paléontologique.

Dans l'étage Bathien, on rencontre au S.-E. de Bressaucourt des bancs blancs à oolithes nuciformes ou pralinées entourant de petits fossiles. Ces derniers sont de petits gastéropodes tels que *Turbo, Alaria,* etc., munis du test. *Rhynchonella obsoleta* accompagne ces coquilles. C'est le niveau de la *Mumienschicht* d'Alsace et du Brisgau.

Sur la nouvelle route de Montmelon-dessous à St-Ursanne, on voit une série oolithique intéressante. Nous la rapportons presque entièrement à l'étage Bathien :

Calcaire roux-sableux.

Calcaires blancs à débris d'échinodermes formant voussure.

Bancs oolithiques.

Marno-calcaire gris, puis bancs à polypiers.

Bancs oolithiques, bleus au centre, 4-5 m.

Bancs coralligènes.

Marno-calcaires gris ou jaunâtres à *Magellania (Zeilleria) ornithocephala.*

Dans les roches du cirque liasique de Montmelon, et en montant à la ferme Chez Danville, on voit les marnes à homomyes avec *Ostrea acuminata* et quelques bancs d'oolithe cannabine régulièrement intercalés entre deux massifs oolithiques, l'un vésullien, l'autre bathien, d'ue assez grande ressemblance. L'oolithe bathienne est surmontée de quelques bancs de pierre blanche. On voit donc partout un parallélisme très simple avec les coupes précédentes.

Aux Malettes, on trouve encore des couches à *O. acuminata* entre la pierre blanche et l'oolithe subcompacte.

Pour bien voir et étudier le calcaire roux-sableux et la dalle nacrée, il faut suivre la route de la Caquerelle à St-Brais, aux environs du hameau de Sceut d'où proviennent les beaux exemplaires originaux de *Trigonia (Myophorella) suprabathonica* Greppin.

On retrouve les mêmes bancs à l'E. du hameau d'Essertfallon. Ils sont très fossilifères, d'un calcaire roux, désagrégeable. On y trouve abondamment: *Trigonia suprabathonica, Perisphinctes funatus, Collyrites ringens,* etc.

Environs de Delémont. L'ensemble de l'oolithique se présente au Vorbourg dans les nouvelles carrières en exploitation au bord de la ligne du chemin de fer, selon le croquis ci-joint:

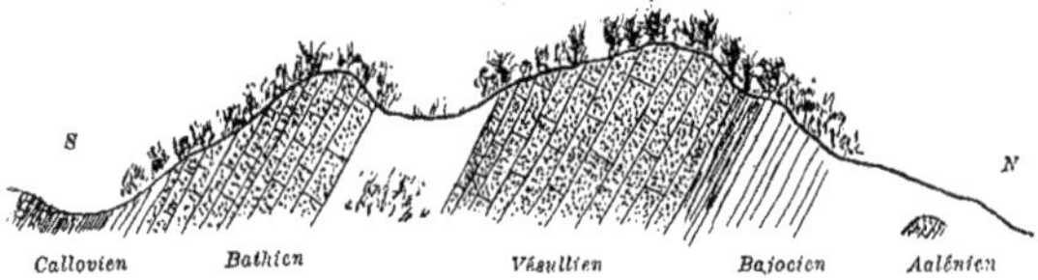

Fig. 14. **Roches oolithiques du Vorbourg p. Delémont.**

On voit en somme deux massifs oolithiques, l'un vésullien (oolithe subcompacte de Thurmann), très calcaire, et exploité, l'autre bathien (grande oolithe de J.-B. Greppin), moins important, au-dessus du précédent, et séparé de lui par une dépression que nous verrons sur la route du Todwog occupée par les marnes à *O. acuminata.* C'est exactement la même chose à la gare de Soyhières, où F. Jenny (Verhandl., Basel, Bd. 10), a cru voir un dogger double par irrégularité tectonique, tandis que c'est un fait stratigraphique très constant dans tout le pays. Nous reviendrons sur ce sujet à propos du Rohrberg.

Le niveau siliceux du Vésullien inférieur existe à l'E. de Soyhières, car nous avons vu un magnifique exemplaire de *Lophoceras Truellei* d'Orb. (Am.) complétement siliceux, parmi les fossiles laissés par A. Quiquerez à Bellerive, ainsi qu'un grand exemplaire également siliceux de *Stephanoceras Blagdeni,* dans une collection d'amateur à Bärschwyl.

Le Bathien est bien à découvert sur la route de Soyhières à Movelier; c'est la localité la mieux exploitée par J.-B. Greppin et par F. Mathey, qui y ont recueilli à peu près toute la série des fossiles du Great-Oolithe de Morris et Lycett. (Voir la liste dans la 8e livraison des Matériaux, p. 44-52.) La base des affleurements présente des assises marneuses à *O. acuminata,* au-dessus desquelles se développent des bancs oolithiques avec alternance de bancs marneux dont l'un est farci de *Terebratula maxillata* et de *Rhynchonella obsoleta.* Des bancs de calcaires blancs représentant le Forest-Marble s'intercalent au sommet de la série, ainsi que des bancs d'oolithe cannabine à *Clypeus Ploti,* qu'on retrouve à Liesberg, au Ring, à Klein-Lützel et au Blochmont, toujours à peu près au même niveau.

Ce que l'on voit au-dessus du Forest-Marble sur la route de Movelier à Soyhières est constitué par des marno-calcaires roux à *Rhynchonella varians, Ostrea Knorri, Anabacia orbulites,* etc. Nous avons trouvé à ce niveau *Homomya gibbosa,* ce qui a lieu aussi à Noiraigue.

Le village de Bourrignon repose sur le calcaire roux-sableux à *Acanthothyris spinosa,* dont les bancs supérieurs sont des dalles oolithiques qu'on serait tenté de prendre pour de la dalle nacrée. Mais au-dessus de ces assises, sur la route du Moulin de Bourrignon, on trouve des calcaires sableux, finement gréseux, très siliceux, où nous avons pu découvrir *Macrocephalites tumidus* Rein. sp. et *Pleurotomaria cypræa* d'Orb. Dans cette région, la dalle nacrée paraît donc être remplacée par des dépôts arénacés et argileux. Sur la route à l'W. d'Oberlarg (Alsace), on voit l'épiclive du Bathien avec galets de coraux roulés, *Clypeus Ploti,* perforations, etc. Par-dessus viennent les marno-calcaires roux de la base du Callovien avec *Rhynchonella varians, Ostrea Knorri,* etc. Dans un banc plus dur: *Reineckeia Rehmanni* (Musée de Bienne).

Environs de Liesberg. Sur la route de Soyhières à Liesbergmühle, au lieu dit le Todwog (Todwaage), on voit en plusieurs endroits les marnes bathiennes, plus ou moins oxydées, quelquefois bleuâtres, à *Terebratula maxillata,* et celles à *O. acuminata,* comme à Movelier. Partout elles sont comprises entre deux massifs oolithiques, comme l'indique la coupe suivante prise vis-à-vis de Nieder-Riederwald, avant le Bébrunnen:

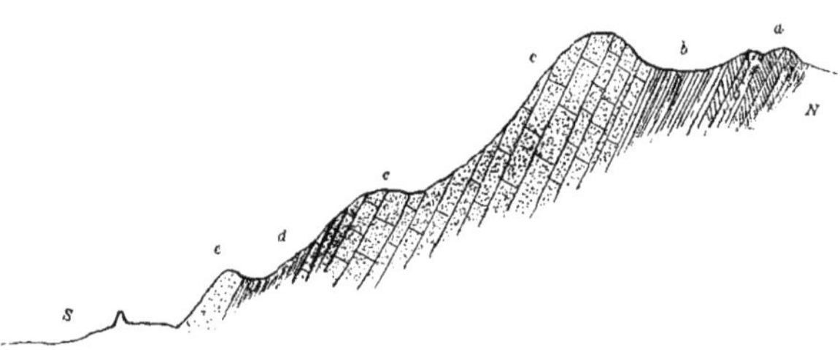

Fig. 15. **Todwog-Bébrunnen.**

Bathien	*e.*	Calcaire jaune bistre, à taches bleues, nombreux radioles d'*Hemicidaris Luciensis*.
	d.	Marno-calcaires cachés par les éboulis. La partie supérieure est visible.
Vésullien	*c.*	Massif oolithique miliaire ou d'un grain plus fin, blanche, et bien formée comme dans les environs de Bâle (Rogenstein). *Pseudomonotis echinata*.
	b.	Marno-calcaires sableux, grisâtres ou roux par oxydation.
Bajocien	*a.*	Brèche à échinodermes, rousse, assez sableuse et ferrugineuse.

Un peu à l'W. de Liesbergmühle, les nouvelles carrières du bord de la route présentent la belle coupe suivante que l'on peut continuer dans l'Oxfordien et le Rauracien exploités par les usines à ciment.

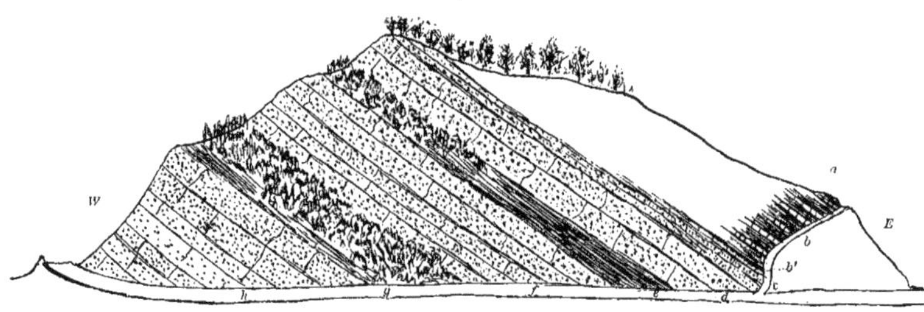

Fig. 16. **Route W. de Liesbergmühle.**

Callovien

a. Calcaires ferrugineux à *Macrocephalites macrocephalus*, *Per. funatus*, etc.
b. Marnes et marno-calcaires roux à *Rhynchonella varians*, etc.
b'. Surface taraudée à grosses *Ostrea explanata* adhérentes à l'épiclive de la couche sous-jacente.

Bathien

c. Banc gris-brun, assez dur, roche oolithique et bancs d'oolithe cannabine à *Clypeus Ploti*, *Holectypus depressus*, *Pholadomya bucardium*, 2 m.
d. Oolithe miliaire jaunâtre, à taches bleues, et débris d'échinodermes. Le banc supérieur est très finement oolithique, 5-6 m.
e. Marne sèche, oolithique, 2 m.
f. Calcaire oolithique bleuâtre, 6 m.
g. Marnes jaunâtres à *Homomya Vezelayi*, *Rhynchonella obsoleta*, *Terebratula maxillata*, etc., en partie recouvertes, 15 m.

Vésullien

h. Massif exploité de calcaire oolithique, fissuré en haut, assez blanc, en bas plus compact, en gros bancs bleus, 15 m.

L'oolithe cannabine à *Clypeus Ploti*, *Echinobrissus amplus*, etc., ce niveau si caractéristique et facile à reconnaître, est très fossilifère au Ring, au N.-W. de Klein-Lützel, comme dans les carrières de la route de Blochmont, dans la région de Ferrette.

Grellingen. Au N. de Grellingen, on voit à la base de l'oolithe vésullienne des marno-calcaires un peu sableux, gris, peu fossilifères. Puis, au sommet du massif vésullien de 25-30 m. d'épaisseur, on rencontre des couches coralligènes d'un calcaire rocailleux, grisâtre, non oolithique.

Le Bathien est constitué par une oolithe miliaire en bons bancs, avec stratification transverse, mais on ne voit pas de marnes à homomyes à sa base. Par contre, l'oolithe cannabine qui la surmonte régulièrement comme ailleurs renferme *Homomya Vezelayi* Laj. Un banc argileux gris à *Lima bellula*, *Lima impressa*, *Trochotoma tabulata* se voit au sommet des affleurements.

Au S. de Grellingen, dans la rampe calcaire située en face de la station du chemin de fer, on voit une série un peu différente, en ce que c'est l'oolithe vésullienne qui prend une stratification transverse, et que la couche coralligène est surmontée par un banc argileux gris, sans fossiles. Voici la coupe:

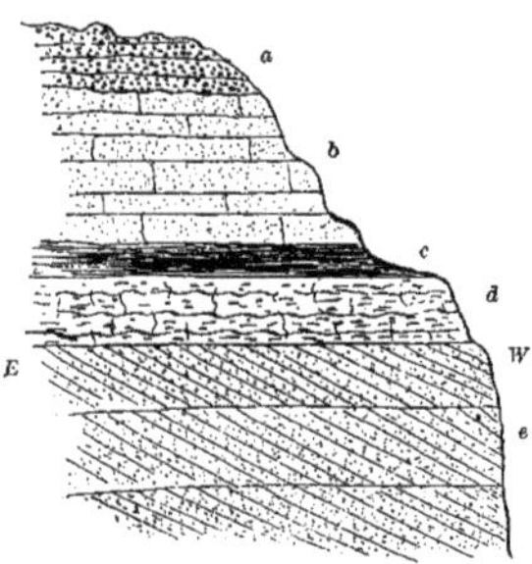

Fig. 17. **Grellingen.**

a. Oolithe cannabine, rocailleuse, 3-4 m.

b. Oolithe miliaire, bistre, bons bancs; la base est plus irrégulière, avec nids de calcaire compact, blanchâtre, 6-7 m.

c. Banc de marne grise, 1 m.

d. Calcaire gris, concrétionné, à coraux, 2 m.

e. Oolithe blanche, miliaire, à stratification transverse, pente vers l'ouest.

Liestal et Büren. Le Bajocien des environs de Liestal diffère assez de celui du Jura bernois et soleurois. L'élément sableux n'est pour ainsi dire pas représenté; les marno-calcaires et les marnes sont par contre pétris d'oolithes ferrugineuses qui lui donnent tout à fait le type de Bayeux en Normandie. La base présente en alternance avec des marnes rousses des lits spathiques analogues au calcaire à entroques, et renfermant par places de beaux échantillons d'*Extracrinus Dargniesi* Terq. (collection de M. Leuthardt, maître secondaire à Liestal). Puis les marnes bleues reprennent le dessus, en même temps qu'apparaissent les oolithes ferrugineuses, avec des lits très fossilifères, dont les espèces les plus caractéristiques sont: *Ostrea (Lopha) flabelloides*, *Pecten annulatus*, *Ctenostreon pectiniforme*, *Gresslya*, *Terebratula perovalis*, *Heimia Mayeri*, *Rhabdocidaris horrida*, etc. Les céphalopodes gisent un peu plus haut: *Stephanoceras Humphriesianum*, *Sphæroceras Brongniarti*, *S. Gervillei*, etc. On voit un bon affleurement de ces couches le long de la route de Liestal à Höllstein près Waldenbourg, au pied du Homberg formé essentiellement de Hauptrogenstein qu'on voit au-dessus du Bajocien. La transition n'est cependant pas observable.

Sur la route de Liestal à Büren, on trouve au-dessous du Hauptrogenstein des marno-calcaires sableux alternant avec des sphérites marno-calcaires. C'est la base du Vésullien et, comme ailleurs dans le Jura, il y manque *O. acuminata*. L'oolithe qui se développe sur cette base est tout à fait analogue à celle de Höllstein, assez blanche, en gros bancs, avec des parties subcrayeuses et facilement désagrégeables en niches. Les bancs supérieurs de passage au Callovien (Cornbrash) ne sont pas visibles, mais, comme dans toute cette région (vide Müller in Verhandl. Basel, Bd. 5, Tabelle, 1873) le massif oolithique et les marnes correspondant au Bathien du Jura bernois se réduisent ou tendent à se confondre avec le Hauptrogenstein, on ne peut pas s'attendre à trouver des bancs bien caractérisés sur ce passage.

Par contre dans le Frickthal (Argovie), on voit bien au-dessus du Vésullien des marnes à *O. acuminata,* puis des calcaires oolithiques (Meandrina-Schichten, Oberer Hauptrogenstein de M. Mösch) qui représentent le Bathien, comme dans le Jura bernois et soleurois. Au N. de Frick, on trouve un Bajocien très marneux, foncé, passant insensiblement à des marnes jaunes à *O. acuminata* comme en Alsace. Ces marnes finissent par s'assimiler par alternance à l'oolithe vésullienne. Cette dernière est près de la gare de Hornussen en gros bancs à taches bleues, exploitée. Elle est surmontée par un niveau rocailleux d'oolithe subcannabine à *Clypeus Ploti* qui forme le passage au Bathien. Ce niveau ne doit pas être confondu avec le dépôt homologue du sommet de l'étage dans le Jura bernois et soleurois. Un peu au-dessus de ces affleurements, au niveau de la ligne à la gare, on trouve plusieurs lits de marnes et marno-calcaires à *Terebratula maxillata, Rhynchonella obsoleta* et *O. acuminata* qui représentent les marnes à homomyes du Jura bernois et soleurois. Ces couches marneuses sont surmontées par des calcaires grisâtres ou bistres de 10-12 m. d'épaisseur qui peuvent représenter l'oolithe bathienne. Plus à l'est, sur la ligne, on voit des bancs fortement ferrugineux d'un calcaire spathique, couleur brun-rouge. On les retrouve au Kornberg, où ils ont été exploités comme minerai de fer, au-dessous des couches brunes et sableuses qui renferment *Macrocephalites macrocephalus.* Ils forment donc le passage au Callovien.

Au N.-E. du village de Büren (Soleure), on rencontre un Cornbrash très fossilifère. Les couches sont alternativement marno-calcaires et marneuses, avec abondance de *Rhynchonella varians* et les Myacés qui lui sont ordinairement associés. Un grand *Parkinsonia Neuffensis* et un Nautile ont été également rencontrés dans ces dépôts.

Le Cornbrash ou calcaire roux-sableux est coupé en tranchée par la route de Büren à Zyfen. On y trouve en abondance *Rhynchonella varians, Pleuromya recurva, Lucina despecta* et *Ostrea Knorri.* La couleur de la roche n'est pas altérée par l'oxydation.

En suivant la route de Liestal à Lupsingen, on passe près de la colline du Ganshubel, où est situé le réservoir d'eau de ce dernier village. En creusant les canaux, on a rencontré dans les champs la partie inférieure du Callovien extraordinairement fossilifère. Nous avons pu nous assurer qu'ici le Callovien supérieur fait défaut, et que les marnes oxfordiennes à *Cardioceras Lamberti* reposent sur les marno-calcaires roux à *Macrocephalites macrocephalus*. On a rencontré aussi la base du Callovien avec *Gresslya latior*, *Modiola imbricata*, etc., formée d'une roche moins foncée que celle du Callovien moyen. La dalle nacrée est entièrement remplacée par les mêmes marno-calcaires roux à Macrocéphalites. Voici la faune recueillie en ce point:

Macrocephalites macrocephalus (v. Schl.) v. Ziet. (Am.)	2 ex.	
Sphæroceras microstoma d'Orb. (Am.)	1 ex.	
Perisphinctes Balinensis Neum.	2 ex.	
Per. cfr. funatus (Op.)	1 fr.	
Pecten (Chlamys) textorius (v. Schl.) Goldf. . . .	2 ex.	test.
Lima (Radula) duplicata Sow.	1 ex.	test.
Ctenostreon cfr. pectiniforme v. Schl. in Knorr fig. (Ostrac.)	3 ex.	test.
Mytilus (Modiola) bipartitus Sow.	6 ex.	
Trigonia (Lyrodon) interlævigata Lyc.	2 ex.	
Gresslya cfr. concentrica Ag.	3 ex.	
Pleuromya recurva Phil. (Amphid.)	50 ex.	tous pareils.
Pholadomya bucardium Ag.	1 ex.	
Magellania (Microthyris) Kobyi Ha.	1 ex.	
Terebratula globata Sow.	1 ex.	
Rhynchonella varians (v. Schl.) v. Ziet.	10 ex.	

Au Binz, près d'Enge, S. de Grellingen, on trouve des affleurements très fossilifères dans le Cornbrash: *Perisphinctes funatus*, *Pholadomya bucardium*, *Gresslya lunulata*, *Pleuromya*, *Arca*, *Modiola bipartita*, *Terebratula Furciliensis*, *Rhynchonella varians*, etc. Le contact à l'oolithe bathienne sous-jacente se fait par une surface taraudée, comme à Liesberg.

Chaînes voisines du Passwang. En montant depuis la Scheulte à la Louvière, on trouve sous l'oolithe vésullienne des marno-calcaires sableux, comme à Choindez. De même, au Monnat, le sommet du Lédonien est marno-sableux avec des polypiers.

La voussure oolithique des Schönenberge présente au flanc N., à partir du calcaire roux-sableux la série suivante : oolithe miliaire avec calcaires blanchâtres au sommet, marnes à homomyes peu développées, grands bancs d'oolithe vésullienne. Au N. du sommet de la Hohe-Winde, il y a un petit affleurement de Toarcien avec fossiles habituels à ce niveau. On voit au-dessus, à quelque distance, un calcaire à entroques bleuâtre, à désagrégation rousse. Par-dessus vient le calcaire à polypiers du Lédonien supérieur, ressemblant beaucoup à du Séquanien coralligène. Par-dessus s'étagent les oolithes du Vésullien et du Bathien.

En montant au Käsweg depuis Ullmatthöhe, on rencontre des affleurements bajociens ; ce sont des calcaires roux, ferrugineux et spathiques, avec *Pleuromya tenuistriata, Gresslya lunulata, Stephanoceras (Cœloceras) Humphriesianum.*

Au sommet de la charrière de Mümmliswyl au Passwang, on trouve les chailles siliceuses du Vésullien inférieur, avec fossiles siliceux : *Nucula subacuta* Grep. Les oolithes vésulienne et bathienne se détachent fort bien dans l'orographie des crêts oolithiques, comme au flanc sud de la chaîne du Passwang :

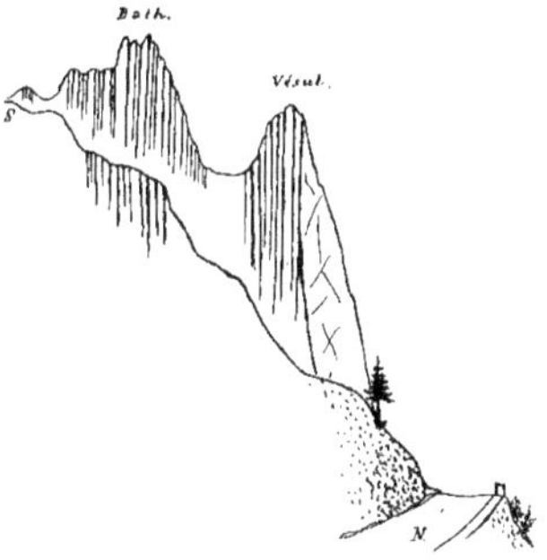

Fig. 18. Chemin du Passwang à Neuhüsli.

Sur la route du Joggenhaus à Beinwyl, on remarque l'oolithe bathienne avec stratification oblique, inclinée de W.-E. Au N. du Joggenhaus, dans les chemins du pâturage, il y a de bons affleurements de calcaire roux-sableux avec des fossiles en moules assez bien conservés. On trouve fréquemment : *Pecten Saturnus, Modiola bipartita, Thracia curtansata, Pleuromya* sp., *Gresslya latior, Goniomya scalprum, Pholadomya Murchisoni, P. deltoidea, P. Heraulti, Terebratula globata, Rhynchonella varians.*

Sur le sentier de Reigoldswyl aux Wasserfalle, on voit une belle coupe du Callovien inférieur. La voici :

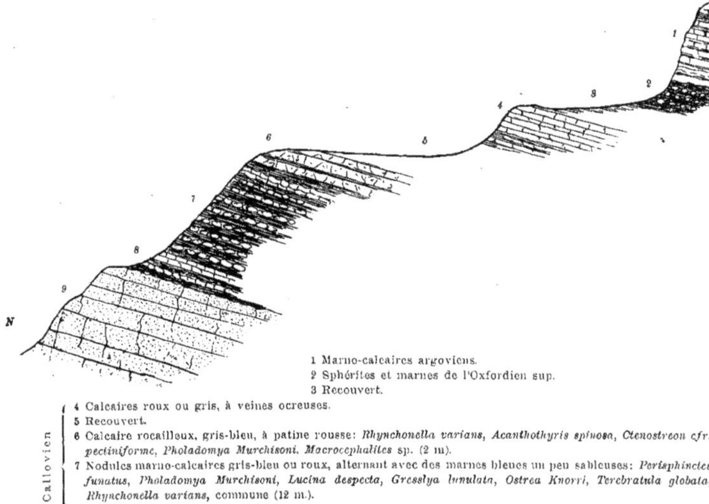

1 Marno-calcaires argoviens.
2 Sphérites et marnes de l'Oxfordien sup.
3 Recouvert.

Callovien:
4 Calcaires roux ou gris, à veines ocreuses.
5 Recouvert.
6 Calcaire rocailleux, gris-bleu, à patine rousse: *Rhynchonella varians*, *Acanthothyris spinosa*, *Ctenostreon cfr. pectiniforme*, *Pholadomya Murchisoni*, *Macrocephalites* sp. (2 m).
7 Nodules marno-calcaires gris-bleu ou roux, alternant avec des marnes bleues un peu sableuses: *Perisphinctes funatus*, *Pholadomya Murchisoni*, *Lucina despecta*, *Gresslya lunulata*, *Ostrea Knorri*, *Terebratula globata*, *Rhynchonella varians*, commune (12 m.).
8 Calcaires gris-bleu, alternant avec des marnes sableuses ou jaunâtres. A la base, brèche à *Rhynchonella varians* (3 m.).

9 Oolithe miliaire, compacte, gris-jaunâtre.

Fig. 19. **Sentier N. des Wasserfalle** 1/500.

Collines tabulaires bâloises, etc. A l'E. de Dornach, après avoir dépassé la combe oxfordienne dirigée N.-S., on entre dans une région oolithique faillée. Sur l'un des lambeaux de dislocation, nous avons relevé en compagnie de notre ami le Dr F. Jenny, la coupe suivante:

Callovien:
- 1-2 m. Calcaire spathique roux.
- 1 m. Calcaire roux-sableux à *Rhynchonella varians*, *Echinobrissus clunicularis*, *Gresslya* sp., *Pholadomya bucardium*.

Bathien:
- 1 m. Oolithe cannabine à *Clypeus Ploti*. / Marno-calcaire roux à *Terebratula maxillata*.
- 50 m. Grand massif oolithique, compact, d'une roche miliaire, sans niveaux marneux.

Au-dessus du calcaire spathique, on voit à l'E. du château d'Arlesheim des marnes sableuses grises assez puissantes, sans fossiles, mais apparemment semblables à celles du Jura (Althüsli) soleurois au niveau supérieur du calcaire roux-sableux.

D'après ce que nous avons vu à Grellingen, il appert que les marnes à homomyes se réduisent en épaisseur, ou qu'elles disparaissent comme le Forest-Marble, soit enfin que le grand massif oolithique appelé *Hauptrogenstein* par les géologues allemands en prenne en partie la place. Cette dernière solution nous paraît la plus probable.

La localité la plus intéressante pour l'étude du Callovien supérieur ou proprement dit est le village de Herznach situé au S.-W. de Frick dans les collines rhénanes (Jura tabulaire) de l'Argovie. C'est une oolithe ferrugineuse brun-rouge, très riche en fossiles, passant insensiblement vers le bas aux calcaires roux à Macrocéphalites du Callovien moyen. Voici la coupe relevée par nous-même en juillet 1891 derrière la maison de Acklin, dans une ancienne carrière :

1 m. Couches de Birmensdorf, marno-calcaire gris, grumeleux, à *Harpoceras Arolicum, H. canaliculatum, Perisphinctes Kreutzi,* etc.

Oxfordien

$0,_{15}$-$0,_{20}$ m. Calcaire grumeleux, bréchiforme, d'un jaune d'ocre, avec quelques oolithes ferrugineuses brunes : *Cardioceras quadratum, Aspidoceras perarmatum, Perisphinctes consociatus, Harpoceras Delmontanum, H. Eucharis, Peltoceras Arduennense, Turbo Meriani,* etc.

$0,_{20}$ m. Marne oolithique ferrugineuse brune à *Hastites hastatus.*

Callovien

$2,_{40}$ m. Oolithe ferrugineuse brun-rouge, callovienne, en 12 petits bancs séparés par des lits marneux d'égale épaisseur à ceux des bancs d'oolithe, de couleur plus foncée, et à oolithes plus nombreuses : *Stephanoceras coronoides, Reineckeia Rehmanni, Harpoceras hecticum, Oppelia subcostaria, O. (Distichoceras) bicostata, Cardioceras flexicostatum, Hastites latesulcatus,* etc.

$1,_{50}$ m. Calcaire roux ou grisâtre, argilo-sableux, sans oolithes ferrugineuses : *Macrocephalites macrocephalus, M. tumidus, M. Herveyi, Perisphinctes funatus, Reineckeia Rehmanni (anceps?),* etc.

Bancs exploités d'un calcaire analogue, plus dur et plus compact.

Résumé sur la stratigraphie de l'Oolithique.

Bajocien. L'ensemble du Bajocien ou Lédonien du Jura central et septentrional se présente donc sous deux facies principaux: 1° les dépôts du Jura neuchâtelois (carrière de Montpéreux) à échinodermes et polypiers se rattachant à ceux bien connus de la Franche-Comté (Besançon, Salins); 2° les dépôts ferrugineux et sableux (Balmberg, Passwang, Liestal) du Jura soleurois[1]) qui deviennent de plus en plus marneux vers l'Argovie et la Souabe. Le Jura bernois présente la transition entre ces deux régions, en ce que les bancs sableux et ferrugineux s'intercalent dans la masse des bancs à entroques et à polypiers, de plus en plus, jusqu'à leur disparition complète vers l'est.

Vésullien. Le Vésullien commence par un dépôt très argilo-sableux, siliceux, peu connu jusqu'ici, et contenant une faune de petits gastéropodes et acéphales sans polypiers ni échinodermes. Il s'étend sur la plus grande partie du Jura bernois et soleurois, et appartient à la zone de *Stephanoceras Blagdeni,* mais ne renferme pas l'*Ostrea (Exogyra) acuminata,* si commune en Alsace et à Vesoul à ce niveau. Nous la retrouverons par contre à l'étage suivant. Il se passe donc à propos de ce fossile dans le Jura quelque chose d'analogue à ce que l'on sait pour *O. virgula* du Hâvre.

L'oolithe subcompacte ou vésullienne qui le surmonte est d'une extension générale dans le Jura bernois et soleurois. C'est en grande partie le *Hauptrogenstein* de Bâle et d'Alsace, et le *Unterer Hauptrogenstein* d'Argovie. On lui trouve par places un couronnement coralligène (Montpéreux et Treymont, canton de Neuchâtel).

Bathien. Le Bathien de M. Mayer qui comprend l'oolithe de Bath (Great-Oolithe), le Forest-Marble et les marnes subordonnées est parfaitement caractérisé dans notre territoire par une zone marneuse et une zone calcaire superposées. La première, qui se retrouve sur une grande partie du Jura, est caractérisée par des *Parkinsonia, O. acuminata, Homomya Vezelayi* et *Terebratula*

---

[1]) Le calcaire à fossiles siliceux du Passwang contient 39 % de silice et d'argile, et ne se défait pas entièrement dans l'acide chlorhydrique, tandis que la grande oolithe de Mümmliswyl n'a qu'un résidu argilo-ferrugineux de 4 %, le reste étant du carbonate calcique. L'oolithe du Séquanien moyen de Mümmliswyl a 97,6 % de carbonates.

maxillata. Ce sont les *Marnes à Homomyes* de Gressly. Les calcaires oolithiques *(Grande-Oolithe, oberer Hauptrogenstein)* qui surmontent ces marnes sont de constitution assez variable suivant les régions: on y trouve une oolithe miliaire et des calcaires blancs (Forest-Marble) ou à polypiers (Brot); ces derniers sont surtout développés dans le Jura neuchâtelois, comme en Franche-Comté, tandis que vers Soleure, Moutier, Liesberg, l'oolithe miliaire prédomine. Vers Bâle, il paraît y avoir réduction ou fusion de tout l'étage dans le Hauptrogenstein et les couches sus-jacentes. Un niveau supérieur d'oolithe cannabine à *Clypeus Ploti,* très caractéristique et constant dans le Jura septentrional, marque le sommet de l'étage, tandis qu'en Argovie (Frickthal) un niveau analogue surmonte l'oolithe vésullienne *(Sinuatus-* et *Meandrina-* Schichten de M. Mösch)[1]. Enfin, dans toute cette région, l'oolithe bathienne est terminée brusquement par une surface taraudée avec huîtres adhérentes (Liesberg), ou galets de polypiers (Oberlarg) indiquant un arrêt momentané dans la sédimentation. Les matériaux déposés sur cette surface sont pétrographiquement fort différents de ceux du Bathien.

Callovien. On sait que la découverte de Macrocéphalites au-dessous de la dalle nacrée, par MM. Mathey et Choffat à St-Ursanne, a fait abaisser la limite inférieure du Callovien dans l'ancien *Bathonien* de d'Orbigny. Mais la limite inférieure de l'étage ainsi obtenu manque partout de netteté; nous avons vu qu'elle tombe au beau milieu de notre calcaire roux-sableux (Cornbrash), et qu'il convient de la placer à la base de ce groupe, c'est-à-dire au-dessous des marnes de Bouxwiller à *Parkinsonia ferruginea, Microthyris lagenalis* et *Rhynchonella varians.* Nous en sommes donc d'autant mieux d'accord avec M. Choffat sur l'impossibilité de placer notre Callovien dans le Jurassique supérieur.

La constitution du Callovien est assez uniforme dans toute l'étendue de la feuille VII. Le calcaire roux-sableux indique partout un affaissement du fond des eaux après les formations oolithiques et ce fait justifie pleinement la

---

[1]) M. Mösch cite (Beiträge, 4. Lief., p. 98) des fossiles de Brot parmi ceux des *Varians*-Schichten d'Argovie, ce qui prouve qu'il assimile ce niveau, ainsi que les marnes du Furcil (Loc. cit. p. 96) à notre Callovien inférieur. Il est immédiatement au-dessous (voyez p. 17,) c'est-à-dire au niveau de son Oberer Hauptrogenstein, tandis que les *Meandrina*-Schichten d'Argovie (voyez p. 33) sont à la base de ce dernier groupe. Les couches de Brot n'ont donc que le faciès, mais non pas le niveau des *Meandrina*-Schichten d'Argovie.

coupure que nous proposons à la base de ce groupe. Le terme moyen du Callovien, ou la dalle nacrée, est localisé à l'ouest d'une ligne tirée de Soleure à Miécourt et à Belfort. On la voit à l'est de cette ligne s'assimiler au calcaire roux-sableux, qui est incontestablement plus argileux dans le Jura soleurois que dans le Jura bernois. Il est aussi très argileux et sableux à Noiraigue et dans le Jura vaudois. Nous voyons dans ce fait l'établissement d'un courant alpin vers le N., et il nous paraît probable que les marnes de Bouxwiller en Basse-Alsace se relient sans interruption à celles d'Arlesheim et du Jura soleurois. La région du Jura bernois et français est beaucoup plus calcaire, et avec sa dalle nacrée formée de débris d'échinodermes, de bryozoaires et d'ostracés, elle témoigne d'une sédimentation plutôt zoogène que mécanique, quoique très agitée par les vagues.

Avec le dépôt de l'oolithe ferrugineuse à *Peltoceras athleta*, la profondeur des eaux tend vers son minimum et la communication avec la mer subalpine paraît s'interrompre en plus d'un point, puisque ce dépôt manque souvent sur la dalle nacrée du Jura neuchâtelois et bernois. On sait qu'en Basse-Alsace cette oolithe n'a jamais été signalée, non plus que l'Oxfordien; les points extrêmes vers le N. sont Kandern en Brisgau, Winckel près Ferrette (M. Mieg) et les environs de Belfort.

V. Malm ou Jurassique supérieur.

Comme nous avons fait du Malm ou Jurassique supérieur d'une région peu connue du Jura le sujet de plusieurs publications antérieures[1]), nous ne reprendrons pas ici le sujet dans son ensemble. Il nous reste seulement à

[1]) Les facies du Malm jurassien in Archives de Genève, 3e pér., t. 19, p. 5 et suiv., 1888; Eclogæ geol. Helvetiæ, vol. 1, n° 1. Tableau des facies du Malm in Actes Soc. helv. Sc. nat. 1888, p. 143 et suiv.; Eclogæ vol. 1, p. 263 et suiv.; Archives, 3e pér., t. 20, p. 495. Rauracien du Jura in Archives, 3e pér., t. 29, janv. 1893; Eclogæ, vol. 3, p. 271-293. Défense des facies du Malm in Archives de Genève, 3e pér., t. 34, nov. et déc. 1895; Eclogæ, vol. 4, p. 384-413, pl. 5. Structure et histoire géologiques du territoire compris entre le Doubs et le Weissenstein, Matériaux, 1re série, 8e livr., 1er suppl., 4°, Berne 1893. Coup d'œil et Résumé des relations stratigraphiques et orographiques des facies du Malm dans le Jura in Bulletin Soc. sc. nat. de Neuchâtel, t. 24, 26 mars 1896, 1 tabl.; Eclogæ, vol. 5, n° 1, p. 62-68, 1 tabl.; Archives de Genève, 4e pér., t. 3, mars 1897, pl. 6-8. Malm du Jura et du Randen in Compte-rendu du Congrès géol. international, 6e session, Zürich 1894, p. 332 et suiv.

compléter nos résultats et conclusions par des faits nouveaux ou inédits recueillis dans le territoire de la Feuille VII. Ils viennent tous à l'appui des opinions que nous avons émises et défendues jusqu'ici. Nous n'aurions, du reste, pas pu être amené à les modifier par l'étude détaillée du Jura septentrional (Porrentruy-Delémont-Laufon), dont la stratigraphie est connue par les travaux de Thurmann, Gressly, J.-B. Greppin, Mathey, auxquels il faut ajouter ceux que MM. Koby et de Loriol ont publiés dans les Mémoires de la Société paléontologique suisse (vol. 8-25). Mais il y a d'intéressants détails à ajouter à tous ces écrits, détails importants pour reconnaître sûrement les différents niveaux des étages dans l'étude des dislocations; c'est pourquoi nous nous sommes appliqué à compléter ces données de celles toujours précieuses que l'étude approfondie des strates nous a fait découvrir.

Coupes du Malm. Nous commencerons par illustrer nos premières coupes du Malm de la partie méridionale du Jura bernois et soleurois par la silhouette des étages qui caractérise les formes du terrain, et qui justifie à ce point de vue encore la stratigraphie de notre Jurassique supérieur.

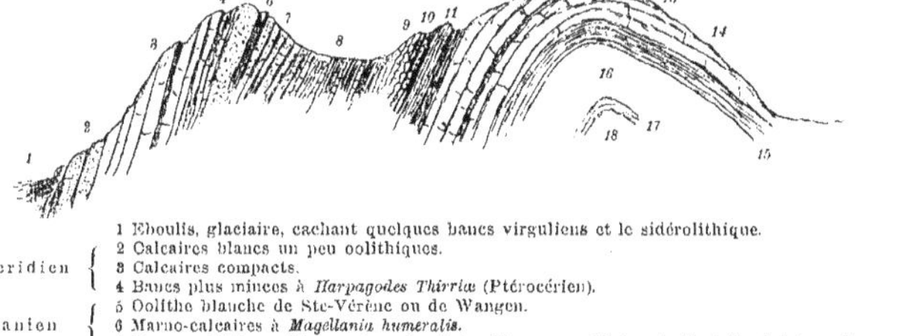

	1 Eboulis, glaciaire, cachant quelques bancs virguliens et le sidérolithique.
Kimeridien	2 Calcaires blancs un peu oolithiques. 3 Calcaires compacts. 4 Bancs plus minces à *Harpagodes Thirriæ* (Ptérocérien).
Séquanien	5 Oolithe blanche de Ste-Vérène ou de Wangen. 6 Marno-calcaires à *Magellania humeralis*. 7 Bancs oolithiques bistres, base à points siliceux, coralligène, à *Hemicidaris intermedia*.
Argovien	8 Alternance de marnes à ciment et de calcaire en moëllons gris-bleuâtre à *Pholadomya pelagica*, *parcicosta*, etc. 9 Calcaire gris grumeleux à spongiaires et *Harp. canaliculatum*. Couches de Birmensdorf ou Spongitien.
Oxfordien réduit	10 Marnes noires à *Belemnites hastatus* et Oolithe ferrugineuse à *Peltoc. athleta*.
Callovien	11 Marno-calcaire sableux roux à *Macrocephalites macrocephalus et Rhynchonella varians* à la base.
Bathien	12 Calcaires finement oolithiques, bistres ou blanchâtres. 13 Marne grisâtre ou oxydée en jaune à *Homomya Vezelayi* et *Ostr. acuminata*.
Vésullien	14 Calcaire oolithiques. 15 Marno-calcaire sableux à *Steph. Blagdeni* et Bajocien plus ou moins recouvert d'éboulis.
	16 Aalénien, Toarcien, Charmouthien.
	17 Sinémurien (Calc. à *Gryphæa arcuata*).
	18 Keuper.

Fig. 20. **Coupe-profil du Weissenstein par la Röthifluh.**

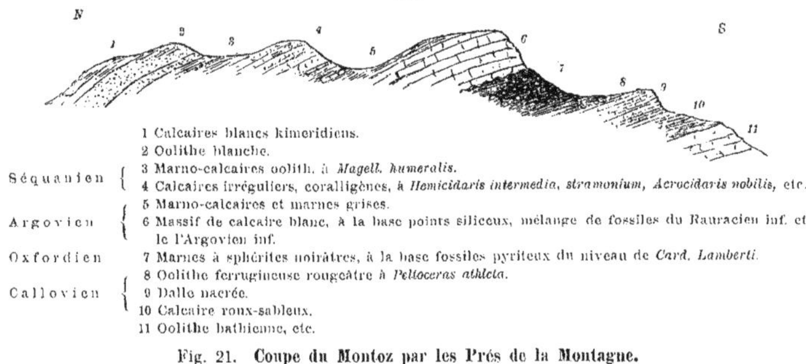

1 Calcaires blancs kimeridiens.
2 Oolithe blanche.
Séquanien { 3 Marno-calcaires oolith. à *Magell. humeralis.*
4 Calcaires irréguliers, coralligènes, à *Hemicidaris intermedia, stramonium, Acrocidaris nobilis*, etc.
Argovien { 5 Marno-calcaires et marnes grises.
6 Massif de calcaire blanc, à la base points siliceux, mélange de fossiles du Rauracien inf. et le l'Argovien inf.
Oxfordien 7 Marnes à sphérites noirâtres, à la base fossiles pyriteux du niveau de *Card. Lamberti.*
Callovien { 8 Oolithe ferrugineuse rougeâtre à *Peltoceras athleta.*
9 Dalle nacrée.
10 Calcaire roux-sableux.
11 Oolithe bathienne, etc.

Fig. 21. **Coupe du Montoz par les Prés de la Montagne.**

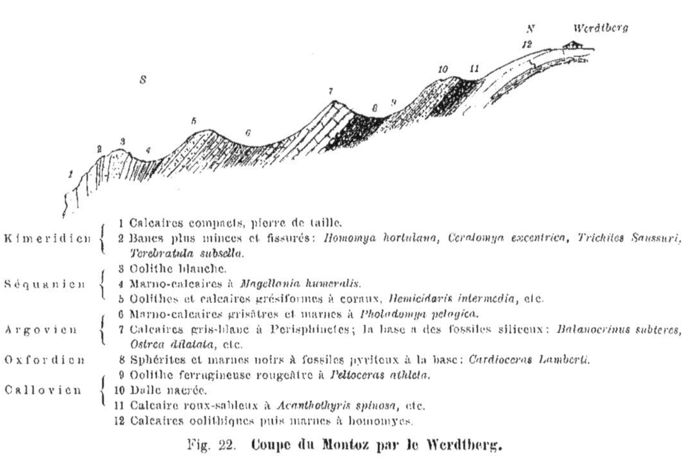

Kimeridien { 1 Calcaires compacts, pierre de taille.
2 Bancs plus minces et fissurés : *Homomya hortulana, Ceratomya excentrica, Trichites Saussuri, Terebratula subsella.*
Séquanien { 3 Oolithe blanche.
4 Marno-calcaires à *Magellania humeralis.*
5 Oolithes et calcaires grésiformes à coraux, *Hemicidaris intermedia*, etc.
Argovien { 6 Marno-calcaires grisâtres et marnes à *Pholadomya pelagica.*
7 Calcaires gris-blanc à Perisphinctes ; la base a des fossiles siliceux : *Balanocrinus subteres, Ostrea dilatata*, etc.
Oxfordien 8 Sphérites et marnes noirs à fossiles pyriteux à la base : *Cardioceras Lamberti.*
Callovien { 9 Oolithe ferrugineuse rougeâtre à *Peltoceras athleta.*
10 Dalle nacrée.
11 Calcaire roux-sableux à *Acanthothyris spinosa*, etc.
12 Calcaires oolithiques puis marnes à homomyes.

Fig. 22. **Coupe du Montoz par le Werdtberg.**

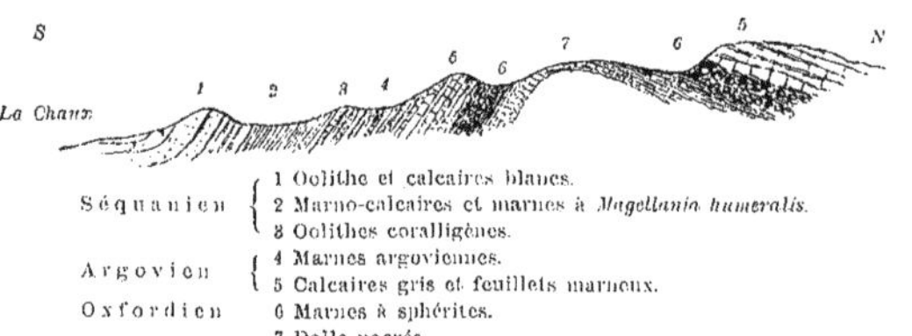

Séquanien { 1 Oolithe et calcaires blancs.
2 Marno-calcaires et marnes à *Magellania humeralis.*
3 Oolithes coralligènes.
Argovien { 4 Marnes argoviennes.
5 Calcaires gris et feuillets marneux.
Oxfordien 6 Marnes à sphérites.
7 Dalle nacrée.

Fig. 23. **Coupe du Chaumont de Gilley par la Chaux.**

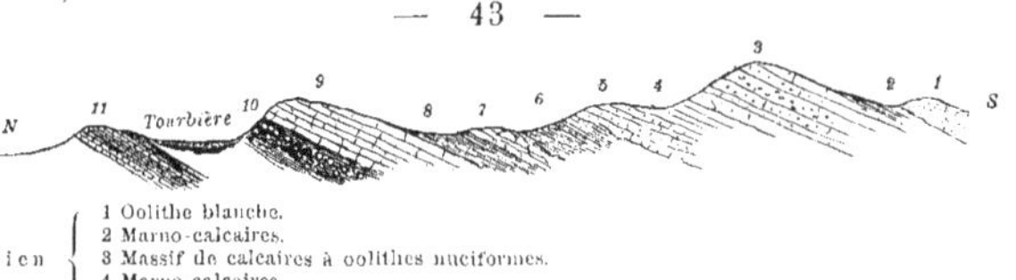

Séquanien
1 Oolithe blanche.
2 Marno-calcaires.
3 Massif de calcaires à oolithes nuciformes.
4 Marno-calcaires.
5 Calcaire blanchâtre, coralligène, *Cidaris philastarte*, etc.

Argovien
6 Marnes argoviennes.
7 Calcaire grisâtre, subcompact.
8 Marnes argoviennes, sèches.
9 Calcaires bleu lités, blancs, à délit polyédrique.

10 Marnes noires à sphérites: *Terebratula Galliennei, Rhynchonella Thurmanni.* La tourbière est probablement sur les marnes oxfordiennes.
11 Dalle nacrée.

Fig. 24. **Coupe du Georget p. Tramelan.**

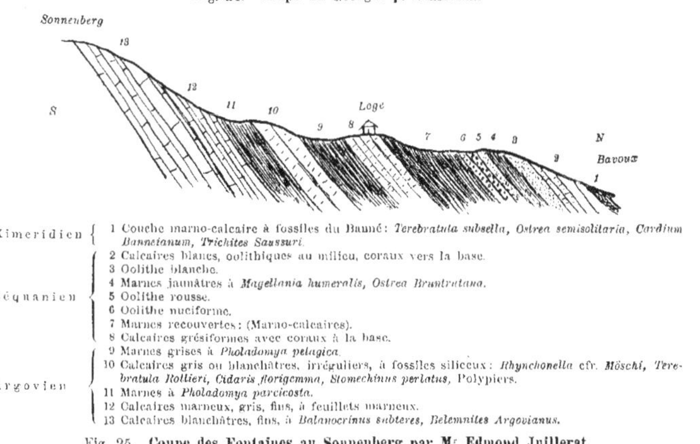

Kimeridien
1 Couche marno-calcaire à fossiles du Banné: *Terebratula subsella, Ostrea semisolitaria, Cardium Bannesianum, Trichites Saussuri.*

Séquanien
2 Calcaires blancs, oolithiques au milieu, coraux vers la base.
3 Oolithe blanche.
4 Marnes jaunâtres à *Magellania humeralis, Ostrea Bruntrutana.*
5 Oolithe rousse.
6 Oolithe nuciforme.
7 Marnes recouvertes: (Marno-calcaires).
8 Calcaires grésiformes avec coraux à la base.

Argovien
9 Marnes grises à *Pholadomya pelagica.*
10 Calcaires gris ou blanchâtres, irréguliers, à fossiles siliceux: *Rhynchonella* cfr. *Möschi, Terebratula Rollieri, Cidaris florigemma, Stomechinus perlatus,* Polypiers.
11 Marnes à *Pholadomya parcicosta.*
12 Calcaires marneux, gris, fins, à feuillets marneux.
13 Calcaires blanchâtres, fins, à *Balanocrinus subteres, Belemnites Argovianus.*

Fig. 25. **Coupe des Fontaines au Sonnenberg par Mr Edmond Juillerat.**

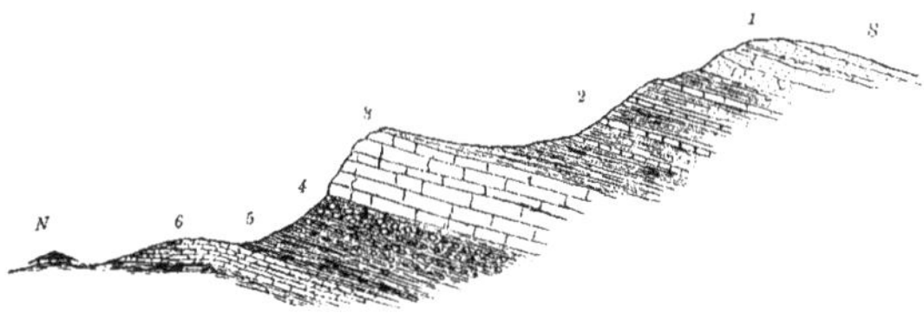

1 Calcaires finement oolithiques ou grésiformes, à points siliceux. *Hemicidaris intermedia, Microsolena,* etc.
2 Marnes grises, sèches, avec bancs marno-calcaires chailleux: *Pholadomya pelagica, paucicosta, Ostrea dilatata* et *caprina.*
3 Calcaires blanchâtres à *Perisphinctes.*
4 Marnes à sphérites, fossiles rares marno-calcaires: *Cardioceras cordatum, Arca concinna.*
5 Marnes noires, grasses, à *Cardioceras Lamberti,* etc., pyriteux, faune riche.
6 Dalle nacrée à *Clypeus Hugii,* etc.

Fig. 26. **Coupe du Graitery.**

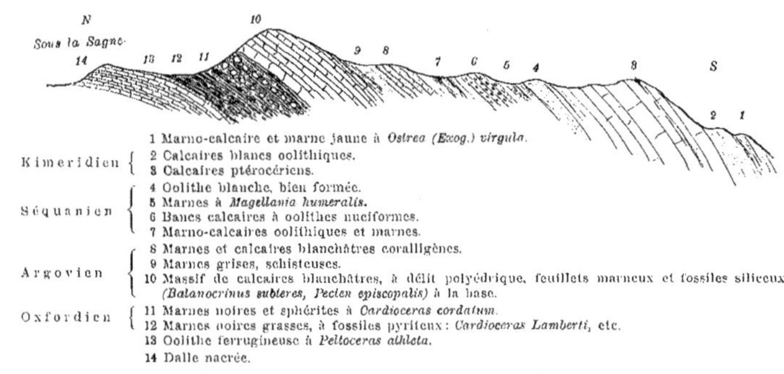

1 Marno-calcaire et marne jaune à *Ostrea (Exog.) virgula*.

Kimeridien { 2 Calcaires blancs oolithiques.
3 Calcaires ptérocériens.

Séquanien { 4 Oolithe blanche, bien formée.
5 Marnes à *Magellania humeralis*.
6 Bancs calcaires à oolithes nuciformes.
7 Marno-calcaires oolithiques et marnes.

Argovien { 8 Marnes et calcaires blanchâtres coralligènes.
9 Marnes grises, schisteuses.
10 Massif de calcaires blanchâtres, à délit polyédrique, feuillets marneux et fossiles siliceux (*Balanocrinus subteres, Pecten episcopalis*) à la base.

Oxfordien { 11 Marnes noires et sphérites à *Cardioceras cordatum*.
12 Marnes noires grasses, à fossiles pyriteux: *Cardioceras Lamberti*, etc.

13 Oolithe ferrugineuse à *Peltoceras athleta*.
14 Dalle nacrée.

Fig. 27. **Coupe du Jorat aux Reussilles p. Tramelan.**

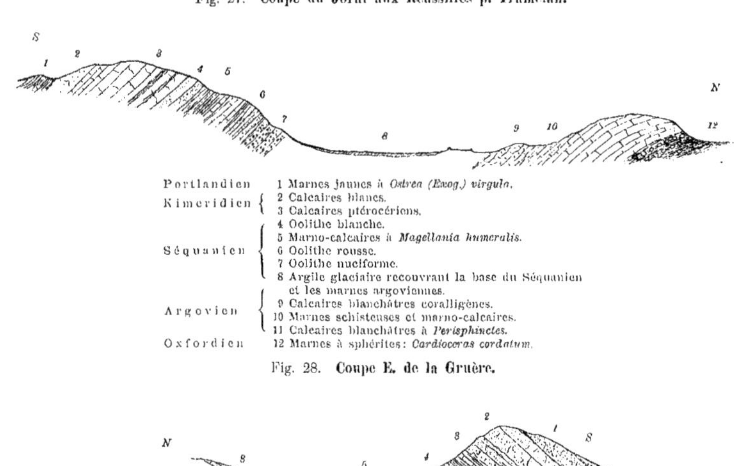

Portlandien 1 Marnes jaunes à *Ostrea (Exog.) virgula*.

Kimeridien { 2 Calcaires blancs.
3 Calcaires ptérocériens.

Séquanien { 4 Oolithe blanche.
5 Marno-calcaires à *Magellania humeralis*.
6 Oolithe rousse.
7 Oolithe nuciforme.
8 Argile glaciaire recouvrant la base du Séquanien et les marnes argoviennes.

Argovien { 9 Calcaires blanchâtres coralligènes.
10 Marnes schisteuses et marno-calcaires.
11 Calcaires blanchâtres à *Perisphinctes*.

Oxfordien 12 Marnes à sphérites: *Cardioceras cordatum*.

Fig. 28. **Coupe E. de la Gruère.**

Séquanien { 1 Oolithe blanche.
2 Calcaires oolithiques.
3 Calcaires oolithiques coralligènes.

Argovien { 4 Marnes grises et marno-calcaires à *Pholadomya pelagica*.
5 Calcaires blancs, bien réglés.

Oxfordien 6 Marnes à sphérites.
7 Calcaires marneux roux à *Rhynch. varians*.
8 Calcaires oolithiques.

Fig. 29. **Profil S. d'Envelier.**

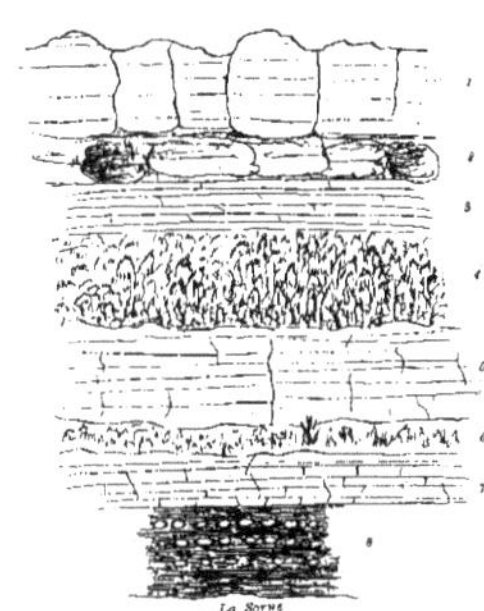

1 Kimeridien.
2 Oolithe blanche, Séquanien sup.
3 Calcaires oolithiques divers.
4 Forêt occupée par les marnes séquan.
5 Calcaires blanchâtres, coraux.
6 Bancs plus marneux, recouverts.
7 Calc. blanc à Pholadomyes.
} Argovien ou Rauracien
8 Marnes à sphérites: *Collyrites bicordata*, *Rhynchonella Thurmanni*, etc.

Fig. 30. **Gorge du Pichoux: rive droite.**

Les coupes qui précèdent montrent le rôle important que joue l'étage argovien dans la topographie des chaînes du Jura peu explorées jusqu'ici. On n'y reconnaît guère les puissants bancs compacts du Rauracien si connus, les roches pittoresques tant admirées des gorges d'Undervelier, de Choindez, du Vorbourg, de Liesberg, de St-Ursanne et de la vallée du Doubs. Par contre, le Séquanien, peu saillant dans le relief du Jura septentrional, acquiert une réelle importance par ses bancs oolithiques compacts dans les hauts sommets du Chasseral, du Hasenmatt, du Weissenstein, du Günsberg, des Wasserfalle, etc. Le rôle orographique du Rauracien est donc cédé au Séquanien dans les chaînes internes du Jura. Par contre, l'étage kimeridien est d'une composition et d'un rôle orographique assez uniforme dans toute l'étendue de la feuille VII. Le rôle des étages, qui change rapidement dans notre pays du N. au S., ne confirme donc pas pour tout le Jura les lois orographiques établies par Thurmann. Les combes oxfordiennes disparaissent vers le S. et le S.-E., des combes argoviennes prennent la place des crêts rauraciens, et de nouveaux crêts, les crêts séquaniens, se substituent aux paliers que forme cet étage dans le N. du pays. En présence de ces faits, on se demandera si l'on peut encore maintenir une nomenclature unique pour les formes orographiques du Jura. Nous ne le pensons pas, vu que dans le Jura méridional, à partir de la Faucille, les crêts séquaniens eux-mêmes prennent un autre caractère par l'envahissement de l'élément marneux. En un mot, les formes orographiques varient d'un lieu à l'autre suivant la composition pétrographique des étages. Il n'est donc pas juste de dire que les crêts du Jura se ressemblent tous; au contraire, leur nature géologique est fort différente suivant les régions, et il est peu de contrées autres que le Jura où le Malm soit plus sujet à de continuelles variations stratigraphiques. Il importe donc d'examiner en détail tous nos affleurements.

En présence de ces faits, l'on pourrait se demander si les étages au point de vue stratigraphique pur ont leur raison d'être ou s'il ne conviendrait pas d'en faire abstraction. Nous n'examinerons pas ici cette question au point de vue théorique, nous la considérons avec d'autres comme parfaitement résolue; nous verrons seulement par l'ensemble de nos études sur le Malm de la feuille VII que, malgré les variations locales, les étages traduisent toutefois les grandes lignes de la sédimentation, d'autant mieux qu'on embrasse un plus grand territoire. Car les mêmes facies finissent par se retrouver ailleurs, et des séries fort divergentes deviennent dès lors comparables par alternance. Mais n'est-ce pas là même le postulat de toutes nos études stratigraphiques, des limites qu'il convient d'assigner aux étages, de leur importance, etc.? Voyons donc les faits.

Tout en complétant nos études antérieures sur le Malm, nous examinerons maintenant dans les limites connues des étages du Jura septentrional les affleurements intéressants de la partie de la feuille VII que nous n'avons pas encore abordée jusqu'ici. Dans la région très accidentée de la Hohe-Winde, nous aurons en outre à poursuivre les transformations de facies du Rauracien qui ont été discutées en partie seulement dans notre „Défense des facies du Malm" (Archives de Genève, 3e pér., t. 34 et Eclogae vol. 4). Il est de toute nécessité pour cette partie du Jura d'avoir recours aux feuilles de l'Atlas Siegfried, sur lesquelles nous ferons nos indications en attendant que la Commission géologique suisse veuille bien se décider à les publier en couleurs géologiques.

Oxfordien. Le Jura de Delémont, depuis longtemps connu pour ses gisements oxfordiens (Châtillon, Thiergarten, Soyhières, Movelier, Bourrignon, Asuel, Liesberg), livre toujours des fossiles aux amateurs, bien qu'il faille s'armer de beaucoup de patience pour les recherches. Il faut profiter plus que partout ailleurs des travaux de chemins, de tranchées, etc., qui entament le terrain, car si l'on ne compte que sur le lavage par les pluies des affleurements si souvent visités, on ne fera que de maigres récoltes. Les écoles du pays, ainsi que les musées de Bâle, Strasbourg, Berne, Zurich, se sont enrichis des principales collections formées dans cette contrée; c'est là qu'il faut étudier avant tout nos fossiles. Comme nous avons en préparation une étude paléontologique et stratigraphique des niveaux pyriteux situés entre le Dogger et le

Malm, nous laisserons ici encore de côté les listes des fossiles que nous pourrions dresser sur les faunes par zones dans cet étage où prédominent de beaucoup les ammonides. Les échinides, les crinoïdes (sauf *Balanocrinus pentagonalis*), les polypiers sont beaucoup plus rares, ou même nuls, et l'on peut dire que les marnes de l'Oxfordien ont opposé une barrière ou un arrêt dans le développement des faunes de l'Oolithique, qui reparaissent dans le Rauracien, presque soudainement, après avoir été écartées de l'Europe centrale durant tout l'intervalle d'un grand étage géologique. Personne n'a signalé jusqu'ici où ces polypiers, ces échinides, ces mollusques des stations coralligènes, etc., ont vécu durant le long dépôt des argiles d'Oxford et du Callovien.

Nous avons à nous occuper ici de la composition stratigraphique de l'Oxfordien dans la région peu connue des chaînes voisines du Passwang, de Laufon et des collines tabulaires des cantons de Soleure et de Bâle.

A l'E. de Soyhières, rive droite de la Birse, dans les prés qui s'étendent jusqu'au Bois du Treuil, il y a des affleurements dans les marnes oxfordiennes inférieures, le terrain à chailles occupant la zone recouverte par les alluvions de la rivière. M. le recteur Koby, qui a exploré ces gisements, y a recueilli des fossiles pyriteux du niveau de *Cardioceras Lamberti*, parmi lesquels se trouvent des espèces particulières de petits acéphales et de gastéropodes. Les céphalopodes se font rares déjà dans ces marnes, et ce fait s'accentue davantage encore en allant à Liesberg[1]). On exploite maintenant aussi les marnes oxfordiennes dans les carrières à ciment de Liesbergmühle, mais on peut chercher longtemps avant de trouver autre chose que des rognons pyriteux dans ces dépôts. On sait par contre combien les bancs supérieurs du terrain à chailles, et surtout le Rauracien inférieur, sont plus riches dans cette localité. Les nouveaux travaux d'exploitation ont mis à découvert les bancs du terrain à chailles sur plusieurs dizaines de mètres de longueur suivant les têtes de couches à plongement vers le N. Quelques-uns sont très compacts en profondeur, mais la tendance à former des sphérites ou des chailles s'observe à plusieurs mètres de la surface du sol.

---

[1]) Les marnes oxfordiennes de Grellingen (E., en montagne) contiennent 69 % de résidu non soluble dans HCl : argile, quartz très fin et paillettes de mica blanc.

A part la faune connue des myacés, le terrain à chailles de Liesberg est particulièrement riche en gros céphalopodes adultes, dont plusieurs ont été décrits dans les Mémoires de la Société paléontologique suisse (vol. 21 et 23), par MM. Tornquist et de Loriol. Nous avons eu aussi l'occasion d'en collectionner plusieurs et d'en examiner les lobes. Le résultat de cette étude, qui paraîtra ailleurs, est que nous avons affaire à des *Pachyceras* et des *Cardioceras* voisins de *C. Goliathus* d'Orb. (Am.), et non à des *Macrocephalites*.

Si de Grellingen on suit le sentier ou le lit du ruisseau du Kastelbach qui descend de Rodris, on rencontre des affleurements du terrain à chailles, avec de nombreux bancs de sphérites, séparés par des marnes noirâtres, plus sableuses que dans les environs de Delémont. Ces dépôts sont toujours du terrain à chailles parfaitement caractérisé, mais les fossiles y sont assez rares, et cette rareté s'accentue encore à mesure qu'on se rapproche de Bâle (Dornach-Arlesheim, Gempenfluh, etc.).

Au Binz, par contre, on trouve des chailles fossilifères avec *Terebratula Galliennei* et *Rhynchonella Thurmanni* en abondance.

M. Ed. Greppin a recueilli *Cardioceras Lamberti* pyriteux dans la combe oxfordienne de Dornach. Il y a quelques affleurements de chailles à *Arca concinna, Cardioceras cordatum,* et de marnes noires dans les environs des bains de Schauenbourg au S. de Pratteln. Diverses collections (Liestal, Berne) renferment des fossiles pyriteux du niveau de *C. Lamberti* de Lausen près Liestal, de sorte que, dans cette région, l'étage qui nous occupe existe certainement, bien que peu développé. Les bancs siliceux du terrain à chailles supérieur sont assimilés aux sphérites marno-calcaires et sont remplacés par eux. On remarque les mêmes faits dans la région de Beinwyl, à la Säge et au Hexengraben, où l'Oxfordien se réduit à quelques mètres de marnes noires et de bancs à sphérites.

Dans la chaîne du Hirnikopf ou d'Ullmet, au flanc nord de la voussure oolithique, de faibles dépressions du terrain démontrent encore l'existence de l'étage oxfordien, bien que fort réduit, et çà et là au N.-E. de Beinwyl, au Möschbach, au Nunnigerberg, on retrouve les marnes noires et les sphérites surmontés par les calcaires gris de l'Argovien inférieur (Spongitien). Plus au

S. et à l'E., il n'y a plus entre le Dogger et le Spongitien qu'un faible espace occupé par une marne noire pour représenter l'Oxfordien.

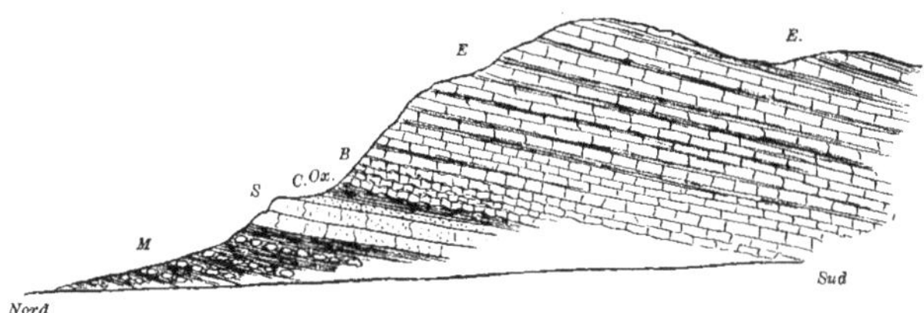

E. Effingerschichten, alternance de calcaires gris, fins, à *Per. Achilles* et de marnes gris foncé.
B. Birmensdorferschichten, 3 m. calc. gris irréguliers, à spongiaires rares.
Ox. 1 m. marne noire.
C. 0,4 m. oolithe ferrugineuse.
S. 2 m. calcaire spathique, roux (= Dalle nacrée).
M. Bancs chailleux et marnes gris brun, à *Macrocephalites macrocephalus*.

Fig. 31. **Coupe au S de Waldenbourg, route de Langenbruck.**

On voit très bien la combe oxfordienne se rétrécir en allant du Champre à l'E. de Mervelier, où l'Oxfordien est encore normal, vers Rothmattli, puis au Schlegel, en suivant le flanc S. de la voussure oolithique des Bös. Il en est de même au flanc S. de la chaîne des Rangiers (ou du Vorbourg), depuis le Fringeli vers Erschwyl, puis au Käsel et au Vogel au S. de la Geisfluh, S.-E. de Meltingen. Dans le synclinal oolithique du Nunninger-Bretzwyler-Stierenberg, et enfin à Aleten au S. de Bretzwyl, il n'y a plus de combe oxfordienne, bien que les calcaires argoviens, qui dérivent directement des crêts rauraciens du Vorbourg, existent encore au centre du synclinal pour montrer qu'il s'agit bien d'une réduction de l'étage, et non pas d'érosions ou autres causes fortuites. Il n'y a pas non plus substitution de l'Argovien à l'Oxfordien, puisque c'est la partie supérieure de l'Oxfordien, c'est-à-dire le terrain à chailles ou les couches à sphérites qu'on retrouve partout sous les calcaires argoviens, et non pas les marnes pyriteuses ou quelque partie inférieure de l'étage. S'il y avait substitution de l'Argovien à l'Oxfordien, les couches à sphérites devraient disparaître pour faire place à un enchevêtrement de l'Argovien inférieur (couches de Birmensdorf) et des marnes pyriteuses, ce qui n'existe nulle part.

Au S. de Reigoldswyl, dans la chaîne d'Ullmet, en montant aux Wasserfalle, l'Oxfordien forme encore une dépression sous l'Argovien (voir Fig. 19, chiffres 2-3), tandis qu'après le synclinal des Wasserfalle, c'est-à-dire dans la chaîne du Passwang, il n'y a plus qu'un faible espace recouvert de végétation entre le Spongitien et l'Oolithique où l'on pourrait retrouver des couches oxfordiennes comme au Günsberg, à Herznach, etc.[1]), dont nous avons parlé dans une publication antérieure (Archives de Genève, 4e pér., t. 3, p. 273 et suiv.).

Nous prendrons donc comme limite des facies marneux (couches à sphérites) et ferrugineux (oolithe à *C. cordatum*), la ligne suivante depuis le Weissenstein: Gräbli sur le Probstberg, Wolfberg au S. de la Scheulte, Vogelberg aux Wasserfalle.

Au N. de Reigoldswyl, on voit encore l'Oxfordien aux Rechtenbergmatte (Archives de Genève, 3e pér., t. 34, p. 550), de Gaushard à Fraumelt, quoique bien recouvert de prés, puis dans l'étang de la Säge près de Seewen (Matériaux, 8e livr., p. 66, et p. 340). Sur la feuille de Waldenbourg, il n'est pas connu, d'abord à cause du peu d'étendue qu'y occupe le Malm, puis la base de l'Argovien est très rarement visible; en tout cas, ce dernier touche de près le Dogger, de sorte que notre limite depuis les Wasserfalle doit passer tout près de Liestal en prenant une direction parallèle à l'axe de la Forêt-Noire, comme nous l'avons établi pour le Rauracien (Archives, 3e pér., t. 29, p. 67 et suiv.). Cet axe indique aussi une limite de séparation entre la Souabe et l'Alsace pour l'Oxfordien qui n'est guère développé que dans ce dernier pays, entre Belfort et Kandern près Fribourg en Brisgau.

On voit donc que le dépôt normal de l'Oxfordien représente chez nous un bassin sédimentaire limité par un relèvement de fond sur l'emplacement actuel des Vosges, de la Basse-Alsace, de la Forêt-Noire, de la Souabe, du Jura oriental (Argovie-Soleure), de la bordure interne du Jura actuel (hautes chaînes), des Alpes orientales et probablement du plateau suisse. Nous avons

[1]) On trouve dans la Cluse de Balsthal, rive gauche, entre les couches de Birmensdorf et les calcaires roux spathiques (= Dalle nacrée) à *Macrocephalites macrocephalus*, *Perisphinctes funatus*, *Trigonia* cfr. *suprabathonica*, etc., une couche de moins d'un mètre d'épaisseur d'une marne ferrugineuse, remplie de concrétions nuciformes de limonite (oolithes ferrugineuses avellanaires), qui nous a livré la belle *Pleurotomaria Babeauana* d'Orb., mais pas de céphalopodes. C'est une couche de rivage marécageux.

là l'extrémité du bassin jurassien (Vézian) et de la Saône, dont l'axe est à peu près Pontailler p. Dijon-Bâle.

Les oolithes ferrugineuses oxfordiennes qui entourent de ce côté les dépôts marneux de l'Oxfordien, paraissent devoir être rapportées à une formation littorale de marécages.

Rauracien. Cet étage si bien exploré par M. Koby a fourni dans les environs de Delémont et de St-Ursanne deux faunes coralligènes décrites par M. de Loriol dans les Mémoires de la Société paléontologique suisse (vol. 16-22). En outre, la localité classique de Develier fouillée par Mathey et J.-B. Greppin a livré avec Liesberg un fort contingent à la Description des échinides et à celle des crinoïdes jurassiques de la Suisse par M. de Loriol.

Les travaux stratigraphiques antérieurs de J. Thurmann, A. Etallon et de J.-B. Greppin établissaient trois horizons principaux de fossiles dans cet étage (hypocorallien, zone corallienne et oolithe corallienne, calcaire à nérinées, Thurmann; glypticien, zoanthairien et dicératien, Etallon; terrain à chailles siliceux, oolithe corallienne et calcaire à nérinées, J.-B. Greppin). M. Koby (Mémoires de la Société paléontologique suisse, vol. 19), a jugé à propos de les abandonner, parce qu'elles sont trop locales. Bien qu'en effet la transformation latérale des facies amène la fusion de quelques niveaux ou leur disparition, il nous semble que dans les localités classiques et fossilifères du Rauracien elles doivent être maintenues, sauf rectification de noms ou de limites. A la gare de St-Ursanne, où l'on trouve le profil le plus complet de cet étage, ces trois divisions se présentent en superposition normale, avec un beau développement de chacune d'elles, sauf que l'oolithe corallienne est peu fossilifère. Ce niveau, qui est celui de Develier-dessus, est un des plus intéressants du Jura. Sa faune, à part les échinides, est peu connue, parce qu'elle a été confondue avec celle de la division inférieure (terrain à chailles siliceux, Greppin), le glypticien de Liesberg.

Le Moulin de Liesberg est maintenant la station la plus riche et la plus accessible à l'étude, grâce à sa grande carrière pour la fabrication de la chaux hydraulique. Les affleurements du Thiergarten commencent à se recouvrir de végétation. Le Fringeli a été très fouillé; toutefois, la désagrégation et le lavage par les pluies font toujours découvrir quelquechose.

La zone de l'oolithe corallienne a des stations spéciales de fossiles. Celles de Zwingen et de Blauen sont plutôt riches en acéphales qu'en gastéropodes. Ses espèces remarquables de gastéropodes *(Nerinea Laufonensis, Itieria Clymene,* etc.), se retrouvent près de Clerval (collection Kilian à la faculté des sciences de Grenoble). Les beaux échinides de Develier-dessus *(Pygurus tenuis, Pygaster umbrella)* méritent une mention spéciale. M. Kilian en a découvert un beau gisement sur la crête rauracienne du Lomont, entre Damvant et Chamesol, près de la guérite des gardes-frontière français. La ressemblance avec l'oolithe à *Clypeus Ploti* du Bathien supérieur a fait prendre cette crête pour du dogger, erreur qu'il importe de rectifier. La roche est une oolithe un peu plus fine que celle du Bathien, et se désagrège facilement en sable oolithique. Nous avons recueilli dans cette station les espèces suivantes, appartenant toutes au Rauracien : *Echinobrissus scutatus* Lam. sp., *Pygaster dilatatus* Des., *Pygurus tenuis* Des., *Acrosalenia angularis* Ag. sp., *Pholadomya paucicosta* Ag., *Pleuromya* sp., *Trigonia reticulata* Ag., *Pecten inæquicostatus* Phil., *Pecten vitreus* Röm., *Ostrea dilatata* Sow., *Perisphinctes Wartæ* Buk.

Dans la rampe, on voit normalement en dessous du crêt rauracien, les bancs du terrain à chailles, très sableux, oxydés en roux, plongeant comme l'oolithe rauracienne vers le N., sans aucune irrégularité. Le terrain à chailles présente dans la même rampe au S. de Damvant: *Pholadomya ventricosa* Goldf. *(paucicosta* auct.) et *P. exaltata* dans les mêmes bancs de l'Oxfordien supérieur. On ne peut guère, par conséquent, maintenir une zone à *Pholadomya exaltata* dans l'Oxfordien moyen, comme le voudrait M. Choffat (Esquisse de l'Oxfordien et du Callovien, p. 40).

Le niveau moyen du Rauracien prend un aspect particulier dans les environs de Lucelle. On trouve dans les rochers des Fontaines-dessus près Charmoille, au Richterstuhl, aux Bruyères W. sur Bourrignon, une roche très caractéristique, c'est une oolithe pisaire (pisiforme) des mieux conformées. Les fossiles sont tous triturés, et leurs débris ont servi de points d'attache aux concrétions calcaires. Ce niveau se rattache au littoral sous-vosgien du Rauracien plus que tout autre point du Jura septentrional. Nous avons été frappé de l'état de trituration d'une roche analogue, mais plus fine, dans le Rauracien de Chèvremont à l'E. de Belfort, pendant l'une des excursions de la Société géologique de France en 1897. Evidemment ces dépôts ont été formés au-dessus de la limite de balancement des vagues.

Le Rauracien supérieur ou Dicératien exploité paléontologiquement à la Caquerelle, à St-Ursanne et à Tariche est maintenant trop bien connu pour que nous insistions sur sa description. C'est le principal niveau des polypiers, bien que Thurmann et Etallon aient appelé zone corallienne la partie inférieure de l'étage, où il y a également de grands polypiers, des blocs d'*Isastrea,* etc. Mais, ainsi que nous avons eu déjà l'occasion de le dire en communauté d'idées avec M. Koby, nulle part on ne voit autre chose que des couches plus ou moins puissantes et régulièrement stratifiées renfermant une infinité de débris de polypiers et de coquilles plus ou moins roulés et engagés dans le dépôt chimique de ces stations coralligènes. Il y avait là des nappes de coralliaires plus ou moins tourmentées par les vagues à mesure que le fond de l'eau s'exhaussait par le dépôt de nouvelles couches et qui s'enfouissaient successivement par affaissement, mais nous n'avons jamais vu de rochers constitués uniquement par des polypiers agglomérés comme sont les atolls et les autres récifs que Gressly se plaisait à voir dans notre mer rauracienne. Les colonies les plus considérables sont des buissons de *Rhabdophyllia strangulata* et *flabellum* qui atteignent plus d'un mètre en diamètre, avec leurs rameaux étalés dans une position normale et naturelle par rapport aux lignes de stratification (route de Lucelle à Charmoille).

Argovien-Rauracien. C'est dans la région d'Erschwyl et de Beinwyl qu'on voit les grandes roches du Rauracien faire insensiblement place à des calcaires blancs à fossiles siliceux dérivant de ceux de l'Oxfordien, puis à des calcaires de plus en plus gris, bien lités, avec des lits argileux, jusqu'à ce que tout le haut de l'étage soit à peu près représenté par des marnes plus ou moins schisteuses, dont la faune est du même type que celle du terrain à chailles, bien que les deux dépôts soient séparés verticalement par plus de cinquante mètres de sédiments.

Nous avons donné (Défense des facies du Malm, Archives de Genève, 3e pér., t. 34, pl. 4, fig. 5), la coupe des roches coralliennes d'Erschwyl, avec leur équivalent argovien au N. du Bös placé en regard, les deux crêts de faciès différents constituant une voussure régulière. On peut suivre un passage analogue et sans interruption, en longeant le crêt rauracien du Champre à l'E. de Mervelier pour passer insensiblement dans des calcaires argoviens au Rothmättli[1]). Il est vrai qu'ici une roche brisée en glissement sur l'Oxfordien complique un peu la coupe. On trouve les mêmes transformations en longeant les combes oxfordiennes d'Erschwyl vers Aleten, bien que les affleurements soient peu importants.

En général, cette transformation horizontale du Rauracien en Argovien ne se fait pas brusquement, surtout dans la direction de l'E., mais d'une façon très lente, sans que des gisements fossilifères bien remarquables s'interposent entre les deux faciès. Les rochers au N. du Bös sont sous ce rapport ce qu'il y a de mieux.

A partir de Waldenbourg vers le S. et vers l'E., on est en plein dans l'Argovien typique, comme dans les chaînes internes du Jura et en Argovie. Par contre, entre cette localité et Liestal, comme entre Bretzwyl et Seewen, on rencontre des couches argoviennes un peu différentes du type de l'étage, et montrant un passage entre le Rauracien du plateau de Gempen et l'Argovien. La base de cet étage, c'est-à-dire les couches de Birmensdorf sont peu fossilifères, comme du reste à Waldenbourg (fig. 31); les calcaires hydrauliques cèdent de plus en plus la place à l'élément calcaire, et l'on en trouve des bancs jaunes comme à Läufelfingen, inséparables de la partie inférieure de l'étage. Dans cette région, l'Argovien n'est divisible qu'en deux sous-étages, un massif calcaire à la base, et des marno-calcaires à pholadomyes vers le haut[2]). Il y a ensuite passage insensible au Séquanien par des couches coralligènes qu'on peut balancer entre l'un ou l'autre des deux étages, comme il ressort des discussions que nous avons soutenues récemment (Archives, 3e pér., t. 34, p. 552 et suiv., 4e pér., t. 3., pl. 6, fig. 2, p. 274).

C'est au S. de Niederdorf qu'on peut le mieux observer l'Argovien supérieur avec des marno-calcaires à *Pholadomya paucicosta*, *P. pelagica*, *P. hemi-*

---

[1]) Greppin a reconnu les marnes oxfordiennes sous les crêts en question au S. de la ferme du Trogberg (Matér., 8e livr., p. 272).

[2]) On trouve surtout *Pholadomya concelata* Ag. à Bretzwyl et à Seewen, soit dans les marno-calcaires gris argoviens, soit dans les calcaires blancs de passage au Rauracien.

cardia, Magellania (Zeilleria) cfr. *Parandieri*, etc. Ils sont recouverts par des calcaires coralligènes à particules siliceuses et *Hemicidaris intermedia*, comme aux Franches-Montagnes, au Sonnenberg, etc.

La couche à échinides de la scierie de Seewen pourrait être placée au niveau de l'Argovien supérieur de Niederdorf; il y a pour cela quelques analogies, mais Seewen rentre encore dans le domaine du Rauracien, et ses échinides sont tout à fait ceux de Develier-dessus et de Damvant, bien qu'ils nous paraissent occuper un niveau un peu plus élevé. C'est ainsi qu'on peut poursuivre les migrations des faunes homotaxiques autres que celles des céphalopodes, à travers les étages, sans que deux localités un peu éloignées puissent être rapportées exactement au même niveau. Il y a certainement des différences entre les espèces représentatives de chaque niveau, mais elles sont faibles. C'est ainsi que *Cidaris florigemma* Phillips, du Rauracien inférieur, à radioles épais, passe insensiblement et par tous les intermédiaires au *Cidaris philastarte* (Th.) Etallon de l'Astartien (Séquanien moyen), caractérisé par ses radioles grêles, et d'une taille généralement beaucoup moindre. Pour plusieurs paléontologistes, ces différences ne sont pas suffisantes pour la création d'espèces nouvelles, et n'indiquent que des variétés. Mais quand nous connaîtrons tous les intermédiaires qui relient les soi-disant bonnes espèces, pourra-t-on considérer encore les extrêmes elles-mêmes autrement que comme des variétés? De cette façon, les variétés auront pris la place et l'importance des espèces pour caractériser les terrains. Le nom seul aura changé, mais la chose, c'est-à-dire les différences subsisteront quand même. Ainsi, malgré les passages, il faut maintenir des formes types comme jalons pour marquer l'évolution des organismes, et quoi qu'on en dise, puisque c'est là leur plus grande utilité, leur nombre dépendra plutôt de celui des étages géologiques que des caractères spécifiques établis d'une façon trop arbitraire.

Nous pourrions citer d'autres exemples pour montrer que les catalogues ou les listes de fossiles sont toujours incomplets, et qu'ils ne dépendent que trop de l'état momentané de la nomenclature paléontologique.

Séquanien. Dans nos travaux antérieurs, nous avons pris pour base du Séquanien les Crenularis-Schichten d'Argovie, tout comme le Glypticien de

Liesberg est la base du Rauracien. En cela nous n'avons pas dérogé aux coutumes établies de part et d'autre par les géologues du Jura. Mais comme il est maintenant démontré que le Séquanien d'Argovie est exactement le Séquanien de Thurmann, d'Etallon et de Greppin (= Astartien de la *Lethea bruntrutana),* tandis que le Rauracien est l'équivalent coralligène de l'Argovien, il y a lieu de rechercher le dépôt caractéristique qui puisse nous servir de limite entre le Rauracien et le Séquanien. En d'autres termes, comment se termine le Rauracien, et quelle est la couche du Jura septentrional qui correspond aussi exactement que possible à la base du Séquanien, c'est-à-dire aux Crenularis-Schichten?

Pour résoudre cette question, nous passerons d'Argovie dans les cantons de Soleure et de Bâle, en examinant quelles sont les transformations que subit le dépôt coralligène des couches à *Hemicidaris intermedia.* Nous l'avons fait dans notre première étude entre Rondchâtel et Choindez (Archives de Genève, 3e pér., t. 19, p. 160 et suiv.). M. Koby a combattu notre parallélisme au moyen d'un gisement coralligène des gorges de Moutier qu'il nous suppose avoir attribué au Séquanien, mais nous l'avons rapporté, en écartant son objection, à l'Argovien supérieur, de sorte qu'il n'y a plus entre nous à propos de ce gisement qu'une question de niveau dans l'Argovien ou le Rauracien. La limite supérieure de l'Argovien est assez nette dans toute cette région, par le dépôt d'une couche marneuse à *Pholadomya paucicosta* immédiatement au-dessous de calcaires finement oolithiques ou grésiformes qui sont le gisement de *Hemicidaris intermedia, Rhynchonella corallina,* etc., à peu de distance des premiers bancs marneux à *Magellania humeralis* et aux oolithes rousses et lumachelles à *Astarte gregaria.* L'apparition de bancs finement oolithiques après le dépôt des marnes argoviennes nous semble marquer le début du régime séquanien dans toute l'étendue de notre territoire, ce qui correspond à des faits analogues en Argovie, au Günsberg et à Olten. Certes, il peut y avoir ailleurs qu'à Moutier et au Sonnenberg des bancs à coraux et fossiles siliceux (sinon des oolithes grésiformes) intercalés au sommet de l'Argovien, ou dans les couches marneuses du Geissberg, mais en laissant les strates groupés comme ils l'ont été jusqu'ici en Argovie d'une part et dans le Jura bernois de l'autre, on n'arrive pas à d'autre conclusion en fait de parallélisme, que la base de ce que l'on appelle Séquanien en Argovie est la base de l'Astartien de Thurmann, c'est-à-dire la base même du Séquanien typique. C'est l'assimilation du Rauracien au Séquanien qui est fausse, et qu'il faut éviter; il ne s'agit entre eux que de facies analogues, mais non synchroniques, comme nous l'avons toujours soutenu.

Si nous avions à remanier la question des étages du Malm, nous ferions peut-être un autre groupement; nous nous sommes contenté jusqu'ici, en étudiant les affleurements de notre territoire, d'établir les passages latéraux.

En passant de Günsberg ou de Trimbach dans les environs de Langenbrouck et de Mümmliswyl, on trouve entre l'Argovien marneux ou supérieur et l'oolithe blanche de Wangen, etc., un complexe assez puissant (40-50 m.) de calcaires oolithiques à fossiles triturés, par places avec des polypiers et des piquants caractéristiques d'*Hemicidaris intermedia*. (*H. crenularis* est beaucoup plus rare à ce niveau; c'est par contre l'espèce caractéristique du Rauracien inférieur.) Les débris d'ostracés comme *Alectryonia hastellata* et *Pecten (Chlamys) articulatus* sont fréquents, la faune, sauf certaines différences, est en un mot très analogue à celle du Rauracien inférieur (Glypticien de Liesberg), et à celle de Nattheim, qui n'est pourtant guère du même niveau. C'est une zone à étudier paléontologiquement. Les gisements du Châtelu, de Rondchâtel et de Günsberg sont toujours les plus riches et les mieux représentés dans les collections. Les polypiers de Günsberg sont pour la plupart de ce niveau, et méritent, par les espèces spéciales qu'y reconnaît M. Koby, d'être distingués de ceux du Rauracien inférieur. Il en est de même aux Wasserfalle, où les calcaires coralligènes qui surmontent les marnes argoviennes reproduisent les principaux caractères des Crenularis-Schichten avec leurs fossiles habituels [1]). Qu'il y ait là des espèces analogues à celles du Rauracien, c'est ce qui n'a pas lieu de nous étonner; toujours est-il que l'Oxfordien avec le terrain à chailles existe en ce point à une centaine de mètres plus bas, au-dessous de l'Argovien complet. Comment donc faire de ces couches coralligènes du Rauracien, comme le voudrait M. Koby?

---

[1]) Nous avons récolté lors de l'excursion de la Société géologique suisse en 1891: *Apiocrinus Meriani, Hemicidaris stramonium, Rhynchonella corallina, Magellania* cfr. *humeralis, Ostrea (Alectryonia) rastellaris, Pecten octocostatus,* etc., au sommet des calcaires coralligènes.

Un gisement intéressant du Séquanien inférieur se trouve dans les prés au N. de Bretzwyl, vers la ferme de Sommerhof. On voit une roche oolithique poreuse et tufacée par places, remplie de débris de coquilles ou de polypiers, et ressemblant à un calcaire grossier tertiaire. C'est un type accompli de formation littorale. Son extension vers le N.-E. ne paraît pas avoir été primitivement beaucoup plus grande, bien qu'on doive faire une certaine part aux érosions tertiaires au pied de la Forêt-Noire.

Sur le plateau entre Seewen et Gempen, on retrouve le Séquanien plus ou moins coralligène, toujours oolithique, par-dessus les bancs massifs du Rauracien. Une station que nous n'avons pu retrouver a livré les échinides caractéristiques du Séquanien inférieur et moyen *(Acrocidaris nobilis, Pseudodiadema hemisphæricum, Hemicidaris intermedia)* aux collections du Polytechnicum de Zurich (Merian).

Dans toute cette région, on trouve les couches très caractéristiques du Séquanien moyen telles que nous les connaissons aux environs de Delémont et ailleurs; c'est une oolithe nuciforme formée par des concrétions autour de petits gastéropodes ou d'autres fragments de coquilles. Par places, cette oolithe ressemble à un poudingue ou gompholithe tertiaire. Nous avons cité des bancs d'oolithes pralinées ou de grosses oolithes (L. de Buch) aux Franches-Montagnes (Montfaucon, Breuleux), au Sonnenberg et au Chasseral, toujours à peu près au même niveau, c'est-à-dire en alternance avec des couches marneuses à *Magellania humeralis.*

Au-dessus de Soyhières, sur le flanc N. de la chaîne de la Chaive, on voit en plusieurs affleurements des bancs analogues qui ressemblent à s'y méprendre à la gompholithe tongrienne de Bressaucourt.

Il existe aussi par places des bancs finement gréseux, siliceux dans le Séquanien. Nous en connaissons à la Scheulte, à Damvant et à Chamesol, où ils sont exploités comme pierres à aiguiser *(molettes)* très-estimées.

Le niveau supérieur du Séquanien ou l'oolithe blanche de Ste-Vérène ou de Wangen existe dans toute l'étendue de la feuille VII, jusqu'à ses affleurements les plus septentrionaux. C'est un dicératien qui reste à étudier paléontologiquement d'une façon plus complète que ne l'a fait M. Ed. Greppin, à propos de ses récoltes d'Oberbuchsiten. Les affleurements du Chasseral pourraient entrer en ligne de compte. Dans les environs de Laufon (Busserach), l'oolithe blanche est exploitée. Son grain oolithique est généralement plus gros qu'ailleurs. C'est le niveau des gros *Pygurus tenuis* et *Hausmanni* répandus dans les collections.

A Lucelle et dans le Jura de Ferrette, la structure oolithique est moins prononcée; ce sont généralement des calcaires blancs où l'on ne rencontre que peu de fossiles, hormis le beau *Purpura gigas* Et.

Kimeridien. L'étage kimeridien encore généralement marneux à sa base dans les environs de Porrentruy (marnes du Banné), devient de plus en plus calcaire à partir de Glovelier, Delémont, vers le S. Son épaisseur croît aussi dans cette direction. Nous avons donné sa composition par de nombreuses coupes dans les chaînes méridionales du Jura bernois, ce qui nous dispense d'y revenir en détail. Nous nous bornerons ici à faire ressortir la composition à grands traits de ce massif important qui contribue le plus à la formation des flancs des montagnes, généralement occupés en forêts, tandis que les étages inférieurs du Malm sont le plus souvent en prés et en pâturages. Dans les chaînes septentrionales, généralement moins élevées, les pâturages ne se rencontrent guère que sur les croupes oolithiques, dans les combes oxfordiennes, etc.

Au-dessus des bancs fossilifères à faune ptérocérienne de la base du Kimeridien, on trouve partout entre Delémont, Soleure et Neuchâtel des bancs compacts, généralement peu fossilifères. Ils sont exploités dans de nombreuses carrières (Reuchenette, St-Imier, etc.). Puis viennent au sommet de l'étage des calcaires blancs, quelquefois oolithiques, ou bien des bancs légèrement brun-jaune avec des moules de nérinées et d'autres gastéropodes. Les environs de Renan et de la Chaux-de-Fonds sont assez fossilifères et nous ont fourni des espèces de Valfin, dont ces calcaires occupent en effet le niveau. *Trochalia depressa*, *Actæonina acuta* avec d'autres gastéropodes et *Corbis subclathrata* sont les plus caractéristiques. Un affleurement très remarquable de ces calcaires se trouve sur la route de Renaud-du-Mont au N. de Morteau. On les retrouve ailleurs; quelquefois les *Trochalia* ont perdu leur test et leurs moules peuvent sortir de la roche à la manière d'une vis. On trouve à ce niveau déjà *Natica Marcousana* ou une espèce fort voisine qui peut le faire confondre avec les gisements portlandiens. C'est le *calcaire à Corbis* de M. Contejean qu'on suit partout sans changement important de facies depuis Montbéliard jusqu'à Soleure, où il est particulièrement intéressant à cause de sa richesse en tortues fossiles. (Voir Rütimeyer et Lang: Die fossilen Schildkröten von Solothurn, in vol. 22 des Nouv. Mémoires de la Soc. helv. des sc. nat.)

Citons encore quelques bancs remarquables dans cet étage. A l'E. de Bressaucourt, dans la combe de Vaberbin, après le petit anticlinal aigu dans les calcaires du Kimeridien moyen, on voit dans le lit du ruisseau des blocs qui paraissent être en partie en place, ramarquables par leur couleur gris-noirâtre. Ils nous ont livré *Thracia incerta, Terebratula subsella, Arca* sp. Les calcaires noirs sont rares à ce niveau dans le Jura, mais il est probable que plusieurs bancs avaient cette couleur avant leur oxydation dans les temps tertiaires, etc.

Un autre accident singulier est celui des cailloux ou concrétions noires analogues à celles du Purbeckien, et que Lory a crus autrefois être d'origine alpine. Ils ne sont pas spéciaux au Purbeckien, comme on est généralement porté à le croire, mais nous en connaissons sûrement dans la partie supérieure du Kimeridien, au-dessous des calcaires blancs dont nous avons parlé. Léopold de Buch en a signalé depuis longtemps (Helvetischer Almanach, 1818, pl. 2), un banc au-dessus des calcaires à nérinées (strombites) des gorges du Seyon au-dessus de Neuchâtel. Ils paraissent occuper le milieu du Portlandien. Ceux que nous avons découverts avec Gilliéron se trouvent à la source même de la Foule (Pérouse) près Moutier, ainsi que sur la route de Court, dans les gorges. Ils sont certainement à une vingtaine de mètres au-dessous des bancs à *O. virgula*, et parfaitement en place, engagés dans la roche.

La limite N.-E. du Kimeridien est à peu près celle indiquée dans la 1re édition de la feuille VII. A Oberbuchsiten, cet étage devient pélagique, avec la faune ammonitique de Baden (Mémoires de la Soc. paléontologique suisse, vol. 7-8), tandis que les calcaires blancs de Soleure, peu connus aux environs d'Olten, reparaissent dans ceux de Wettingen en Argovie. Vers Bâle, le Kimeridien n'existe qu'en lambeaux protégés contre les érosions tertiaires; c'est ainsi qu'il a été signalé, du moins sa partie inférieure, entre les tunnels d'Istein par J.-B. Greppin (Matériaux, 8e livr., p. 312), et par M. O. Hug in

Neues Jahrbuch 1895, Bd. I, p. 109. Ce lambeau devait se relier primitivement à ceux de Neumühle, de Ligsdorf (Luxdorf) et de Delle. Mais nous ne pensons pas qu'il ait atteint le val de Laufon, ni les collines tabulaires bâloises et argoviennes, où il est tout à fait inconnu.

Portlandien. Bien qu'ayant hésité autrefois à rapporter à cet étage les dépôts virguliens, nous pensons aujourd'hui qu'il convient de commencer l'étage portlandien par les marnes et les marno-calcaires à *O. virgula.* La base du Portlandien est ainsi très en retrait sur le Kimeridien dans le Jura bernois. La limite N.-E. actuelle est Miécourt-Moutier-Soleure. Comme pour le Kimeridien, c'est plutôt un retrait de la mer vers le S.-W., dans le bassin de la Saône, que vers le S.

Les marno-calcaires virguliens sont bien connus en Ajoie et dans le pays de Montbéliard, où M. Contejean en a distingué deux niveaux, assez rapprochés il est vrai. La Roche-de-Mars sur la route d'Alle à Porrentruy est couronnée par des bancs virguliens, ainsi que nous l'avons constaté en compagnie de M. Koby. De même, depuis Chevenez à Grandfontaine, on retrouve ces marnes en plus d'un point au sommet des anticlinaux. A l'est de Rocourt, on les voit au bord de la route, surmontées par des calcaires d'un blanc de craie, le *calcaire à Diceras* de M. Contejean, sans que cependant nous ayons pu y découvrir des fossiles caractéristiques.

Les affleurements des Franches-Montagnes (Cernil, la Chaux près Tramelan, Cerneux-ès-Veusils, etc.), pourraient paraître isolés dès le début de ceux de l'Ajoie, s'il n'était trop évident qu'un double parcours du Doubs dans la région intermédiaire (Clos-du-Doubs) n'a pas peu contribué à dénuder les étages jurassiques supérieurs à la frontière franco-suisse dans les temps crétaciques et tertiaires. Le synclinal d'Indevillers en fait foi. (Voir la feuille Montbéliard de la carte géologique détaillée de la France au 1: 80000 par W. Kilian.) Par contre, dans toute cette région les marno-calcaires pâles à *Cyprina Brongniarti* et *Natica Marcousana,* ou le vrai sous-étage Bononien, n'existent pas, non plus qu'à Porrentruy, ce qui annonce de plus en plus le retrait de la mer portlandienne vers le S.-W. Les points extrêmes pour ce dépôt sont: Cerneux-ès-Veusils-Souboz-Court-Granges. Nous avons donné les coupes détaillées de cet étage dans notre première étude sur les Facies du Malm (Archives de Genève, 3e pér., t. 19, p. 8 et suiv., et p. 155 et suiv.). Les environs des Brenets, de St-Imier, de Neuveville et de Bienne sont surtout remarquables. Le substratum est dans cette région un calcaire blanc à *Ptygmatis* cfr. *Bruntrutana* qui doit correspondre au *calcaire à Diceras* de Montbéliard.

Sur la route de Bellelay aux Genevez, ces bancs blancs existent normalement au-dessus des bancs à *Ostrea (Exogyra) virgula*. Ils sont surmontés ou intercalent plutôt vers le haut une mince couche à concrétions noires que nous a signalée M. Choffat, en pensant qu'elle était peut-être tertiaire. (Lettre inédite.) Les nombreux *Cerithium pseudoexcavatum* de Loriol qu'on peut encore y recueillir, ainsi que la superposition d'un banc blanc à *Corbis* cfr. *formosa* Ctj. nous oblige à y reconnaître une couche saumâtre portlandienne. Le fait est en lui-même intéressant et montre une fois de plus l'apparition de bancs à cailloux noirs à plusieurs niveaux du Jurassique supérieur.

Au-dessus des couches fossilifères du Portlandien moyen, on voit à Bienne, St-Imier, Villers-le-Lac, etc., des couches dolomitiques, puis des calcaires saccharoïdes[1]), blancs, où Jaccard signale des fossiles saumâtres (de Loriol et Jaccard), qu'il rapporte avec les calcaires celluleux au Purbeckien inférieur. Pour nous, le Purbeckien n'est pas un étage, c'est le couronnement local saumâtre ou littoral du Portlandien. Au Salève, à la Cluse-de-Chaille et ailleurs, ces couches sont transformées en des calcaires blancs coralligènes qui terminent la série jurassique.

Les couches lacustres ou lagunaires de Bienne, Lignières, St-Imier, Villers-le-Lac, etc., rapportées à tort ou à raison aux Purbeck-beds d'Angleterre, n'atteignent qu'une dizaine de mètres d'épaisseur. Elles ne sont pas gypsifères dans notre territoire. Le niveau le plus intéressant est une oolithe grise à *Corbula Forbesiana* qu'on voit bien au S. de Lignières. Dans le vallon de St-Imier (Sonvillier), il y a passage insensible au Valangien par des oolithes analogues, où gisent de petites huîtres inédites.

---

[1]) Les calcaires âpres de Jaccard (Matér., 6e livr., pl. 4, p. 179), et de Baumberger (Berner Mittheil. 1894).

VI. Sur les gisements anormaux de l'Infracrétacique.

Dans le Ier supplément à la Description géologique du Jura bernois, nous nous sommes appliqué à décrire la composition et les allures des terrains infracrétaciques dans la partie S.-W. de notre territoire. Nous avons pu, guidé par des considérations stratigraphiques et géogéniques, supposer qu'ils s'étaient étendus autrefois beaucoup plus loin vers le N.-E., qu'ils avaient atteint Bellelay, ou peut-être même Delémont et Porrentruy. En tout cas, les affleurements extrêmes actuels de Bienne, St-Imier, Chaux-de-Fonds, etc., ne marquent pas le bord de la mer infracrétacique, à l'exception du Valangien supérieur. Les faunes des différentes zones, uniformes dans tout le Jura, justifient bien cette conclusion. Nous n'avons donc pas à faire pour nos gisements infracrétaciques une paléonstatique sans grand intérêt, et nous avons peu de chose à ajouter à la description de la carte que nous avons publiée.

Question des poches de marnes néocomiennes. Un sujet seulement nous occupera encore, ce sont les irrégularités de gisement des marnes néocomiennes[1]) signalées depuis longtemps (Hisely, Gilliéron, Greppin) au bord du lac de Bienne, et décrites ces dernières années avec beaucoup de détails par notre confrère M. E. Baumberger dans sa relation géologique sur les environs de Douanne (Mittheilungen der naturforschenden Gesellschaft Bern 1894, p. 188 à 195). Cette question a été discutée lors de la réunion de la Société géologique suisse à Soleure et dans le Jura bernois, et les opinions émises alors (Eclogæ I, p. 287, Archives de Genève, 3e pér., t. 20, p. 501) se rattachaient à deux explications fort différentes, dont l'une que nous n'avons pas reprise depuis lors se résumait à des inclusions par voie sédimentaire violente ou anormale dans des poches préexistantes; l'autre émise par M. Schardt ramenait le phénomène à des dislocations lors du plissement du Jura. C'est cette dernière

---

[1]) Après avoir visité le Jura méridional et les Alpes du Dauphiné, nous avons acquis la conviction que l'Hauterivien de M. Renevier est de trop peu d'importance pour pouvoir être maintenu comme étage. Les marnes d'Hauterive seront donc ici comme dans les travaux classiques de Pictet, G. de Tribolet, Campiche, Desor et d'autres, du Néocomien inférieur. Nous n'admettons pas non plus le Barrémien comme étage, mais seulement comme sous-étage du Néocomien supérieur. Autrement nos limites sont les mêmes que celles de M. Kilian dans ses nombreux travaux.

explication que défend M. Baumberger en collaboration avec M. Schardt dans deux publications récentes (Bulletin Soc. vaudoise de sc. nat., t. 31, p. 247 et suiv., et Eclogæ vol. 5, n° 3), en rappelant que J.-B. Greppin l'a déjà entrevue en 1870 (Matériaux pour la carte géol. de la Suisse, 8e livr., p. 249 et suiv.). Depuis 1888 nous n'avons cessé de porter notre attention sur ce phénomène singulier que Gilliéron a rapproché de la formation des poches de sable vitrifiable et sidérolithique de Longeau, etc. (Mémoires de la Soc. helv. des sc. nat., 1869). Mais, bien que nous ayons tenu compte dans notre Ier Supplément, p. 135, des idées de Gilliéron, nous ne pouvons confirmer aujourd'hui d'une façon positive, ni notre première manière de voir (formation de poches à la fin du Valangien), ni les altérations par voie hydrothermale pendant la formation du Sidérolithique, bien que les arguments en faveur de l'une ou l'autre de ces deux hypothèses ne nous fassent pas défaut. Nous ne manquerons pas de les fournir à l'occasion, en nous gardant bien de confondre les faits avec les hypothèses, et en attendant des preuves certaines sur des inclusions de roches plus jeunes que le Néocomien dans ces poches; nous laisserons de côté l'âge de leur formation, pour discuter seulement leur mode de formation, soit par dissolution de la roche ambiante, soit par écartement des strates, etc., c'est-à-dire par dislocation.

Forme et position des poches. Le principal argument qui réfute à nos yeux la théorie de MM. Schardt et Baumberger est la forme des excavations, tuyaux, grottes, galeries, lentilles, baumes, etc., que remplissent les marnes

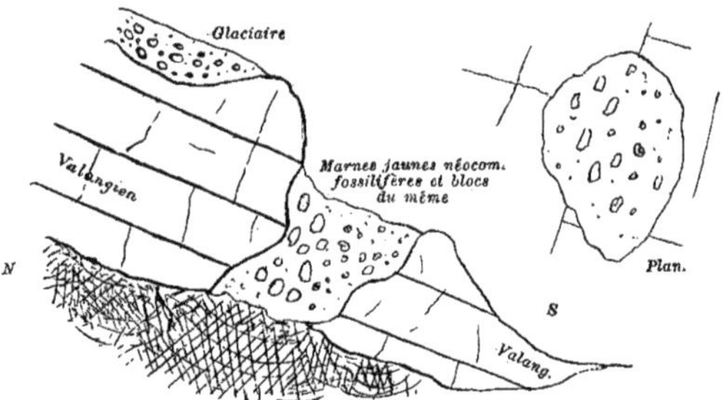

Fig. 32. **Croquis d'une poche dans la partie E. de la carrière du Rusel (1885).**

néocomiennes dans les calcaires valangiens. Comme les auteurs cités n'ont donné que des croquis insuffisants pour pouvoir juger de la forme des poches, nous allons compléter leurs matériaux par ceux que nous avons relevés sur le terrain ces dernières années.

Fig. 33. **Croquis d'une poche dans la partie W. de la carrière du Rusel (1891).**

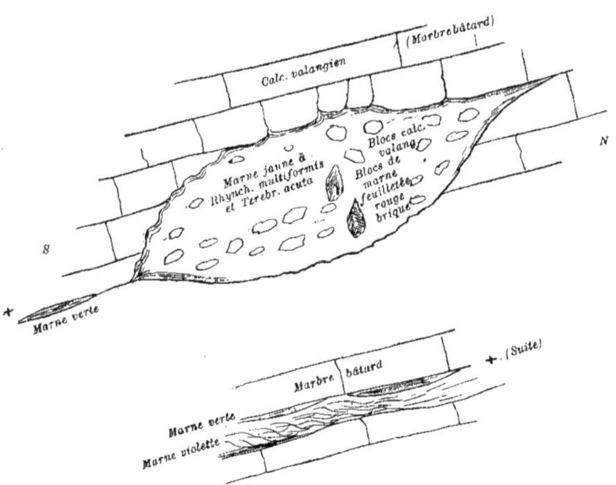

Fig. 34. **Poche de la carrière du Rusel (1888), partie N.-W.**

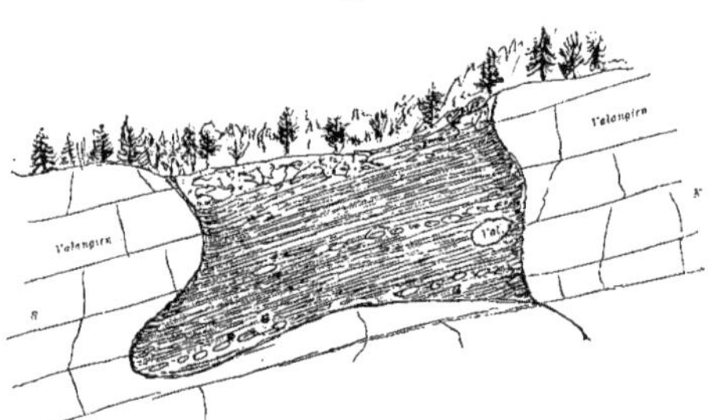

Fig. 35. **La même en 1898.**

Les concrétions de la marne néocomienne sont presque toujours entourées de stries de glissement. On rencontre fréquemment *Holaster Lardyi, Rhynchonella multiformis, Hoplites Leopoldinus.*

Fig. 36. **Coupe d'une poche de la partie N. de la carrière du Rusel (1894).**

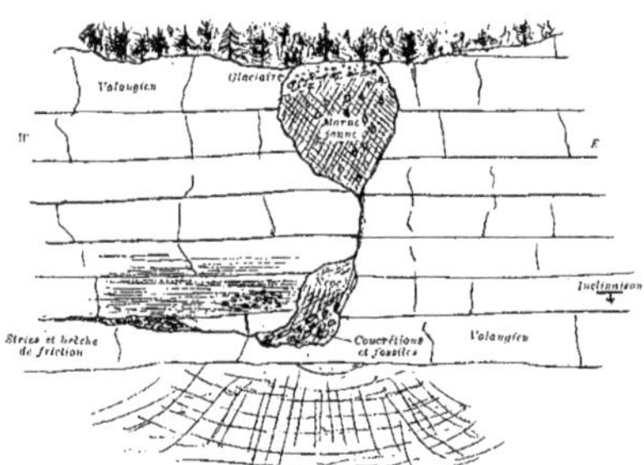

Fig. 37. **Poches superposées de marne jaune néocomienne dans les bancs valangiens de la partie N. de la carrière du Rusel près Bienne (1898).**

Dans la poche du bas se sont présentés *Cyprina Deshaysiana,* une valve isolée, *Pholadomya elongata,* avec le bord postérieur corrodé et troué. On voit au-dessus de cette poche contre un banc valangien une brèche de friction et des stries de friction dirigées d'E. en W.

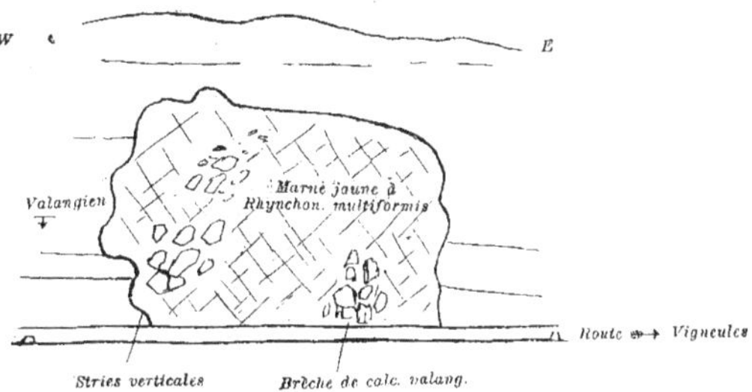

Fig. 38. **Poche sur la route entre Gottstatt et le Rusel, vue de face.**

Les poches fig. 34 et fig. 38 sont donc des lentilles fermées à leur périphérie. Leur diamètre parallèle au plan de stratification du Valangien est leur plus grande dimension. Leur épaisseur est beaucoup moindre. Quant aux fig. 32, 33, 36, 37, ce sont des cheminées de quelques mètres seulement de profondeur, dont la coupe horizontale et l'orifice sont un cercle ou une figure fermée analogue. On voit donc que la forme de ces poches n'est absolument pas comparable à des écartements de couches, à des crevasses baillantes (klaffende Spalten), etc., produites par le soulèvement des bancs valangiens. Autrement elles devraient être beaucoup plus allongées en projection horizontale, dans la direction du plissement, comme le sont toujours des fissures longitudinales (Längsrisse). On devrait les retrouver aussi sur le Portlandien de Bienne à Perles (Pieterlen), ou sur les flancs du Chaumont à Enges et à St-Blaise, qui ont des pentes et des courbures beaucoup plus fortes que le vignoble d'Alfermé ou de Gléresse (Ligerz). On n'en voit pas non plus à Montbijoux, où les couches sont très brusquement ployées. Il est donc faux de conclure (loc. cit., p. 201) que les poches ne se rencontrent que dans la région des plus fortes inflexions des couches, et qu'elles coïncident avec des fissures longitudinales.

Les poches de marne jaune sont très certainement des excavations dues, comme les grottes du Jura ou les poches sidérolithiques, à des érosions dans les bancs valangiens. La fig. 34 montre bien par la direction des bancs interrompus qu'il manque quelquechose entre les strates. On aurait beau faire glisser des bancs valangiens l'un sur l'autre, qu'on n'arriverait jamais sans érosion à des excavations semblables. La poche du Cros (loc. cit., fig. 14), non plus que celle du Goldberg (Eclogæ V, 3, fig. 18), ne peuvent être expliquées par des écartements de bancs sur quelques mètres de longueur seulement, dans le sens des plis du Jura, malgré la différence d'angle constatée, qui ne suffit pas, en remettant les bancs en place, pour fermer les vides occupés actuellement par les marnes néocomiennes, les brèches, etc.

En reportant sur la carte, malgré la petitesse de l'échelle, les poches de marne jaune, on voit que ces accidents de dimensions exiguës ne peuvent avoir, ni par leurs formes, ni par leur position, aucun rapport avec des déchirures de plissement.

Un glissement des bancs valangiens vers le lac ne suffit pas non plus à l'explication cherchée, puisque des poches analogues se trouvent au flanc nord de la petite voussure du Kapf. Le fait que la plupart de ces gisements se rencontrent dans des bancs inclinés vers le lac, n'est qu'une conséquence de l'établissement de la route et des carrières qui les ont rendues visibles. Qu'est-ce qui prouve qu'il n'y a pas autant de poches de marnes néocomiennes dans les bancs valangiens peu inclinés de la forêt du Stierenberg, dans le vignoble de Vigneules? qui restent inaccessibles à l'observation par leur couverture morainique et végétale.

Accidents tectoniques des poches. Ces accidents qui suffisent à nos confrères pour établir le remplissage des poches par un glissement en bloc sont: les brèches, les miroirs de glissement et les brèches de friction.

Les brèches parlent certainement plutôt pour un remplissage plus ou moins violent par l'eau, qu'en faveur d'un glissement, puisqu'il s'y trouve beaucoup plus de fragments de calcaires valangiens inférieurs que de matériaux empruntés à la limonite ou au calcaire roux. Avec un glissement des marnes néocomiennes sur leur substratum d'oolithe ferrugineuse (limonite), on comprendrait bien que les bancs ou les dalles de limonite aient pu être entraînées avec ces marnes, mais non des brèches formées de petits blocs de calcaires valangiens inférieurs. Le placage de limonite de Fig. 33 ne peut pas s'expliquer non plus mécaniquement.

Quant aux miroirs de faille et aux brèches de friction, ce sont là des phénomènes tout aussi fréquents en dehors des poches, dans les calcaires valangiens et dans le Jurassique des bords du lac de Bienne, partout où les strates ont subi des commotions ultérieures ou simultanées au plissement du Jura. Ils sont très fréquents dans les bancs néocomiens, valangiens, portlandiens, etc., du pied du Jura entre Bienne et Neuchâtel, donc aussi en dehors de la région des poches, comme dans la colline du tunnel à St-Blaise, dans les gorges de Douanne, au Schlossberg près Neuveville, etc. Ces phénomènes ne supposent pas dans les couches des solutions de continuité considérables pour se produire. On les trouve entre les bancs superposés d'une carrière aussi bien que le long des failles transverses, etc. Rien dès lors que de très naturel, que les miroirs de glissement et les brèches de friction aient affecté les poches avec leurs brèches de remplissage, aux points ou aux contacts discordants, même de préférence aux bancs compacts et réguliers.

Pour nous, ces phénomènes ne sont pas contemporains de la formation ou du remplissage des poches, ils sont ultérieurs, ce que confirme aussi la direction des stries dans le cas où elles ne sont pas parallèles à l'angle de plus grande pente suivant lequel elles devraient toujours se produire par le glissement. On en voit, comme dans notre fig. 37, qui coupent verticalement d'E. en W. les bancs valangiens et les marnes de la poche, tandis que l'introduction des matériaux par glissement devrait leur avoir donné l'inclinaison du terrain.

Enfin, les corrosions des parois valangiennes d'un grand nombre de poches sont plutôt la règle que les miroirs de glissement. On en voit un très bel exemple avec des apophyses au contour de la route d'Alfermé, fig. 39.

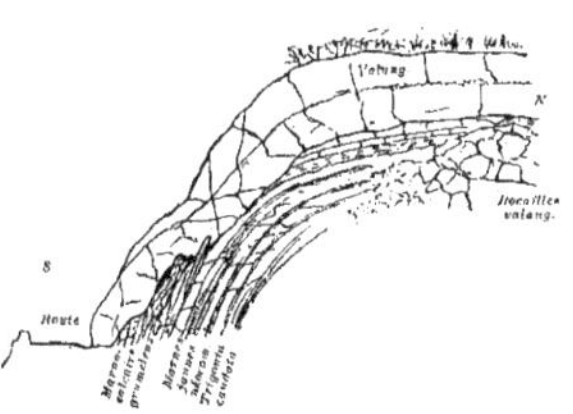

Fig. 39. Poche de marne néocomienne E. d'Alfermé.

On voit par cette poche que les matériaux néocomiens inclus ont subi l'inflexion du Valangien qui les recouvre: donc ici le remplissage est antérieur au plissement.

Une circonstance qui s'oppose encore au remplissage des poches pendant le plissement du Jura, c'est la direction de quelques-unes d'entre elles, comme celle de la Baume près Bipschal, celle située sous la Baume de Douanne (Schardt et Baumberger, loc. cit., fig. 10 et fig. 12-13), route de Lamboing, où l'on voit l'ouverture dirigée vers le pied de la montagne, dans une position absolument impossible pour y pousser des matériaux de bas en haut, suivant l'inclinaison des bancs. Dans ce cas, nos contradicteurs sont obligés de faire jouer les bancs supérieurs du Valangien pour venir recouvrir les lentilles de marne néocomienne.

Distribution géographique. Les amas de marne néocomienne dans des poches de calcaires valangiens ne sont pas absolument confinés au pied de la première chaîne du Jura ou au vignoble de Gléresse à Bienne. Nous avons remarqué que ces poches existent surtout dans la zone littorale, où l'on rencontre la marne jaune (oxydée), au lieu de la marne bleue d'Hauterive. Mais comme les roches valangiennes sont généralement très redressées dans les vallons du Jura, elles ne nous fourniront que peu d'arguments. Elles sont du reste mal à découvert, parce que l'on n'exploite pas les calcaires valangiens dans le Jura. Au N. de St-Imier, dans les collines que domine le nouveau réservoir, il y a de la marne jaune en contact avec les calcaires valangiens, sans interposition de limonite, tandis qu'un peu plus loin, sur le chemin du Stand, la limonite et le calcaire roux existent en position normale. Une autre poche se remarque un peu plus loin, au flanc du même coteau. C'est dans l'une de ces poches (celle de l'W.), que l'un de nos anciens élèves, fils de M. G. Agassiz [1]), a découvert une vertèbre de *Plésiosaure* analogue à celles de Ste-Croix (Pictet et Campiche, Ste-Croix, 1re partie, pl. 5 et 6), et à celles du patinage des Fahys près Neuchâtel, décrite par M. Ritter in Bull. neuch., t. 18, p. 47.

Lors de la construction du collège de Villeret, adossé à la rampe des calcaires valangiens en position *horizontale*, on a recueilli beaucoup de fossiles

[1]) Monsieur G. Agassiz, neveu du naturaliste Louis Agassiz, s'intéresse beaucoup au développement de l'histoire naturelle dans son pays natal. Il a offert au musée de St-Imier les objets recueillis par lui en Floride et des doubles du musée de Cambridge (Mass.), surtout de beaux polypiers.

de la marne jaune néocomienne, entre autres *Rhynchonella multiformis, Terebratula acuta, Pleurotomaria Greppini,* etc., ne pouvant provenir que d'une poche qui ne peut pas être expliquée ici par des glissements ou des écartements. Malheureusement elle est aujourd'hui recouverte par le bâtiment.

Une cheminée remplie de marne jaune néocomienne avec fossiles *(Ostrea Couloni)* a été rencontrée dans les calcaires portlandiens, à 40 m. de la Halte du Creux, dans le tunnel des Crosettes. (Voir 1er suppl., pl. 4, fig. 15, Km. 74,312). La marne de cette poche affleure aussi dans la forêt, sur le sentier de la Loge. Ici on est en dehors de tout gisement valangien ou néocomien, et il n'y en a point au-dessus dans la montagne de la Loge qui est toute jurassique. Les poches de marne jaune ne sont donc pas limitées aux calcaires valangiens supérieurs (loc. cit., p. 165).

Les travaux du régional P.-S.-C. à la gare de la Chaux-de-Fonds ont aussi montré des marnes d'Hauterive de couleur bleue dans une poche du Portlandien redressé verticalement.

Enfin, dans les environs du Locle et de Morteau, comme dans le Jura vaudois (Marchairuz), il y a des marnes jaunes avec fossiles usés qui ravinent la limonite ou reposent directement sur les calcaires roux, sans limonite. (Jaccard, Matériaux, 6e livr., p. 152, 156 et 160).

Nous ne pensons pas en conséquence que les irrégularités de gisement des marnes néocomiennes puissent être séparées du bord actuel de l'extension géographique de l'Infracrétacique, nécessairement parallèle ou à peu près à l'ancien rivage. Le redressement des poches a eu lieu lors du plissement du Jura.

Résumé. La forme et la distribution géographique des poches, tuyaux, cheminées, grottes, galeries et lentilles entre les bancs du Valangien, ou même dans le Portlandien, ainsi que les accidents tectoniques qui les affectent, nous autorisent donc à rapporter ces gisements à des intrusions sédimentaires anormales dans des vides préexistants par dissolution de la roche ambiante, et non à des glissements dans des crevasses de dislocation, comme le voudraient MM. Schardt et Baumberger. La principale raison contre l'origine tectonique par écartement est la forme ovale ou arrondie de la coupe horizontale des poches. Il n'y a par contre pas de raison décisive contre l'origine sédimentaire brusque ou anormale. (Le manque de stratification est à rejeter.) La question d'âge doit être réservée; il faudrait, pour la traiter à fond, étudier les gisements analogues du Jura français, où la transgression du Néocomien sur un substratum plus ou moins érodé est évidente. Nous nous abstiendrons de parler ici d'une solution intermédiaire entre celle de nos confrères et la nôtre, à savoir que le glissement en bloc ou en parcelles séparées aurait eu lieu dans des poches et crevasses formées par érosion. Nous n'aurions plus alors qu'à rechercher l'âge du phénomène qui par, les matériaux inclus, remonte au moins au temps du Sidérolithique. On ne voit pas pourquoi la molasse ou le Cénomanien des environs n'auraient pas pu être entraînés dans les poches, si leur remplissage avait eu lieu ultérieurement à ces formations. On sait en outre que lors du plissement du Jura, la molasse qui venait d'être déposée sur toute l'étendue du Jura bernois et neuchâtelois (sauf quelques régions exondées aux abords du Doubs), formait une couverture à peine entamée par l'érosion dans la région qui nous occupe. La formation des poches de sables vitrifiables et celle des bolus sidérolithiques (Longeau), ainsi que la pénétration de ces substances dans les roches jurassiques et infracrétaciques des environs de Bienne, ne nous paraissent pas entièrement indépendantes du phénomène que nous venons d'étudier. La ressemblance des poches, des galeries et des lentilles entre les bancs du substratum conduit à assimiler au moins les phénomènes d'érosion des poches de part et d'autre. S'ils sont indépendants comme âge, ils seront du moins probablement d'origine commune, car les mêmes effets ont été produits par les mêmes causes dans tous les temps.

VII. Terrains tertiaires.

Après avoir parcouru pendant une dizaine d'années les terrains tertiaires du Jura bernois, ainsi que l'Alsace, le bassin de la Saône, le Dauphiné et le plateau suisse, nous sommes arrivé à comprendre l'ensemble et les détails de la stratigraphie de ce groupe d'apparence si compliqué. Ces terrains ont aussi été ces dernières années l'objet de publications importantes de la part des géologues de Lyon, et nous aurons à examiner leurs conclusions relatives à notre territoire et au plateau suisse en général. Mais nous réservons cela pour une dissertation plus générale, et nous nous contenterons de transcrire ici les matériaux que nous avons recueillis en travaillant pour le service de la carte géologique. Nous resterons donc, pour le Tertiaire, plus strictement dans les limites de notre carte.

A part nos observations personnelles qui ont été déjà publiées en partie pour le Jura bernois[1]), nous avons tenu à profiter des matériaux rassemblés par l'ingénieur des mines A. Quiquerez pendant les longues années de son inspectorat dans le Jura bernois. Ils renferment toutes les données et renseignements pris sur place pendant la période florissante de l'exploitation du Sidérolithique et sont la base des travaux de Quiquerez[2]). Nous devons la communication de ces matériaux à M. l'inspecteur Frey, à Berne, qui a bien voulu mettre à notre disposition le manuscrit rédigé par Quiquerez[3]), et appartenant à l'inspectorat des mines du Jura. Nous sommes heureux de lui en exprimer publiquement toute notre gratitude, ainsi qu'à MM. Koby, recteur à Porrentruy, Ed. Juillerat et B. Æberhardt, professeurs à Bienne, A. Eberhardt, instituteur à Moutier, pour tous les renseignements et les communications qu'ils ont bien voulu nous faire dans l'intérêt de la science.

Comme les Renseignements géologiques de Quiquerez renferment surtout des coupes de puits de mine dont les indications sont relatives également au terrain molassique, nous publierons d'abord ces matériaux à peu près tels qu'ils ont été rédigés, sans altérer les expressions choisies par leur auteur, quitte à les expliquer à notre point de vue. Puis nous y ajouterons nos observations et nos réflexions théoriques, afin d'embrasser l'ensemble des faits actuellement connus sur le Sidérolithique, et nous former une opinion sur son mode de formation.

---

[1]) Etudes stratigraphiques sur les terrains tertiaires du Jura bernois (Archives des sciences physiques et naturelles, 3e pér., t. 27, p. 313-333, 409-430, 1 pl., et t. 30, p. 105 à 130, 1 tabelle, 8°, Genève 1892-1893, Eclogæ geol. Helvetiæ, vol. 3, p. 43-83, pl. 7, et vol. 4, p. 1-27.

[2]) Recueil d'observations sur le terrain sidérolitique dans le Jura bernois (Nouveaux Mémoires de la Société helvétique des sciences naturelles, vol. XII, 1852).

[3]) Renseignements géologiques sur les terrains de chaque concession et permis de fouilles de mine de fer dans le Jura bernois, manuscrit rédigé par A. Quiquerez, ingénieur des mines, depuis le 21 mai 1847 à 1884.

A. Sidérolithique.

Dans notre Ier supplément (Matériaux pour la carte géologique de la Suisse, 8e livr.), nous avons placé le calcaire lacustre de la Charrue près Moutier sous la rubrique des terrains miocènes, parce que c'était, croyions-nous, le premier terrain tertiaire régulièrement stratifié du pays. Comme le Sidérolithique l'est maintenant pour nous également, il n'y a plus de raison de l'en séparer, contrairement à ce que nous avons dit alors.

Si d'autre part nous avions à exprimer par la suite une opinion contraire à ce que nous avons écrit précédemment, il va de soi que l'ancienne doit être considérée comme non avenue, malgré que nous n'en ferions pas chaque fois mention expresse.

Note sur les matériaux recueillis par A. Quiquerez. Les matériaux recueillis par A. Quiquerez ont déjà été utilisés dans l'une de nos publications sur les terrains tertiaires du Jura bernois (partie septentrionale), (Archives de Genève, 3e pér., t. 30, p. 117-122, et Eclogæ geol. Helv., vol. 4, p. 1-27), mais nous tenons à les publier ici in-extenso, parce que ce sont les seules notes ou observations originales faites sur le terrain sidérolithique du Jura bernois jusqu'en 1884, et qu'on y trouve consignés tous les faits diversement interprétés sur le gisement des substances minérales de ce terrain [1]). Un second manuscrit de la main de A. Quiquerez, et largement illustré par lui à l'aquarelle sur tous les accidents observés et décrits, est encore en possession de ses héritiers. C'est l'arrangement systématique des matériaux renfermés dans les Renseignements géologiques de l'inspectorat des mines, et dont une grande partie a été utilisée pour le Recueil d'observations sur le terrain sidérolitique dans le Jura bernois (Nouveaux Mémoires de la Société helvétique des sciences naturelles, 1852).

---

[1]) En comparant nos résumés avec les coupes originales de Quiquerez, on sera tenté de déterminer autrement que nous ne l'avons fait certaines assises, notamment celles que nous avons rapportées au Tongrien. C'est pourquoi nous laisserons ici de côté toute interprétation différente qu'un nouvel examen pourrait nous suggérer à nous-même. Nous devons dire toutefois que les assises que nous avons déterminées comme *raitche* doivent être rattachées à l'Aquitanien, et que ce nom doit rester aux calcaires lacustres éocènes, comme l'entendait Greppin, qui le premier a fixé la position stratigraphique d'un terme employé par les mineurs pour tous les calcaires lacustres rencontrés dans les puits de mine. Nous pourrions du reste volontiers faire abstraction de ce vocable patois qui ne signifie pas autre chose que dépôt calcaire (littéralement *croûte,* incrustation).

On sait que Quiquerez a développé de concert avec Gressly (Observations sur le Jura soleurois, p. 282 et pl. 13-14 in Mémoires de la Société helvétique des sciences naturelles, vol. 5, 1841), la théorie de Brongniart (Annales des sciences naturelles, vol. 14) des éjections thermales et geysériennes pour la formation du Sidérolithique. Dans les expressions choisies pour désigner les accidents de ce terrain, on se trouve constamment en présence de l'idée théorique. Comme cette théorie n'est pas absolument abandonnée, nous laisserons subsister ces termes, dont on trouvera l'explication dans la liste de la belle série d'échantillons donnée aux collections géologiques du Polytechnicum du temps d'Escher en 1858. Nous la transcrivons ci-dessous, telle que Quiquerez l'a rédigée, et en respectant l'orthographe.

Quant aux noms d'étages jurassiques en usage dans les Renseignements géologiques, nous avons dû leur substituer ceux actuellement en vigueur. Nous avons mis par exemple Jurassique (Kimeridien) au lieu de „*roc portlandien*", comme disait Quiquerez d'après la nomenclature de Thurmann dans le 1er cahier de l'Essai sur les soulèvemens.

Galerie sous la côte à Develier-dessus. (Du 11 septembre 1852, manuscrit p. 179.)

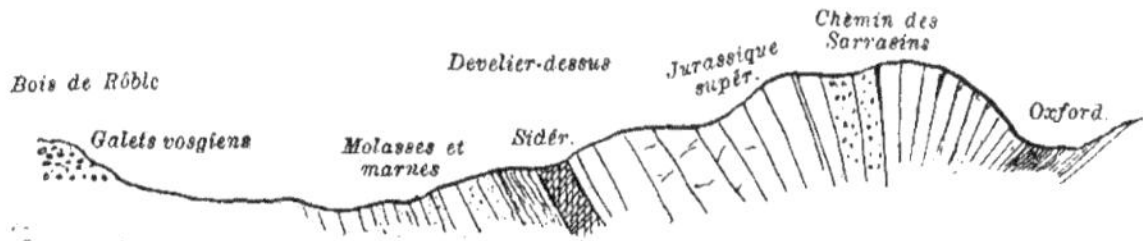

Fig. 40. **Situation de la coupe.**

13′ Tuf couché comme le terrain sur le tertiaire renversé [1]).
17′ Marnes tertiaires, grises, bleues, verdâtres.
48′ Marnes bleues avec sable molassique en bancs irréguliers.
4′ Molasse compacte, cubique.
18′ Marnes grumeleuses avec taches rouges.
64′ Marnes bleuâtres.
1′ Marnes rouges.
5′ Marnes bleuâtres.
8′ Molasse gris-bleu à empreintes de feuilles.
15′ Sables molassiques et marnes alternant.

---

[1]) Les épaisseurs sont mesurées en pieds suisses de 0,3 m.

80′ Marnes alternant avec des molasses sableuses et rognons isolés, siliceux.
3′ Molasse subcompacte.
11′ Marnes noirâtres.
11′ Marnes schistoïdes bitumineuses, bleuâtres vers les argiles, analogues à celles à Ostrea.
1/2′ Argiles rouges.
52′ Argiles sidérolithiques supérieures, avec rognons de sulfate de chaux, géodes siliceuses et mine pisoolithique vers les bolus.
20′ Bolus et mine.
Jurassique renversé.

Minière de Chappuis: Marne à Ostrea.
Conglomérat, remaniement du Tertiaire et du Sidérolithique.
Bolus bigarré.
Bolus et mine.
Jurassique.

Autre puits: Bolus bigarré.
1/2′ Mine et brèches.
1/2′ Mine et sable calcaire, galets.
1/2′ Mine et brèches.
1/2′ Mine pure.
Jurassique.

1865. Le renversement du Jurassique se remarque jusqu'au ruz du Golat, et il est probable qu'on trouverait du Sidérolithique le long du pâturage où l'on entrevoit des affleurements. Dans le village de Develier-dessous un nouveau chemin a mis à nu la molasse grossière (calcaire tritonien) reposant sur le jurassique, sans Sidérolithique intermédiaire. Vers le haut du village, le Jurassique est recouvert d'un poudingue de cailloux jurassiques retenu par un ciment avec débris sidérolithiques.

Lieu-Galet, commune de Develier. Puits près de l'étang, sous le chalet, 1852. (Manusc. p. 183.)

3,30 m. Mélange de terre, de galets et de sable roussâtre, tertiaire.
3,90 m. Galets divers, calcaires et siliceux, avec sable molassique bleuâtre.
0,30 m. Sable roux.
1,50 m. Marne bleu-verdâtre, à veines jaunes.
1,20 m. Molasse compacte, avec rognons siliceux et enveloppe jaune-ocreux.
0,30 m. Sable roussâtre.
1,20 m. Galets calcaires et quelques siliceux.
0,80 m. Sable roussâtre.
1,60 m. Mélange de sable, de gros galets calcaires, molassiques et de mine de fer.
1,50 m. Bolus et mine entre des roches.
Jurassique.

15,30 m.

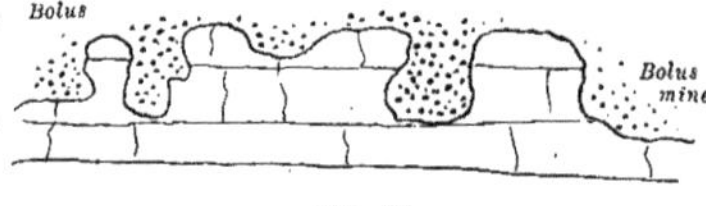

Fig. 41.

Combe rière Savre, Séprais-Boécourt, 1853. (Manuscrit p. 195.)

Voici les données du maître mineur:

20′	Galets jurassiques et vosgiens.	Selon Greppin: groupe vosgien.
30′	Galets idem à teinte bleuâtre avec des alternances de marnes bleues.	
13′	Roches jurassiques, angles peu arrondis, petits galets jurassiques et vosgiens.	
6′	Marnes vertes.	Groupe fluvio-terrestre moyen
6′	Bancs réguliers un peu inclinés de l'est à l'ouest de marnes bleues et vertes au milieu, une couche de ½ pied de schistes bitumineux.	
3′	Marnes jaunâtres avec rognons de calcaire poreux.	
3′	Argiles gris-rouge, à grains de fer pisoolithique friable à ossements de mammifères.	Groupe fluviatile inférieur.
1′	Mine de fer en grain sur l'Astartien.	
82′		

Greppin admet que les os étaient dans le Sidérolithique même, mais les ouvriers nous ont montré la place où ils ont été rencontrés, et elle appartient aux remaniements des couches supérieures qui sont fréquents dans les longs travaux faits dans cette minière. Quant à la roche que Greppin appelle l'Astartien, nous croyons qu'il y a erreur. Tout le flanc de la montagne de Boécourt à Glovelier appartient au Ptérocérien ou Portlandien de Thurmann.

A la Combe du Cerneux à Séprais, Combe sur les eaux, 13 mai 1866. (Manuscrit p. 198.)

35′ :

- Galets et argiles blanchâtres.
- Argiles ou bolus plastiques, bigarrés, blancs, jaunes, bleuâtres.
- Mine en petits grains, à peine liée par des argiles rouge sombre (Flœtz); par couches presque horizontales, comme un dépôt aqueux.
- Argiles blanches, très molles.
- Bolus bigarré, peu différent des précédents.
- Mine en grain plus pauvre, et différente de gangue de la précédente.
- Argiles grumeleuses, jaune-blanchâtre.
- Roc jurassique supérieur avec altération pâteuse.

La Minière de Séprais (Cerneux) offre un exemple de mine appelée Flœtz par les mineurs. Elle se compose d'un minerai à très petits grains pisoolithiques à peine empâtés dans du bolus, en sorte qu'il est presque pur. Son mode de dépôt très irrégulier donne quelquefois à penser que c'est un dépôt de mine charriée par les eaux, une alluvion, mais le cas ci-dessus n'offre pas la preuve de ce fait. On voit des exemples de galets et de sables tertiaires ressemblant à ce dépôt de flœtz. (Voir fig. 42 et fig. 43.)

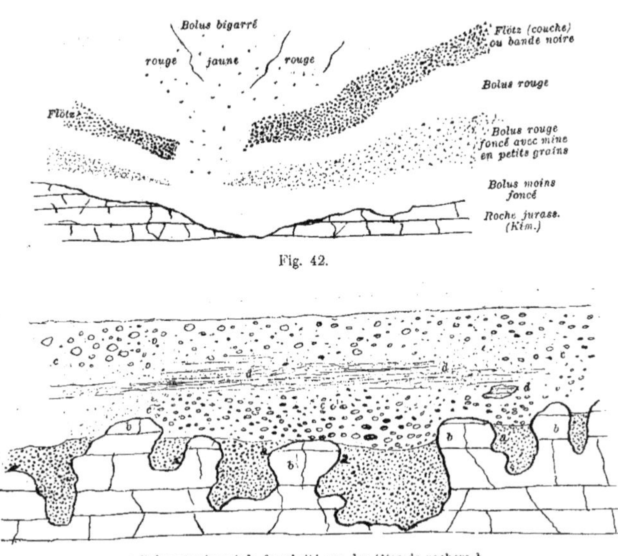

Fig. 42.

a Bolus et minerai de fer abrité par des têtes de rochers *b*.
c Galets calcaires et vosgiens.
d Molasse et marnes avec quelques galets.

Fig. 43.

Au Saineux (Cerneux), Séprais, 1851-1852. (Manuscrit p. 191.)

3′ Sable molassique et petits galets.
7′ Conglomérat, nagelfluh: galets calcaires et siliceux.
8′ Galets et sables molassiques.
5′ Gros galets calcaires mélangés de petits galets siliceux, dans des sables molassiques.
3′ Bolus rouge, bigarré de jaune, avec mine de fer.
Roc jurassique, altération pâteuse.
Ce puits est encore usagé en 1872.

1867-1868. Afin de s'assurer s'il y avait du minerai vers le nord et l'ouest des travaux existant alors, on a fait dans ces deux années plus de mille pieds de galeries dans ces deux directions, sans rencontrer de mine, mais seulement des argiles jaunes ou des bolus bigarrés, jaunâtres et sableux, qui sont de mauvaises indications... On remarque parfois, dans les travaux, des blocs de roches jurassiques dans les galets, et qui ont à peine leurs angles arrondis, ce qui indique peu ou point de charriage. Ils n'ont pu arriver dans ces massifs de galets jurassiens ou vosgiens par les courants qui sont censés avoir charrié ces galets, ni par les éboulements de la montagne. Seraient-ce des débris de moraines comme les blocs erratiques?

Aux Boulies, mars 1879. (Manuscrit p. 192.)

30′
4′ Galets vosgiens.
4′ Argiles bigarrées.
3′ Flœtz en petits grains.
Roche calcaire en bancs minces, mais ne formant que des blocs isolés, pas considérables.
2′ Galets calcaires.
4′ Argiles blanches et réfractaires.
10′ Argiles bigarrées.
3′ Mine.
Rocher.

Cerneux-Boulies, 31 juillet 1879. (Manuscrit p. 193.)

21′
3′ Galets calcaires et vosgiens.
2 1/2′ Argiles bigarrées avec quelques galets.
1/2′ Galets et sables molassiques.
2′ Mine, flœtz en petits grains.
11 1/2′ Argiles bigarrées avec quelques rognons calcaires très décomposés.
1 1/2′ Mine rouge.
Roc jurassique.

Cerneux-Boulies, 4 juin 1880. (Manuscrit p. 193.)

22′
2′ Galets calcaires et vosgiens.
2 1/2′ Argiles bigarrées.
2 1/2′ Mine noire, flœtz en petits grains.
12 1/2′ Argiles bigarrées avec quelques rognons calcaires très altérés.
2 1/2′ Mine.
Roche jurassique.

Un puits foré en 1854 à gauche de la route de Boécourt à Glovelier au lieu dit Dos Vie a rencontré (manuscrit p. 395, annexe):

14′ Marnes diverses.
3′ Calcaires d'eau douce.
6′ Marnes.
1′ Calcaire d'eau douce.
20′ Marnes bigarrées.
4′ Marnes schistoïdes, bitumineuses.
3′ Bolus et mine remaniés avec le tertiaire.
52′

Le Jurassique est très altéré, il est jaunâtre et crayeux.

Rayon de Séprais et Boécourt. Notions géologiques. (Manuscrit p. 395.)

Près des trois quarts de ce rayon sont formés de collines composées de galets vosgiens qui, dans les bans de Develier et de Bassecourt, ont une telle puissance que celle-ci ne permet pas la recherche du minerai de fer. Ce n'est que dans les petites vallées ou les plis de terrain entre les collines qu'on peut arriver au terrain sidérolithique.

Près du tiers du rayon compris dans le ban de Bassecourt est privé du terrain sidérolithique. Tel est le côté septentrional et toute la partie nord-ouest entre la route de la Caquerelle à Boécourt et celle de ce village à Séprais. Dans cet espace, le roc jurassique est à peine recouvert de quelques débris du Sidérolithique.

Dans la plaine, entre Boécourt et Glovelier, le terrain est composé d'alternances de galets, de marnes et de molasse subcompacte, qui descendent jusque sur le jurassique. Presque chaque alternance laisse suinter l'eau.

Les grands courants qui ont charrié les galets depuis les Vosges ont plus ou moins entamé le Sidérolithique. Ils en ont enlevé une partie, entraîné parfois le minerai qu'ils ont lavé et déposé çà et là dans les matériaux de charriage, et c'est le minerai que les ouvriers appellent flœtz. Les dépôts de cette mine d'alluvion sont toujours petits, leur emplacement incertain, et ce serait folie que de les chercher. On voit seulement qu'en général ces dépôts reposent au-dessus du Sidérolithique resté en place. Leur mode de dépôt est attesté par les petits galets vosgiens et jurassiques que les courants ont entraîné avec la mine. La folle recherche de ces mines a fait gâter bien des minières; on laissait sous les pieds le minerai en place pour suivre ces filons de flœtz, parfois si purs qu'on n'avait pas besoin de laver cette mine.

Les mêmes courants paraissent avoir enlevé les argiles du Sidérolithique supérieur, ou les terres jaunes qui, dans quelques parties de la vallée, ont une puissance considérable et qui se confondent avec le tertiaire. Ces courants n'ont cependant pas enlevé le bolus, ou argile compacte, surtout quand ils se trouvaient dans quelques dépressions des roches jurassiques qui leur ont servi de digue.

Ce sont peut-être ces grands courants, arrivés avant le dernier soulèvement du Jura, qui ont raviné la partie supérieure du roc jurassique et y ont formé des petites vallées d'érosion dont les deux principales sont parcourues, l'une par le torrent venant du Pichoux, et l'autre par celui arrivant du Moulin de Séprais. La première de ces vallées a une érosion latérale qui suit le sentier de Montavon au Lieu-Galet.

Ce sont ces faits généraux qui exercent l'influence la plus grande sur le Sidérolithique de ce rayon de Séprais.

Sondage à **Bassecourt.** 12 septembre 1865. (Manuscrit p. 203.)

3′ Terre végétale.
24′ Galets calcaires.
55′ Molasse en roche.
6′ Marne bleue.

12′ Marnes bigarrées, rouge-brun.
25′ Molasse.
$^1/_2$′ Argile rouge, sans trace de mine.
Rocher.

Berlincourt 1867. Dans la plaine, au N.-W. du village. (Manuscrit p. 204.)

4′ Terre végétale, marécageuse.
16′ Galets jurassiques, avec quelques grains de mine vers le milieu de leur hauteur, ce qui indique un remaniement du Sidérolithique le long des montagnes, et probablement dans la plaine.
3′ Sable molassique en poudre.
20′ Argiles tertiaires bigarrées.
5′ Banc de molasse.
5′ Argiles bigarrées tertiaires.
1′ Bolus rouge violacé, sableux ou siliceux, sans mine.
Roche jurassique.

On a fait une galerie de passé 100′ de long vers le nord, en ne rencontrant qu'une mince couche de bolus, comme sous le puits, mais un peu variable d'épaisseur, qui finit par se perdre.

Une galerie dirigée vers l'est a donné le même résultat.

Le Sidérolithique manque ou il a été enlevé avant la formation tertiaire qui le recouvre.

Ce puits prouve que le forage d'août à décembre 1865 était bien arrivé sur le rocher, et comme il est le plus avant dans la plaine, il indique la continuation de l'absence du Sidérolithique dans la direction du nord, ce que le puits de 1855 entre Bassecourt et Glovelier avait aussi démontré.

Coupe du puits dit l'Avenir, commencé le 1er août 1866. (Manuscrit, feuille détachée, p. 205.)

16′ Cailloux siliceux et calcaires désagrégés.
13′ Argiles sableuses, parsemées de graviers ou de galets siliceux.
1′ Marne sablonneuse, dure et compacte.
6′ Mélange de cailloux siliceux, sables et blocs arénacés.
10′ Sable parsemé de cailloux siliceux et calcaires, base fine, couleur grise.
4′ Galets agglomérés, à la base quelques grains de mine noire.
2′ Bolus rouge, violacé, sableux.
Jurassique supérieur.

Courrendlin 1853. Puits sous la Coudre à l'orient entre les prés du Pertuja, la forêt et le pâturage. (Manuscrit p. 219.)

5′ à 20′ Brèches.
15′ Marnes bleues, noirâtres.

2′ Marnes rouges, bigarrées.
33′ Marnes grumeleuses et molasse sableuse par bancs irréguliers, avec quelques rognons de molasse compacte, micacée.
20′ Bancs de molasse compacte avec lignites, pyrites et empreintes de plantes.
½′ Molasse bleu-clair, très compacte.
9′ Marnes schisteuses, bleu-noirâtre, avec fossiles. *Venus, Cardium, Mya.*
10′ Molasse sableuse, grossière, avec fossiles peu déterminables.
20′ Marnes bleu-verdâtre.
15′ Marnes bigarrées, jaunes, violacées, avec ossements. Ces marnes reposent sur le rocher, sans Sidérolithique, mais dans les travaux, on trouve:
4′ Bolus rouge.
1′ Mine.
1′ Bolus jaune.

Un puits foré au pied du côteau, rière les halles à charbon a donné (manuscrit p. 223):

3′ Galets.
16′ Marnes tertiaires.
9′ Molasse.
5′ Argiles sidérolithiques, jaunes.
Jurassique

Courrendlin 1854, à gauche de la route de Courrendlin à la forge, dans la plaine. (Manuscrit p. 223.)

3′ Terre végétale.
4′ Galets.
76′ Marnes et molasses en alternance.
4′ Molasse compacte.
5′ Molasse plus sableuse.
2′ Molasse avec galets, *Ostrea* et autres fossiles.
115′ Argiles jaunes, sans mine, avec gypse dans les fissures.
1′ Bolus avec mine.

La mine est en grains très irréguliers, plus ou moins arrondis par le charriage, avec peu de pisoolithes ou de grains concrétionnés, mais beaucoup de rognons siliceux, quelques rognons de mine. Le dépôt sidérolithique est fort peu puissant, généralement sableux, et de mauvaise indication pour la mine.

Corban. 1854. Puits foré au pied de la forêt de Plain-Fayen. (Manuscrit p. 243.)

6′ Terre végétale, avec quelques brèches.
14′ Alternance de molasse et de nagelfluh.
7′ Bolus rouge, plus ou moins sableux.
Jurassique avec altération pâteuse.

Il paraît que dans cette localité il se rencontre ordinairement une couche ou banc de nagelfluh jurassique sur le sidérolithique. Ce banc est fort compact et d'une puissance de 3' à 4' (fig. 44).

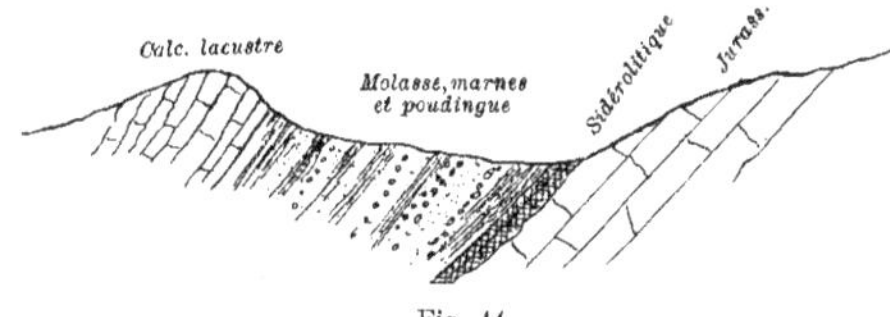

Fig. 44.

Mervelier. Plan d'un puits de fouille pour chercher du minerai de fer pratiqué à la Mochairde par Antoine Marquis, tuilier à Mervelier, en 1853 et 1854. (Manuscrit p. 243.)

4' Exhaussement.
3 1/2' Terre végétale.
9' Débris de rocher, argile agglomérée.
3 1/2' Bol sauvage, rouge.
7 1/2' Molasse, bol, argile et poudingues.
27 1/2' Bon bol, ou ocre rouge ordinaire, rouge vif, avec un peu de minerai dedans. Couche à minerai inclinée contre le nord 1 1/2'.
38' Même terrain, sauf que l'ocre devient un peu plus brun, écailleux, représentant quelquechose de vitreux dans les interstices.
1' Filon de silex.
16' Même terrain que ci-dessus, sauf que le terrain incline d'un pied sur quatre contre le levant. Bol mêlé de taches de silice blanches.
40' Toujours le même terrain, sauf qu'il n'est plus si incliné, mais les fentes du bol sont toujours vitrifiées, il est un peu plus tendre, et commence à devenir grisâtre.
15' Bol ou ocre gris, jaunâtre, rayé, la couche inclinée presque perpendiculairement. Quiquerez ajoute:
15' Bolus divers, toujours sableux. Le roc jurassique s'est trouvé du côté de l'occident au lieu d'être au sud, ce qui indique un pli de terrain jurassique, mais les ouvriers, au lieu de suivre le roc, sont allés vers l'orient en traversant obliquement une partie des derniers terrains déjà rencontrés dans le puits, et toujours sans mine.

240'

Courroux. Pâturages sur Colliard et sur les Esserts. (Manuscrit p. 25.)

Puits foré en 1852.
45' Brèches.
2 1/2' Marnes astartiennes avec *Natica*.
22' Brèches.
12' Argiles jaunes, Sidérolithique supérieur.

2 ½′ Bolus.
2′ Mine.
Roc jurassique fortement redressé du sud au nord, de sorte qu'il apparaît hors de terre à peu de distance des travaux.

Courroux. Le Mottet. Puits foré en octobre 1852, près des Vaivres. (Manuscrit p. 71.)

4′ Terre végétale.
3′ Terre de marais.
3′ Terre et gravier.
7′ Terre graveleuse et marécageuse, bleu-jaunâtre.
3′ Calcaire d'eau douce.
20′ Argiles sidérolithiques supérieures, avec cristaux de gypse, manganèse et autres matières.
82′ Argiles sidérolithiques supérieures, jaunes et quelquefois rougeâtres.
½′ Argiles bigarrées, plastiques.
19′ Bolus brun-jaunâtre.
4′ Mine sur le roc jurassique. Total 147′.

Le minerai est généralement en amas très irréguliers, conservés quelquefois dans des dépressions de roches. Une de ces cavités ayant plus de 70′ de profondeur et renfermant du minerai fort maigre, paraissant offrir une certaine stratification, toutefois très imparfaite, ou plutôt souvent discordante, mais d'un effet extrêmement remarquable. Le minerai y était fort maigre et de peu de produit.

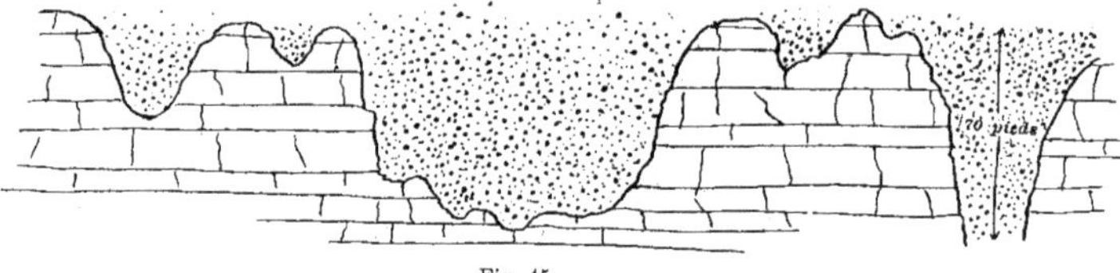

Fig. 45.

Dos les fosses. Courroux. (Manuscrit p. 109.)

4′ Terre marneuse.
10′ Marne sableuse.
4′ Conglomérat ou calcaire d'eau douce.
1 ½′ Argiles sidérolithiques bigarrées, avec mine.
1′ Mine brune.
11′ Bolus rouge.
10′ Bolus gris.
28′ Sables quartzeux bigarrés, rose, blanc, jaune-rouge, avec fer amorphe, manganèse.
68′

Jurassique.

Derrière la Forge. Courroux. 1856. (Manuscrit p. 117.)

7′ Galets.
8′ Fin sable tertiaire ou d'alluvion.
5′ Sable de rivière grossier, cailloux calcaires ou jurassiques.
3′ Terre jaune.
3′ Banc de calcaire jaune ou d'eau douce.
4′ Terre jaune.
10′ Calcaire marneux.
68′ Argiles jaunes, rouges, bigarrées.
7′ Calcaire bleuâtre.
34 m. Argiles jaunes, rouges, lie de vin et bigarrées.
1 m. 40 Bolus bigarré.

Vers les Maisons à Courroux. (Manuscrit p. 273.)

Puits foré en 1856 par la Soc. concessionnaire Reverchon et Valloton.

7′ Galets.
5′ Marnes jaunes grumeleuses.
4′ Calcaire marneux.
7′ Argiles jaunes, calcaires.
17′ Molasse grossière, par bancs, avec galets.
42′ Argiles jaunes, calcaires, par bancs.
154′ Argiles jaunes, avec gypse fibreux.
4′ Bolus.
240′

Roc avec trace de mine.

Grabe sans mine, 40′. On est revenu à la hauteur de 204′ percer des galeries de plus de 500′ de long, mais sans mine.

Autre puits.

Graviers diluviens	3	m.
Argile gris sale	12	»
Calcaire marneux à limnées, planorbes et chara	1,50	»
Argiles jaunes et bariolées	56	»
Argiles savonneuses, visqueuses	1,50	»
Argiles plus ou moins réfractaires (les morceaux)	4	»
Bolus supérieur	6	»
Bolus très-réfractaire	1,50	»
Mine	0,50	»
	86	m.

Puits Carlin.

Galets	2,10	m.
Marnes jaunes grumeleuses	1,50	»

Calcaire marneux	1,20 m.
Argiles jaunes, calcaires	2,10 »
Banc de molasse grossière et nagelfluh	5,10 »
Argiles jaunes, calcaires, avec rognons de gypse . .	12,40 »
Argiles jaunes et rouges	34,20 »
Bolus rouge, violacé	1,20 »
Grabe	12 »
	72 m.

Bellevie entre Courroux et Vicques, 1855-1856. (Manuscrit p. 309.)

Puits Thomet.

15′ Terre végétale et gravier.
1′ Marne gris-jaune, sablonneuse.
64′ Marne cendré-bleu, divisée de 5 à 6 pieds de distance par de petits bancs de grès de ½ à 1 pied de puissance; à la partie inférieure, ces marnes contiennent de petits rognons aplatis de pyrite martiale, et les bancs de grès sont eux-mêmes divisés par des filets de 3 à 4 lignes de lignite.
1′ Banc de grès compact.
17′ Marnes de couleur plus foncée.
1½′ Banc de fossiles du terrain tongrien.
1½′ Banc d'huîtres, très dur.
1′ Argile jaune tendre avec taches grises.
10′ Argile jaune-gris avec taches blanches très dures.
174′ Argiles jaunes.
1½′ Bolus.
1½′ Mine d'un côté et sans suite.
289′

On fit en 1857 une longue galerie; sur le fond, il y avait quelques faux filons de mine argileuse et une toute pisoolithique, avec beaucoup de silex ou rognons siliceux à couches concentriques, recouverts quelquefois d'un vernis ferrugineux.

Rière l'Eglise à Courroux. Avril 1855. (Manuscrit p. 319.)

15′ Galets.
12′ Terre jaune.
9′ Calcaire comme rière la forge.
2′ Marnes rouge lie de vin, et marnes grumeleuses, brunes, roses, bigarrées.

L'eau a chassé les ouvriers.

Prairie du Coutre à Courroux. (Manuscrit p. 331.)

Dans deux galeries on remarque des tubes éjectifs remplis de sable siliceux, d'argiles blanches et de pisoolithes de fer. Ils sortent du rocher très altéré par l'acide carbonique et montent environ 4′ dans les bolus rouges violacés et siliceux.

Cras Franchier à Delémont, près de la route, 1861. (Manuscrit p. 166.)

20′	Gravier et galets.
10′	Terre jaune et noire appartenant à des remaniements supérieurs du tertiaire.
7′	Molasse sableuse et subcompacte.
30′	Marnes rouges avec plaques de gypse.
15′	Alternance de molasse grise et noirâtre avec minces filons de gypse.
16′	Marnes rouges et rognons de gypse.
4′	Molasse blanchâtre et gypse.
30′	Terre rouge avec quelques galets et veines sableuses.
18′	Alternances très irrégulières de terre rouge et molasse avec gypse.
20′	Terre grise sableuse à taches blanches avec rognons calcaires.
15′	Terre rouge et rognons avec plaques de gypse.
7′	Molasse noirâtre avec infiltrations de gypse, quelques grains de mine de fer et galets calcaires (nagelfluh jurassique).
30′	Terre jaune toujours calcaire avec rognons de gypse et quelques galets calcaires.
20′	Terre rouge avec gypse toujours par plaques ou en rognons isolés.
4′	Banc de roche calcaire subcompacte. Raiche. Calcaire d'eau douce.
18′	Terre rougeâtre et gypse.
2½′	Terre et molasse grise avec quelques galets.
20′	Terre jaune, onctueuse, calcaire.
30′	Terre rouge sanguine, siliceuse avec rognons de silex.
1½′	Argiles réfractaires, sableuses, siliceuses.
1½′	Argiles plastiques bigarrées.
4′	Argiles réfractaires blanchâtres, bleuâtres, très sableuses.
16′	Argiles jaunes très compactes.
16′	Argiles rouges.
26′	Argiles jaunes
1′	Bolus gris-rosé.
3′	Mine entre des rochers jurassiques très décomposés.
385½′	

Ces couches sont à peu près horizontales. Le minerai est en grains informes, remplis de manganèse. Le rocher offre la décomposition pâteuse et un ramollissement qui a permis aux grains de mine de rayer sa surface.

Prés Greby à Delémont. 1854. (Manuscrit p. 165.)

50′	Terre jaune.
1′	Nagelfluh.
14′	Terre jaune.
1′	Nagelfluh.
66′	à reporter.

66′ Report.
101′ Marnes argileuses avec divers rognons de gypse.
$^1/_2$′ Gypse.
290′ Marnes argileuses jaunes à veinules de gypse et quelques grains de mine,
1′ Nagelfluh chargé de grains de mine.
23′ Marnes argileuses.

443 $^1/_2$′

Delémont. Gros Sem, Puits Pallain, 1878, août-décembre. (Manuscrit p. 139.)

8′ Galets (Cuvelé jusque sur les marnes jaunes).
52′ Marnes jaunes et rougeâtres.
64′ Idem.
2′ Argiles plastiques bigarrées.
3 $^1/_2$′ Argiles bigarrées, les cendres.
30′ Argiles jaunes, les morceaux avec un rognon de mine de fer.

160′

Pas de mine sous le puits. Un nid de 50′ de diamètre plus loin dans la galerie. L'eau sort du rocher.

Delémont. Finage des Capucins. 1875 nov./1876 nov. (Manuscrit p. 143.)

22′ Graviers.
15′ Terre jaune et gypse.
60′ Idem.
60′ Terre jaune plastique.
74′ Terre jaune ou rouge.
1′ Argiles plastiques rouge et blanche.
8′ Argiles bigarrées blanches et roses, cendre.
1′ Argiles plastiques, bigarrées.
6′ Argiles jaunes, grumeleuses, les morceaux.
15′ Idem.
15′ Argiles jaunes, et quelques grains de mine.
15′ Idem.
3′ Idem.
2′ Mine grise.

300′

Eau sortant du rocher.

Les Rondez. Chemins croisés. Août 1866/1er mai 1867. (Manuscrit p. 363.)

27′ Galets.
31′ Marne jaune grumeleuse.

58′ à reporter.

58′ Report.
1 1/2′ Calcaire d'eau douce.
63 1/2′ Marnes jaunes.
2′ Terre jaune grisâtre
47′ Terre jaune
4′ Terre rouge } on n'a pas rencontré de rognons de gypse.
10′ Terre jaune
4′ Terre rouge
38′ Alternances rouges et jaunes, par zones irrégulières et non horizontales.
4′ Argiles jaunes pâles.
2′ Argiles réfractaires, bigarrées, roses, rouges et blanches, plastiques, puis sableuses.
6′ Les morceaux.
8′ Argiles dures, jaunes.
4′ Bolus rouges, violacés, sableux.
3′ Bolus bigarrés.
3′ Bolus jaunes.
7′ Bolus rouges et jaunes, et quelques grains de mine.

265′

Roc jurassique, eau par les fissures.

Puits Heitsch.

12′ Terre végétale et galets.
67′ Terre gris-jaune alternant avec d'autres argiles calcaires plus ou moins violacées.
17′ Terre jaune avec de rares grains de mine tendre.
6′ Banc sableux, rougeâtre assez dur.
9′ Idem jaune-gris plus dur.
1′ Argile grise plus tendre.
5′ Banc calcaire (raiche) divisé en couches minces, celle formant la base a 1′, est très dure et très compacte.
31′ Argile jaune. Morceaux.
3′ Bolus.
1 1/2′ 1re couche mince (mine maigre, Quiquerez).
6′ Bolus rouge.
1 1/2′ 2e couche mince (mine maigre, Quiquerez).
55′ Mélange de mine et d'argile de couleur et de dureté variables. (Formant une grabe, Quiquerez.)

215′

Puits Loviat, de la Commune.

17′ Terre végétale et gravier.
2′ Argile rouge, grasse (marnes, Quiquerez).

19′ à reporter.

19′ Report.
50′ Argile sablonneuse, jaune-rouge, dont la dureté augmente et passe à un véritable grès.
14′ Même terrain avec grains plus gros.
6′ Terre grise argileuse, avec dents de poissons.
15′ Banc de grès tendre, jaune-rouge, avec fossiles à la base.
2′ Banc sablonneux, bleu-clair, plus tendre.
3′ Banc sablonneux gris, encore plus mou.
(Quiquerez continue):
4′ Molasse et galets calcaires.
7′ Molasse sableuse, gris-bleu.
10′ Molasse compacte par bancs
30′ et alternances.
160′
On a arrêté les travaux à cause de l'abondance de l'eau.

La Dozière à Delémont. (Manuscrit p. 313.)
Puits Koller.

6,7′ Graviers diluviens.
46,7′ Terre jaune et blocs de gypse.
10′ Alternance de bancs calcaires et minces bancs de marne bigarrée, grise, noire, rougeâtre.
16,7′ Terre jaune.
180′ Terre rouge violacée, alternant avec terre jaune.
33,8′ Terre gris-cendré, visqueuse.
16,7′ Morceaux.
6,7′ Bolus.
5′ Mine sur le jurassique.
322′

Puits près du Tirage. 11 avril 1873/7 avril 1874. (Manuscrit p. 316.)
Puits Bitter.

10′ Sable de rivière et beaucoup d'eau.
4′ Marne jaune-brun, grumeleuse.
½′ Marne à lignite.
3′ Marnes roses et grises.
14′ Marnes jaunes grisâtres, molassiques avec mica.
½′ Marne ou argile plastique rouge et jaune.
1′ Calcaire d'eau douce.
6′ Marnes molassiques.
2′ Marnes plus plastiques et gypse fibreux.
41′ à reporter.

41′ Report.
20′ Terre jaune ou marne (fossiles ?).
3′ Terre rougeâtre.
7′ Terre jaune.
30′ Alternances de terre jaune avec quelques bancs de terre rougeâtre, gypse en plaques et fibreux.
1′ Galets conglomérés avec sable molassique.
55′ Alternance de terre jaune et quelques bancs rouges et gypse.
137′ Même terrain.
2′ Calcaire d'eau douce, *b*.
10′ Terre jaune et rouge, bolus jaune chargé de mine, bolus rose-rouge chargé de mine.
2′ Mine rouge.

310′
Roc.

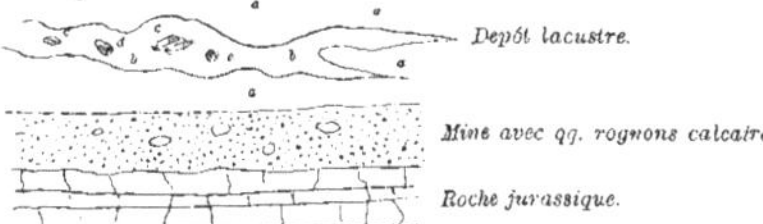

a. Argiles calcaires jaunes et rouges, en nappes, sans strates.
b. Marnes calcaires avec rognons de calcaire lacustre, et
c. Marnes schisteuses, stratifiées, avec traces de charbon.
d. Calcaire marneux avec empreinte de feuille (Salix).
e. Rognon ferrugineux.

Fig. 46. **Galerie entre le puits Bitter et celui de l'Ecluse (15 juillet 1880).**

Puits à la Blancherie près de la petite écluse. (Manuscrit p. 317.)

8′ Galets.
20′ Marnes jaunes (qu'on voit dans la Sorne près de l'écluse).
3 1/2′ Galets dits du Cras Franchier, eau assez abondante.
40′ Marnes grumeleuses.
Calcaire d'eau douce (et eau, on a fait un réservoir avec une pompe).
12′ Marnes tertiaires avec molasse et calcaire d'eau douce, très dures.
25′ Terre jaune.
2 1/2′ Molasse micacée, noirâtre et terre très dure.
60′ Terre jaune plus ou moins marneuse et aussi sableuse.
3′ Molasse subcompacte.
3′ Terre jaune.
1′ Galets, dans une poche.
32′ Molasse et terre, 1/2′ molasse compacte très micacée.

210′ à reporter.

210′ Report.
55′ Alternances d'argiles rouges et plus souvent jaunes.
2′ Argiles plastiques rougeâtres.
3′ Les cendres, argiles rouges et blanches.
70′ Argiles grumeleuses, les morceaux.
1′ Sable blanc, avec un peu d'eau. *b.* Calcaire d'eau douce.
15′ Argiles grumeleuses rouges.
½′ Mine.
356 ½′

Puits Carlin Bouvier près Delémont.

5′ Galets.
40′ Marnes jaunâtres.
1 ½′ Calcaire d'eau douce.
20′ Marnes grumeleuses et sableuses.
10′ Molasse grossière et sableuse et quelques galets calcaires.
6′ Argiles bigarrées, tantôt rouges ou jaunes, calcaire d'eau douce avec quelques galets.
236′ Terre jaune, avec rognons de gypse.
319′
Mine.

Puits vers la Blancherie. 26 mai 1869/16 février 1870. (Manuscrit p. 314.)

4′ Alluvion, terre de marais.
9′ Galets calcaires, quelques rognons alpins. Une souche de verne non pétrifiée et encore fort reconnaissable. Elle a été charriée par les eaux avant d'être déposée en ce lieu. Les galets sont en place et pas de dérangement, donc la souche est de l'époque du dépôt des galets.
2′ Marne tertiaire jaune, grumeleuse.
25′ Marnes jaunes, calcaires d'eau douce peu développés, marno-calcaire en bancs horizontaux.
4′ Marnes grumeleuses, blanc-jaunâtre.
4′ Marnes grumeleuses, rougeâtres.
6′ Marne jaune, avec rognons de gypse en fer de lance.
1′ Marne jaune très compacte.
20′ Marnes jaunes grumeleuses à taches roses avec gypse en rognons, en lancette, et par petites veines.
35′ Marnes jaunes, avec quelques traces de grès micacé et incrusté de cristaux de gypse. Quelques filons minces de gypse.
25′ Mêmes marnes jaunes, grumeleuses, avec minces filons de gypse, et toujours sans eau.
135′ à reporter.

135' Report.
15' Mêmes marnes, avec quelques taches rougeâtres, gypse.
15' Mêmes marnes, moins dures, avec gypse.
10' Marnes rouges, plastiques et moins grumeleuses. Gypse.
10' Terre jaune ou marne avec rognons de gypse en fer de lance.
15' Terre rouge ou marne, toujours calcaire (les bancs un peu inclinés contre le nord).
5' Argiles rouges un peu sableuses, avec gypse fibreux, toujours calcaires.
1' Galets calcaires mouchetés, avec sable et mine de fer en grains, peu compacts, rognons de nagelfluh.
2' Argiles jaunes, un peu rosées.
22' Argiles jaunes rosées, calcaires, avec œils de silicate d'alumine. Plus de gypse ni de galets.
16' Mêmes argiles plus ou moins jaunes ou rougeâtres.
4' } Bolus roses, mouchetés de blanc, plus ou moins compacts, représentant le terrain
2' } appelé les cendres. Calcaire.
2' Argiles jaunes }
2' Argiles jaunes plus plastiques, rougeâtres } Calcaires.
14' Argiles jaunes grumeleuses }
17' Argiles jaunes, rougeâtres, grumeleuses, à cassure luisante.
4' Bolus rouge, violacé, sableux.
297'

Sur le roc quelque peu de mine irrégulière. Le roc à décomposition pâteuse.

En examinant attentivement la coupe des quatre puits de Dozière, Bitter, Ecluse, Chariatte, on peut remarquer des dépôts de calcaires d'eau douce vers le fond de ces puits; les argiles qui les recouvrent et celles qui les supportent sont également calcaires. D'où l'on peut inférer que tous les terrains en-dessus des bolus sont tertiaires et appartiennent au groupe que Greppin appelle fluvio-terrestre inférieur, ou bien selon Desor et Gressly au tertiaire d'eau douce inférieur.

Dozière, dans une galerie. 20 avril 1881.

Argiles jaunes grumeleuses.
Grains de mine et sable siliceux quelques centimètres.

Ce dépôt de sable rappelle le flœtz de Séprais. Il indique un mouvement des eaux après le dépôt des bolus. En quelques lieux il est accompagné de quelques galets calcaires plus ou moins décomposés.

Argiles blanches, 0,10 m.
Bolus rouge sableux, 9 m.
Roche.

Cras des Fourches et sous les roches de Béridiai (Beauregard), à Delémont. (Manuscrit p. 321.)

Ce terrain incliné du nord au sud, avec contre-pente vers l'ouest-sud-ouest, n'offre que des nids de mine dans des dépressions du Jurassique qui affleure presque partout.

On a fait en 1855 plus de 30 tranchées et partout on a trouvé des traces de mine plus ou moins mélangée avec de la terre végétale, des galets et quelques argiles sidérolithiques rarement pures.

Deux localités vers le finage rière les Martins ont présenté de grandes excavations: 20 à 30' de long, 20 à 25' de large, et autant de profondeur. La mine était en dépôts dans les bolus et argiles diverses *contre les parois du rocher*, et non stratifiée horizontalement, mais dressée selon que les sources ont jailli entre les roches. Celles-ci altérées et décomposées comme dans toutes les minières.

Sous les Roches, janvier 1881. (Manuscrit p. 322.)

Un puits commencé entre les champs sous la côte et la forêt a rencontré:

70' Brèches.
10' Argiles jaunes sans cristaux de gypse et sans eau.
95' Marnes argileuses par nappes jaunes et rouges, sans gypse.
Sans transition, marnes sèches, siliceuses, avec quelques grains de mine.
Bolus rouge.
Mine jaune-grisâtre, avec une belle fleur.

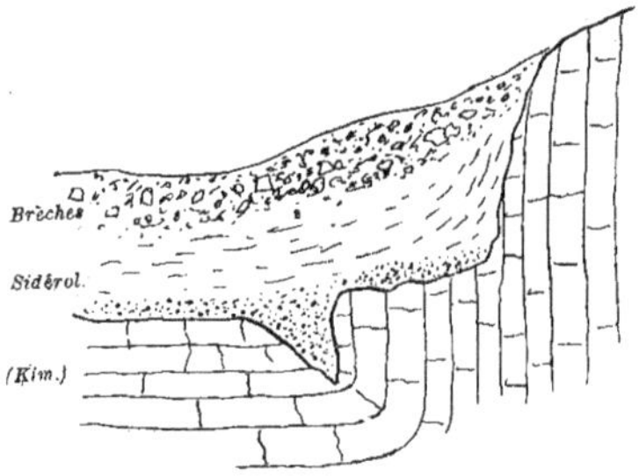

Fig. 47. **Sous les Roches près Delémont.**

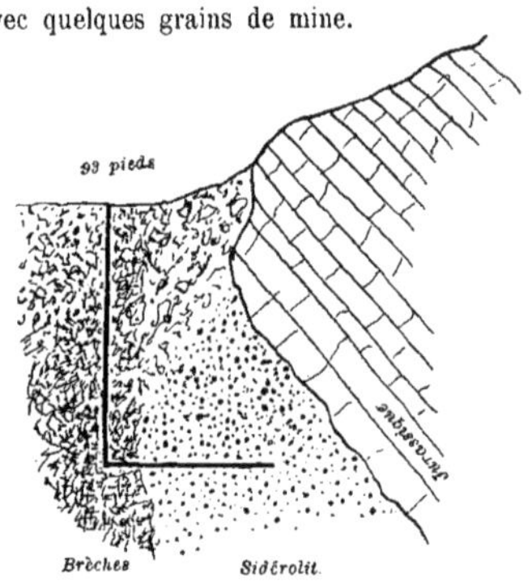

Fig. 48. **Bambois près Delémont.**

Sous le puits même, il s'est trouvé un de ces cylindres, reste d'un tube éjectif, rempli de silice et d'alumine d'un blanc bleuâtre renfermant des pisoolithes brunes terreuses et concrétionnées comme la mine. Les bolus environnants étaient plus pâles, à mesure qu'ils se rapprochaient du cylindre, et ce n'est que lorsqu'ils reprenaient leur teinte rouge qu'ils renfermaient alors de la mine de fer compacte. Ce cylindre d'environ 50 cm. de long était posé verticalement sur une crevasse de roche. Il y avait dans les bolus rouges quelques veines de ces argiles blanches, plus ou moins pures et sans pisoolithes.

Val de Laufon. Silberloch. (Manuscrit p. 884.)

Dans la carrière la plus occidentale, les sources éjectives du Sidérolithique sont très remarquables. Les eaux ont corrodé le rocher et formé une multitude de conduits qui ont été ensuite injectés de bas en haut d'argiles ou d'ocre à pâte plus ou moins onctueuse, comme les bolus du Silberloch. En plusieurs lieux, ces conduits n'ont pu arriver sur terre et alors les eaux se sont frayé des issues latérales. Une de ces sources de grande extension a traversé un grand nombre de bancs de rochers. Elle les a décomposés et ses issues ont pris les formes les plus bizarres. (20 juin 1871.)

Les travaux du chemin de fer près de Laufon ont rencontré le lehm reposant sur le Jurassique supérieur, avec de faibles débris de Sidérolithique. Dans la tranchée faite dans le roc depuis la gare de Laufon, on voit les crevasses éjectives traversant les bancs du rocher sur plus de 6 à 7 mètres de hauteur, et sur le roc, le lehm, touchant les altérations ordinaires du rocher au contact du Sidérolithique. Çà et là quelques grains de mine; sur le grand plateau au nord-ouest de Laufon, on voit affleurer le Sidérolithique sous le lehm, mais le roc est tout rapproché. (8 août 1874.)

Les carrières près de la route offrent à la surface des rochers les traces d'érosion probablement de l'acide carbonique, et fort peu de vestiges du Sidérolithique. Le lœss recouvre directement le rocher. Ce même fait apparaît également aux carrières sur l'autre rive de la Byrse. (12 novembre 1874.) (Manuscrit p. 386.)

Grosse Charbonnière au Mettemberg. (Manuscrit p. 263.)

Avant 1813 on y a trouvé une grande cavité dans le Jurassique, avec quelques mille cuveaux de mine, mais les autres recherches ont été sans résultat. L'eau a envahi la cavité. Fig. 49 et fig. 50. (Voir Brongniart: Annales des Sciences naturelles, XIV.)

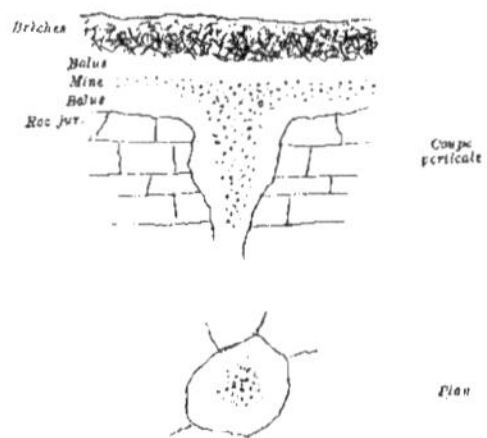

Fig. 49. **Au Mettemberg.**

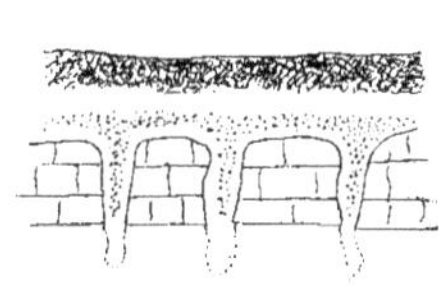

Fig. 50. **Pâturage du Mettemberg.**

En parcourant ce terrain et sa prolongation orientale dans la forêt, on remarque ces mêmes cavités dans les roches sous-jacentes, à peine recouvertes d'un peu de terre. Ce serait peine perdue que de vouloir faire des recherches dans un tel terrain où il ne peut y avoir de mine que dans quelques cavités, et encore il ne suffit pas qu'il y ait du Sidérolithique, car souvent les bolus ne renferment pas de mine. En faisant la nouvelle route au-dessous, on a remarqué des sources éjectives du Sidérolithique jusque dans l'Astartien. Parfois elles étaient siliceuses, et elles ont transformé la roche calcaire en silice sous forme de sable vitrifiable ou de hupper plus ou moins pur.

Nouvelle route du Blochmont, 1863. (Manuscrit p. 277.)

Sur les pâturages de Kiffis, on remarque une pénétration du Sidérolithique entre les bancs jurassiques. Fig. 51.

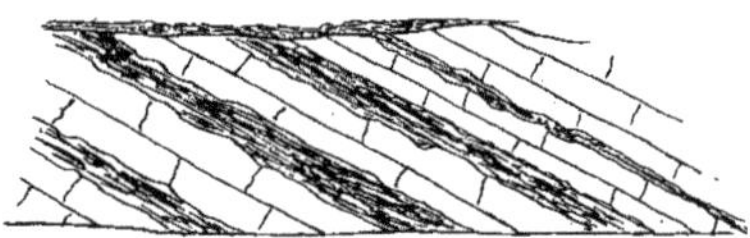

Fig. 51.

Bourrignon. (Près du Moulin.) 5 juillet 1854. (Manuscrit p. 299.)

Etroite vallée tertiaire encaissée entre deux redressements ou dans un pli du Jurassique. Le Sidérolithique a peu de puissance, il est recouvert de conglomérat ou de calcaire sidérolithique de 8′ à 10′ ou 15′ d'épaisseur. Il est divisé en trois bancs, un de calcaire silicifié *(a)*, un de calcaire tuffeau *(b)*, et l'autre *(c)* ressemble à du calcaire d'eau douce. Le milieu de la vallée offre des alternances de molasses et de marnes tertiaires.

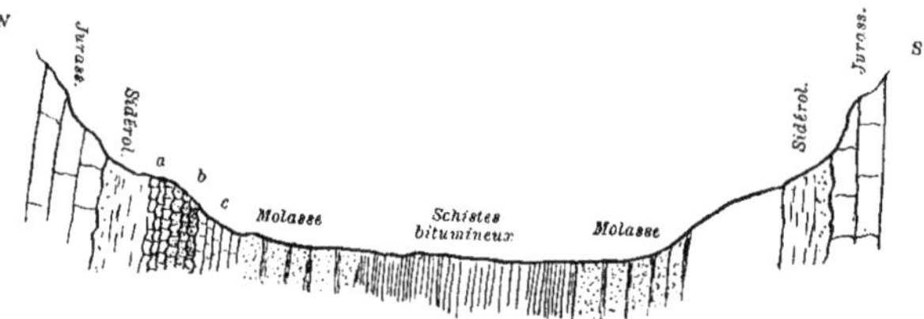

Fig. 52. **Moulin de Bourrignon.**

Ajoie. (Manuscrit p. 341.)

Rochers nus sans Sidérolithique exploitable. Quelques bolus et grains de fer. Réservoir près du château de Porrentruy: bolus sableux dans un poudingue formé de galets et de remaniements du Sidérolithique. A Beurnevesain, argiles, et à Damphreux, traces de Sidérolithique, argile avec quelques grains de mine recouverte par des galets.

Etat des matières minérales formant le terrain sidérolitique dans le Jura bernois par A. Quiquerez.[1])

Séries. Nos — **Indication des matières minérales.**

A. Série des terrains qu'on rencontre ordinairement, mais non constamment, ni avec la même épaisseur, dans le forage des puits dans la vallée de Delémont.

1. Argiles jaunes supérieures, renfermant quelquefois de petits dépôts calcaires, sans régularité d'épaisseur ni d'étendue.
2. Argiles jaunes supérieures, comme les précédentes.
3. Argiles jaunes supérieures, avec sulfate de chaux.
4. Sulfate de chaux, en rognons fibreux, isolés dans les argiles jaunes.
5. Sulfate de chaux, en fer de lance, en rognons isolés, rarement en petits bancs, dans les argiles jaunes.
6. Sulfate de chaux remplissant quelquefois des fissures dans les argiles jaunes.
7. Argiles jaunes, assez rares, dans les couches inférieures des dépôts précédents.
8. Argiles rouges alternant irrégulièrement et sans stratification avec les argiles jaunes.
9. Argiles rouges, comme les précédentes, mais plus vers la base des dépôts.
10. Argiles bigarrées, plastiques et réfractaires, appelées par les ouvriers: *les cendres*.
11. Autre échantillon, ces argiles manquent souvent et varient beaucoup.
12. Argiles jaunes à la base de la série précédente, ou argiles grumeleuses et onctueuses, appelées par les ouvriers: *les morceaux*.
13. Bolus rouge, réfractaire. Quand les bolus, rouges ou jaunes, sont très sableux, rudes au toucher, soit quand ils renferment beaucoup de sable siliceux, on les considère comme un indice que le minerai sera en petits amas, mais alors le minerai est en grains ronds, réguliers et de bonne qualité.
14. Bolus jaune, sableux, avec indications précédentes.
15. Bolus bigarré rouge.
16. Bolus bigarré gris.
17. Bolus bigarré des grands amas ou chaudières, ordinairement dans des cavités ou dépressions du rocher, servant de base à la mine. Le minerai y est distribué irrégulièrement, et souvent fort pauvre.
18. Bolus bigarré, même provenance que le précédent, mais avec matières minérales non encore analysées.
19. Bolus blanc avec pisolites argileux. On ne le trouve pas communément et il n'occupe que de petits espaces.

19a. Bolus jaune avec pisolites argileux.

---

[1]) Cette liste dont la rédaction et l'orthographe sont de Quiquerez accompagne une collection d'échantillons pétrographiques du terrain sidérolithique donnée en 1858 au Musée de Zurich (Collection de roches suisses par régions, salle des végétaux). Nous la reproduisons ici sans changement afin qu'on puisse voir sur quels échantillons se fonde le langage théorique des émissions hydrothermales. Elle est aussi importante comme énumération des substances minérales renfermées dans ce terrain (gypse, strontiane, etc.) qu'il faut prendre en considération pour en expliquer le mode de formation. L. R.

Séries Nos.

A. 20. Fleur de mine, ou efflorescence qu'on rencontre ordinairement sur les plus riches filons de mine. Elle renferme le plus souvent des pisolites argileux, quelquefois des pisolites calcaires et des silex ou rognons siliceux.

21. Mine rouge, fort riche, mais rarement en filons ou en amas considérables.

22. Mine grise des grands dépôts.

23. Mine en gros grains, plus rare que nº 22, mais en amas au milieu même des filons à petits grains.

24. Mine des agglomérats. Ceux-ci atteignent quelquefois une grandeur considérable. Ils sont déposés le plus souvent sur des amas de petits grains, et on les regarde comme la fin ou le commencement d'un dépôt de minerai.

25. Petit aggloméraat avec sulfate de chaux.

26. Fragment d'un grand aggloméraat avec sulfate de chaux.

27. Sulfate de chaux servant de gangue à la mine. On ne la rencontre que rarement par nids irréguliers et ordinairement le roc, formant la base du terrain est aussi infiltré de sulfate de chaux.

28. Petit aggloméraat avec sulfate de chaux.

29. Aggloméraat de formation assez rare.

30. Grains de mine de grande dimension, rare. Le plus souvent ce ne sont que des agglomérats revêtus d'une couche métallique.

31. Mine noire, rare, on ne l'a encore rencontrée dans cette gangue noire que fort rarement.

32. Argiles entre le dépôt sidérolitique et le calcaire jurassique. On ne les trouve pas toujours et elles varient d'épaisseur et de substance. Ces argiles ne forment ordinairement qu'une assise de quelques pouces d'épaisseur.

B. Altération des roches au contact du Sidérolitique.

Ces altérations varient à l'infini, et les suivantes ne sont que les plus caractéristiques. Ces variations peuvent avoir lieu dans la même minière et quelquefois à de petites distances.

33. Ramollissement des roches. Il arrive quelquefois à plusieurs pouces de profondeur. (C'est une décalcification. L. R.)

34. Pour justifier que ce n'est point un dépôt particulier et postérieur à la formation du calcaire, nous fournissons un polypier ainsi altéré.

35. Calcaire jurassique supérieur avec dendrites profondes, ce cas est très commun.

35a. Même genre.

36. Incrustation de minerai dans le calcaire ramolli. On en a trouvé dans des blocs du jurassique supérieur, à plusieurs pouces de profondeur, sans que la pâte ait éprouvé aucune altération de couleur. (Ces incrustations sont fréquentes sur les galets jurassiques de la gompholithe de Châtelat qui contient des pisoolithes ferrugineuses remaniées. L. R.)

37. Autre échantillon.

38. Autre échantillon. Les grains de mine ne se sont pas incrustés, mais ils ont formé des rainures sur le calcaire ramolli. Sur le rocher même, il y avait des rainures de 14 lignes de long sur 1 ligne et demie de profondeur. (Action de l'eau acidulée combinée avec un glissement lent des argiles à minerai sur le calcaire jurassique. L. R.)

39. Ramollissement des roches et sulfate de chaux.

Séries. Nos.

B. 40. Autre échantillon de roche plus compacte. Il s'est trouvé de gros cristaux de sulfate de chaux dans des cavités du calcaire ainsi altéré à son contact avec le Sidérolitique.

41. Altération du calcaire jurassique supérieur, prenant un aspect dolomitique. Le roc est quelquefois d'un jaune et d'une consistance terreuse, et comme le suivant,

42. il présente l'aspect et le consistance de la craie.

43. Altération présentant l'aspect igné, par suite de la coloration par les oxides de fer. L'échantillon présente des cristaux et quelques traces de matières non analysées.

44. Altération siliceuse avec sulfate de fer et sulfate de chaux. Quelques rares échantillons offrent des cristaux de sulfate de chaux et de carbonate de chaux, en même temps que des pyrites martiales. L'apparition des pyrites dans le dépôt sidérolitique indique toujours une grande rareté du minerai de fer pisolitique.

C. Silicification des roches jurassiques au contact ou dans le Sidérolitique.

Dans la série B les roches sont restées calcaires avec plus ou moins d'infiltration de sulfate de chaux, dans le série C, la silice prédomine.

45. Silicification d'un polypier de l'étage jurassique supérieur. Il en existe un grand nombre d'exemples, mais dans l'un deux l'enveloppe est un silicate de fer fort dur, tandis que l'intérieur renferme un polypier, genre *Astrea,* complétement réduit en sable blanc quartzeux, à peine assez aggrégé pour pouvoir reconnaître un polypier.

46. Calcaire silicifié avec enveloppe de silicate de fer.

47. Autre échantillon.

48. Silicification à couches concentriques. Elles affectent la forme lenticulaire, avec rupture d'un côté, sans que la pièce manquante se retrouve dans le voisinage.

49. Autre échantillon dont les couches apparaissent extérieurement.

50. Jaspisation. Les rognons sont plus arrondis ou moins aplatis que les précédents et en général d'une pâte plus fine, plus dure et mieux colorée. On ne les rencontre guère que dans les minières où les bolus rouges sableux prédominent, et où il n'y a que du minerai rouge fort bon, mais en petits amas.

51. Echantillon des minières de Kandern dans le Schwarzwald.

52. Autre échantillon du Jura bernois. Les exemplaires aussi colorés que ceux de Kandern sont fort rares dans le Jura.

53. Transformation du calcaire jurassique supérieur en roche calcédonieuse. Quelques exemplaires renferment des pointes de *Cidaris.*

NB. Tous ces rognons siliceux avec les fossiles qu'ils renferment existent déjà dans les roches non altérées du Jurassique supérieur. (L. R.)

D. Manganèse dans le Sidérolitique.

Il se rencontre dans tous les étages ou dépôts sidérolitiques et dans les grains de mine.

54. Manganèse dans les bolus à Séprais. Il pénètre même assez avant dans le roc jurassique.

55. Manganèse d'une crevasse éjective, entre Porrentruy et Bressaucourt, combe Mavalo. Il s'étend même sur le virgulien aux aleutours de la crevasse.

56. Manganèse dans les argiles sidérolitiques supérieures à Corcelon, minières du Mottet.

57. Manganèse d'une crevasse éjective à Courroux, Dos les Fosses. Elle sort du Jurassique, traverse le Sidérolitique et le Tertiaire soulevé sur les bords de la crevasse.

Séries. Nos.

E. **Argiles smectiques, terre à foulon.**

Ces argiles se trouvent dans plusieurs localités, mais peu abondantes. On les rencontre toujours dans les couches inférieures du Sidérolitique et près des crevasses éjectives.

58. Argiles smectiques de même provenance que le n° 57. Elles paraissent avoir coulé à l'état boueux entre des fissures du Sidérolitique et d'autres coulées de manganèse.

59. Argiles smectiques dans les bolus et sur le Jurassique à Séprais (Lieu-Galet), on en trouve de semblables à Liesberg et autres lieux.

F. **Crevasses éjectives.**

On les trouve depuis le Corallien inférieur jusqu'à travers le Tertiaire, comme le n° 57.

60. Echantillons d'une crevasse éjective dans le corallien inférieur à la roche de Courroux, en face du Vorbourg. Altération du calcaire Corallien.

61. Altération du Corallien inférieur, calcaire à *Cidaris*.

62. Altération du Corallien.

63. Masse ferrugineuse éjective. Souvent elles sont attachées aux parois des crevasses, à l'ouverture de celles-ci.

64. Bolus remplissant les fissures du rocher et partie de la crevasse.

65. Sable quartzeux déposé alternativement avec des bolus divers en couches redressées, mais en sens inverse des assises du Corallien.

66. Crevasse éjective, carrière de Courroux, dans le Jurassique supérieur, mais sans issue extérieure. Roche altérée au-dessus de la crevasse.

67. Bolus remplissant la crevasse.

H. 68. Crevasse éjective entre la Verrerie de Roche et Rebeuvelier, dans le Jurassique supérieur. Altération profonde du calcaire jurassique passé à l'état de pâte ou d'argile réfractaire. On y remarque encore des fossiles.

69. Bolus et mine à l'orifice de la crevasse.

K. **Caverne de Rœschenz, près de Laufon, dans le Corallien.**

70. Altération du calcaire.

71. Autre échantillon.

72. Ochre.

72a. Fer hépatique.

73. Bolus bigarré.

L. **Caverne de Grandval.**

Dans le calcaire à astartes. Cette crevasse a plus de 200 pieds de profondeur presque verticalement. Elle était remplie de sable siliceux plus ou moins pur, avec des bancs ou nids de fer comme n° 75.

74. Altération des roches dans cette caverne.

75. Fer et sable siliceux.

M. **Crevasse éjective à l'entrée des roches de Court.**

76. Sable siliceux, alternant avec des bancs de sables blancs.

77. Autre échantillon.

Séries. Nos.

78. Sable blanc.
79. Bloc de roches quartzeuses dans les sables blancs inférieurs. On remarque le même phénomène dans les carrières de sable de Matzendorf, canton de Soleure.

N. Crevasse éjective dans le Sidérolitique.

80. Fragment des matières remplissant les tubes du passage des eaux qui ont jailli des crevasses éjectives après le premier dépôt du minerai. Ces tubes sont quelquefois uniquement remplis de sable quartzeux. Le fragment renferme diverses espèces de pisolites.

O. 81. Fer spatique d'une crevasse dans l'oolite inférieure ou grande oolite à Cornol. On en trouve à Erschwiler et dans quelques autres localités avec altération des roches et bolus bigarré, comme dans les crevasses des étages jurassiques supérieurs.
82. Fer arsénical d'une crevasse dans le Jurassique à Brislach, val de Laufon.

P. Remaniement du Tertiaire avec le Sidérolitique [1].

83. Echantillon pris à Develier-dessus. *Ostrea* et carbonate de chaux.
84. Echantillon de la vallée de Soulce. (Calcaire grossier empâtant des grains de mine.)
85. Nagelfluh à Develier-dessous.
86. Nagelfluh à Corcelon.
87. Molasse à feuilles de la même localité, mais appartenant à un étage plus élevé.

Observations actuelles. Il y a actuellement (1897) cinq puits ou minières en activité dans les environs de Delémont: trois au S. de la ville (puits de la Blancherie, puits Lachat ou de la Communance, et puits Traversins ou de Blanchepierre), un puits au N.-E. de la ville, sur le chemin du Vorbourg, le cinquième est à Courroux, rive droite de la rivière. Le terrain sidérolithique traversé par les nouveaux puits au S. de Delémont est, d'après les renseignements que nous a obligeamment communiqués M. l'inspecteur Frey, un massif d'argiles jaunes de 64 m. dans l'un, et de 109 m. d'épaisseur dans l'autre. Ce massif supporte, dans le puits Lachat (127 m. de profondeur), la gompholithe et les marnes bleues tongriennes.

Le bohnerz ou mine de fer en grains ne se rencontre que vers la base des argiles jaunes, en couche ou lit irrégulier, manquant souvent, rarement de plus d'un mètre d'épaisseur, et remplissant les excavations plus ou moins vastes et irrégulières (chaudières) de la roche kimeridienne en stratification horizontale.

---

[1]) Il faut comprendre sous ce titre inexact: échantillons tertiaires renfermant du Sidérolithique *remanié*. L. R.

Les grains [1]), ou pisoolithes de limonite, sont ordinairement entourés d'argile ou bolus rouge ou jaune, mais quelquefois aussi, dans les nids riches en minerai, ils se touchent ou sont agglomérés en rognons ovaires ou céphalaires. Ils diminuent rapidement de fréquence et de grosseur vers le haut de la couche pour disparaître bientôt dans les argiles par transition insensible. On ne remarque aucune stratification entre le bolus et le minerai, non plus que dans ce dernier, lorsqu'il est abondant. Mais l'ensemble du terrain, et surtout les couches supérieures des argiles (terre jaune) sont parfaitement stratifiées en gros bancs, contenant des fossiles terrestres et d'eau douce *(Limnæa longiscata, Planorbis rotundus, Chara,* etc.*)*, moulés avec la substance même de ces argiles. Les échantillons recueillis par J.-B. Greppin (Matériaux, 8e livraison, p. 159), existent encore dans sa collection au Musée géologique d'Alsace-Lorraine à Strasbourg.

Les argiles sidérolithiques varient de composition suivant les régions, et suivant leurs relations avec le minerai de fer. Dans la *mine riche,* elles sont ordinairement jaunes, et peu ferrugineuses; au contraire, dans la *mine maigre,* elles sont le plus souvent d'un rouge brique passant à la sanguine. Elles deviennent quelquefois sableuses et paraissent être en relation avec les sables vitrifiables. On voit au Champ-Vuillerat près Moutier une alternance des bolus jaunes avec des sables vitrifiables impurs, avec passages insensibles de ces couches les unes aux autres. Il y a aussi une couche de concrétions calcaires dans la masse argileuse, puis le tout est recouvert par les calcaires à *Limnæa longiscata.* Les argiles jaunes sont aussi en alternance avec des bancs de calcaires lacustres, comme au bord de la Gabière à l'E. de Courcelon. C'est la *raitche* ou croûte des mineurs qui contient les fossiles du calcaire lacustre de Moutier [2]).

Quant aux ossements de *Palæotherium,* ce sont des débris très fracturés, mélangés aux bolus de la base du Sidérolithique. Ils étaient accumulés par

---

[1]) Voir sur la structure des pisoolithes le travail de M. Bleicher, brochure in-8°, Nancy 1894, in Bull. Soc. industr. de l'Est, 2e série, fascicule 11, et C. R. Académie des sciences, 14 mars 1892.

[2]) Gilliéron: Verhandl. Basel, Bd. 8, p. 486-508.

J.-B. Greppin: Matériaux, 8e livr., p. 158 et suiv.

nids, comme à Egerkingen et au Mormont, dans la carrière du sommet de la Basse-Montagne de Moutier. Ils ont été recueillis dans cette localité par E. Pagnard et par J.-B. Greppin, et sont en partie conservés au Musée de St-Imier et à l'Institut géologique de Strasbourg. Rütimeyer y a reconnu les genres *Palæotherium, Cainotherium, Hyopotamus, Dichodon, Theridomys, Hyænodon, Proviverra, Sciurus, Crocodilus,* etc., et regardait cette faune comme un peu plus jeune que celle d'Egerkingen [1]. J.-B. Greppin fit aussi la trouvaille de dents de *Palæotherium* au fond d'une mine à Develier-dessus (Matér., 8e livr.; Description géologique du Jura bernois, p. 159).

Longeau (Lengnau). On voit au N.-W. du village de Longeau, sur un chemin forestier, le terrain sidérolithique affleurer régulièrement en couches normales entre la molasse et le calcaire portlandien. Ce sont des bolus rouge brique, avec quelques grains de fer, et des rognons de silex cariés. De sable vitrifiable, il ne nous est rien apparu en ce point. Par contre, les poches de sables réfractaires (Hupper-Erde) sont toujours en exploitation à l'E. du village, au bord de la forêt, dont le sous-sol est partout le roc portlandien en couches à peu près horizontales. Ce sont de véritables trous circulaires de plusieurs dizaines de mètres de diamètre. La plus grande a plus de 1000 m^2 d'ouverture circulaire à la surface du sol. On n'en connaît actuellement pas le fond. Un sondage vertical n'indiquerait pas si les poches n'ont pas des ramifications horizontales, ce qui est fort possible, à en juger par d'autres gisements. La substance du hupper est légèrement grise ou verdâtre à Longeau; elle est presque entièrement formée de grains de quartz assez ténus ou microscopiques. Ils sont généralement arrondis. L'analyse ne révèle qu'une faible quantité d'argile (2-3 %) dans ces sables. Elle suffit toutefois pour leur donner une certaine cohérence, lorsqu'ils sont imbibés d'eau, et pour les faire utiliser à la fabrication de briques réfractaires, etc., ce qui n'est pas le cas pour d'autres gisements à peu près dépourvus d'argile. Les parois jurassiques de la grande

---

[1]) Rütimeyer: Eocäne Fauna von Egerkingen, in Abh. der schweiz. paläont. Gesellsch., Bd. 15-18, und Neue Denkschriften der schweiz. naturf. Gesellsch. 1862. Voir aussi Actes Soc. helv. sc. nat. 1888, et Compte-rendu de la réunion de Soleure in Archives de Genève, 3e pér., t. 20, p. 341.

poche actuellement en exploitation sont bien à découvert; on y voit dans l'angle N.-W. des argiles brunes sidérolithiques. Le roc portlandien est fortement corrodé en formes bizarres. Il y a toujours plus ou moins d'argile blanche ou jaune au contact du sable et du roc. Nous avons vainement cherché des fossiles néocomiens dans cette localité; ils sont certainement très rares, et leur découverte tient quelque peu au hasard. Nous tenons de la bouche de M. le professeur Lang que les fossiles qu'il cite (Geol. Skizze der Umgebung von Solothurn, p. 18) ont été rencontrés sur le bord de la masse de sable; *Rhynchonella multiformis* a été recueilli en plusieurs exemplaires conservés au Musée d'histoire naturelle de Soleure. Un bel échantillon de *Pygurus Montmollini* à moitié silicifié a été également recueilli, déterminé par Desor, mais égaré depuis au Musée de Neuchâtel. La collection Greppin à Strasbourg contient de cette localité un échantillon cohérent de sable quartzeux avec une seule valve très bien conservée de *Lima Tombeckiana* d'Orb. en moule de même substance et adhérent au fragment de grès. A l'inspection de cette pièce, nous avons acquis la conviction qu'une partie au moins des sables vitrifiables provient des calcaires néocomiens avec rognons de silex plus ou moins fossilifères, dont les parties calcaires et argileuses ont été entraînées par lévigation. Reste à expliquer la formation des poches avant leur remplissage, sur quoi nous reviendrons.

Il y a, comme nous l'avons indiqué sur la carte, trois grandes poches de sables quartzeux à Longeau, et tout à côté de ces poches, trois autres grandes poches qui ne renferment, autant qu'on peut en juger par les affleurements superficiels, que des bolus rouges, avec mine de fer assez clair semée, ce qui a empêché leur exploitation. Il est possible que ces bolus cachent aussi des sables en profondeur, puisque M. Mösch a signalé à Obergösgen (Matériaux, Beiträge z. geol. Karte der Schweiz, 4e Lief., p. 213), une alternance de ces deux substances minérales dans la même caverne. Il vaudrait la peine de pratiquer des sondages à Longeau pour mieux connaître la nature des poches non exploitées, et ce qu'il reste encore de matière minérale pour l'avenir.

Bürenberg. Une poche assez riche en sable quartzeux légèrement jaunâtre se rencontre à l'extrémité orientale du vallon ou combe de Péry, dans les calcaires portlandiens du flanc sud de la chaîne du Montoz. C'est la seule visible à ciel ouvert dans la chaîne du Montoz qui en possède probablement d'autres cachées sous les éboulis du pied souvent renversé ou déjeté de cette montagne. On voit aussi dans le voisinage les bolus rouges peu riches en minerai de fer.

Neuchâtel. Le minerai de fer assez rare dans les chaînes méridionales du Jura bernois se retrouve cependant çà et là dans des poches ou galeries isolées, ainsi que les bolus rouges ordinairement sans minerai. Ce sont de petits gisements, quelquefois de simples veines, ou des nids de très petites dimensions creusés dans les calcaires valangiens ou dans les jurassiques. La poche la plus remarquable était celle des Saars à l'E. de Neuchâtel, mentionnée par M. Ritter, ingénieur (Bull. Soc. sc. nat. de Neuchâtel, t. 11, p. 39), et mise au jour par l'exploitation de la roche urgonienne en 1877. Il y a en outre dans les collections de l'Académie et du Musée de Neuchâtel des échantillons d'une poche découverte à la promenade des Zig-Zag, remarquables par leur richesse en minerai de fer, dont les pisoolithes se touchent sans qu'il y ait de bolus entre eux. Les dimensions de ce gisement étaient peu considérables.

Chaux-de-Fonds et frontière française. Dans les environs de Chaux-de-Fonds, nous avons cité (Matériaux, 8e livr., 1er suppl., p. 138), un boyau de sable quartzeux assez impur et mélangé de petits grains de limonite, rencontré par le tunnel des Crosettes au km. $75_{,435}$, dans les calcaires séquaniens. Une cheminée analogue a été explorée par Jaccard dans les environs des Brenets (Bull. Soc. sc. nat. de Neuchâtel, t. 21, p. 80-82). Sur territoire français, dans les rochers des gorges du Doubs, à l'E. du Pissoux, nous avons également visité un trou d'où l'on retire du sable de quartz assez grossier, et incontestablement roulé par les eaux. Des matériaux analogues renfermant de petits galets de quartz hyalin se rencontrent déjà dans l'Albien de Franche-Comté; soit dans ses couches régulièrement en place, comme à Nods (synclinal crétacique fermé, ayant des calcaires cénomaniens au centre), soit dans les poches albiennes de sables quartzeux à fossiles phosphatés, situées dans les calcaires néocomiens ou urgoniens, comme aux environs de Morteau (Mont-le-Bon, Sous-les-Tilleuls près des Lavottes, etc.). Il nous paraît très probable qu'une partie au moins des sables vitrifiables soient des sables albiens lévigués et remaniés.

St-Imier. Dans les environs de St-Imier, nous ne connaissons pas de poches ni de veines remplies de terrain sidérolithique, à l'exception peut-être d'un trou sur le chemin du Sergeant où l'on trouve une argile brune qui pourrait être aussi quaternaire. Toutefois les pisoolithes de limonite ne sont pas rares dans plusieurs endroits du vallon (champs des Longines à Villeret, Beau-Site à St-Imier, etc.) Leur gisement primitif est certainement inférieur à la molasse, comme le démontre la coupe suivante prise lors de l'ouverture de la rue de l'Hôpital, à St-Imier.

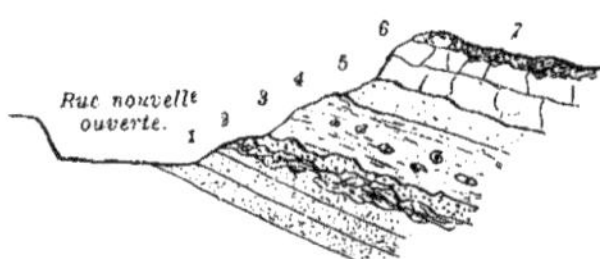

7. Terre végétale.
1. Molasse alsacienne.
2. Marnes jaunes ou brunâtres, froissées.
3. Bolus brun à pisoolithes ferrugineuses.
4. Marne jaune néocomienne à *Hoplites Leopoldinus*, *Ostrea Couloni*, *Sphæra corrugata*, *Cyprina Deshayesiana*, *Terebratula acuta*, *Rhynchon. multiformis*, *Toxaster complanatus*, etc.
5. Calcaire roux, ferrugineux. à *Pteroceras Desori*.
6. Calcaires valangiens.

Fig. 53. **Coupe à la rue de l'Hôpital à St-Imier (mars 1887).**

Bienne. Les environs de Bienne renferment quelques poches de bolus sidérolithique à mine de fer (Montagne de Boujean, etc.), comme nous l'avons signalé dans notre 1er supplément. Les observations que nous avons pu faire dans la cluse de Boujean sont en outre du plus haut intérêt pour la question du mode de formation encore problématique du Sidérolithique et des accidents qui l'accompagnent. L'ouverture des gorges du Dubeloch a mis à jour des bancs du Portlandien criblés de perforations irrégulières, ramifiées, de veines et de tuyaux recourbés, toujours remplis de bolus rouge ou jaune incontestablement sidérolithique. Ces trous n'ont pas de direction déterminée, mais l'ensemble des tubulures est lié à certains bancs un peu marneux, plutôt qu'à d'autres plus calcaires. La position orographique des couches n'a pas d'influence sur la fréquence des perforations. On les voit par exemple aussi dans des bancs horizontaux ou à peu près à la sortie des gorges, vers Boujean.

Un autre gisement instructif pour la question qui nous occupe, se voit sur l'ancienne route de Boujean à Frinvillier. (Fig. 54.)

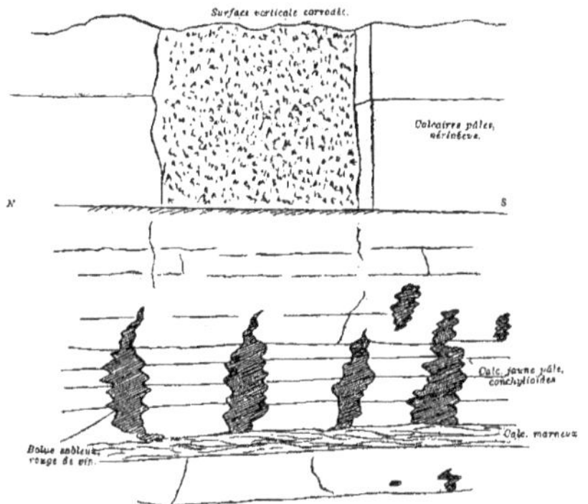

Fig. 54. **Bancs portlandiens corrodés et poches de bolus sidérolithique, cluse de Boujean près Bienne.** 1 : 20 à p. p.

Fuet. Au-dessus du village du Fuet, à quelque distance du bord de la route de Bellelay, on rencontre une exploitation de sable vitrifiable dans les calcaires verticaux du Portlandien inférieur ou Virgulien. Voici le croquis de la station :

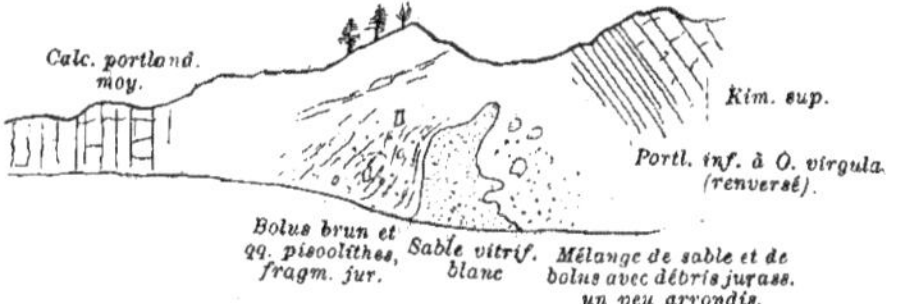

Fig. 55. **Gisement de sable vitrifiable du Fuet.**

Bottières près Bellelay. Dans le vallon des Bottières, appuyé au flanc S. de la voussure du Mont-Chabiat, on a exploité autrefois le sable vitrifiable pour la verrerie de Bellelay. C'est un amas de beau sable blanc, friable, presque pur. (Voir Fig. 56.)

Des poches moins importantes se trouvent au pied du Moron, dans la commune de Saicourt.

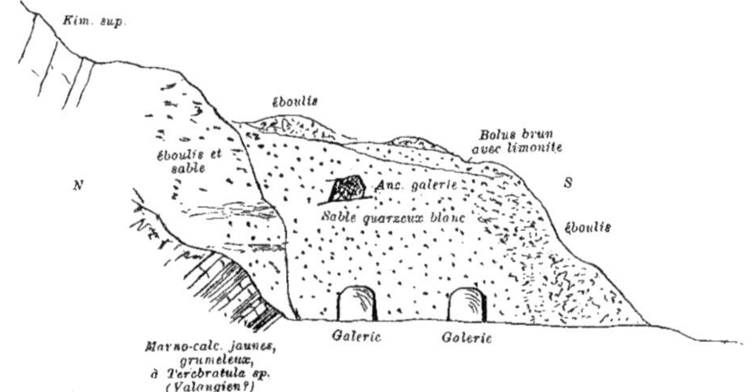

Fig. 56. **Gisement de sable vitrifiable de la Bottière.**

Court. Les exploitations les mieux placées au point de vue de la facilité de transport dans une station de chemin de fer sont celles de Court, aux deux flancs du vallon. Celle de l'Envers est moins riche que l'autre, et plus exposée aux glissements qui menacent les travaux après les pluies. Au Droit du vallon existe la plus grande masse de sable quartzeux du Jura, en plein flanc du Mont-Girod, d'un accès peu difficile, sauf l'état des chemins par les pluies, ce à quoi il est facile de remédier. Ce que l'on voit dans ce gisement reproduit à peu près la grande poche de Longeau, avec cette différence que les bancs portlandiens sont fortement inclinés, comme le flanc de la montagne. Malgré cela, on peut admettre que la poche s'étend autant en montagne, perpendiculairement aux bancs jurassiques, que suivant la verticale du lieu. Les abords du rocher portlandien sont fortement imprégnés d'argiles jaunes ou de bolus sidérolithique; il y a aussi des éboulis quaternaires qui masquent les contacts, de sorte que l'on ne pourra faire de nouvelles observations qu'en suivant l'avancement de l'exploitation. Les sables quartzeux de Court sont d'un beau blanc, comme aux Bottières; ils sont plus purs que ceux de Longeau; c'est à peine si l'on peut y distinguer un ciment argileux, et rarement des veines colorées par de l'oxyde de fer. Les grains les plus gros ne dépassent pas la grosseur d'un grain de millet; ils sont certainement arrondis; quelques-uns colorés en rose. M. Baumberger nous a dit avoir trouvé ici le moule d'un bivalve voisin d'une *Venus* néocomienne.

Il y a aussi une poche de sable vitrifiable dans les rochers portlandiens, rive droite de la Birse, au flanc de la montagne, à l'entrée des gorges de Court, dans des bruyères entourées d'éboulis et de rocailles.

Un gisement curieux de bolus remplit un boyau de quelques décimètres de diamètre dans les roches kimeridiennes de Court, à la tête S. du tunnel avant le passage à niveau de la voie ferrée. Ce bolus est jaune et bigarré de pourpre, d'un toucher onctueux. C'est la poche atteignant les roches les plus profondes de la région.

Moutier. Au S.-W. de la verrerie de Moutier, dans le repli de terrain situé entre la petite voussure kimeridienne de la Foule (Pérouse) et le flanc N. du Mont-Girod, il y a plusieurs poches de sables vitrifiables, reproduisant tout à fait ceux de Court pour les conditions du gisement. Ce sont toujours des poches dans les bancs portlandiens, dont les abords sont masqués par les éboulis, et dont la profondeur ne sera connue que lorsque l'exploitation en aura atteint le fond. Mais les glissements des argiles et des éboulis situés dans les flancs de la montagne en-dessus des poches occasionnent continuellement des travaux de déblai qui entravent l'exploitation et la font quelquefois abandonner. Dans les poches de la verrerie de Moutier, le sable est souvent coloré par veines en rose ou gris-bleu, coloration qu'on peut considérer comme provenant des infiltrations des bolus qui entourent ordinairement la masse sableuse. Il y a aussi des parties de sable cimentées en grès, passant au centre au quartzite. Quand il s'y mêle un peu d'argile, on a des matériaux très appropriés à la fabrication des briques ou des creusets réfractaires.

Il existe aussi des poches de sables vitrifiables sur le petit plateau qui surmonte la voussure de la Foule (Pérouse), dans le pâturage. Elles ne sont pas exploitées actuellement, mais l'ouverture circulaire de ces poches ressort bien du terrain, soit par suite d'une ancienne exploitation, soit par enfoncement de la masse sableuse, et peut-être plus encore par la végétation très serrée des bruyères qui trahissent la présence d'un sous-sol siliceux.

La forme en galeries parallèles aux couches jurassiques se voit bien dans la caverne de Grandval, au flanc kimeridien du Raimeux, dont il a été question dans notre 1er supplément, p. 139.

Nous n'avons plus qu'à parler avec des détails nouveaux du calcaire éocène, exploré ces dernières années avec beaucoup d'attention par l'un de nos anciens élèves, M. Albert Eberhardt, instituteur à Moutier. Sur tout le pourtour occidental de la Basse-Montagne, on peut suivre le crêt de calcaire éocène, comme l'avait reconnu Gilliéron, dominant une dépression souvent masquée par les éboulis et la végétation, mais certainement occupée par les bolus et les couches sableuses du Sidérolithique. On voit quelques poches de bolus, d'un rouge brique très foncé, avec rares grains de limonite, dans les calcaires blancs du Kimeridien supérieur. Ces argiles affleurent aussi vers Belprahon. Puis on les retrouve sur le Virgulien à la colline de la verrerie, épaisses d'environ 1 m., et recouvertes directement par le calcaire lacustre blanc que nous n'avons pas réussi à déterminer sûrement à cause des mauvais et rares fossiles qu'il renferme. Son aspect n'est pas différent de celui de certains bancs de Champ-Vuillerat auxquels M. Eberhardt l'assimile.

On voit au Tirage de Moutier (Champ-Vuillerat) un passage intéressant du Sidérolithique proprement dit au calcaire éocène. C'est une alternance de bolus jaune ou rouge et de sables quartzeux bigarrés plus ou moins mélangés d'argile, renfermant aussi un banc de brèche à concrétions calcaires comme précurseur du calcaire. Ce dernier qui termine la série montre des bancs blancs, d'aspect jurassique en bas, et des bancs noirâtres et concrétionnés au sommet. Les fossiles sont plus abondants dans cette dernière couche que dans les calcaires blancs. Les plus caractéristiques sont: *Limnæa longiscata* et *Planorbis rotundus*, auxquels il faut ajouter les curieux moules oblongs, non arrondis à l'une de leurs extrémités, connus aussi dans le calcaire lacustre de Morvillars (Kilian, Notes géol., 2e partie, p. 45 in Emul. de Montbéliard), et qu'on a rapporté à des œufs de mollusques ou d'hirudinés (Böttger). Ce pourraient être plutôt des cocons d'insectes. Ils ont été découverts par M. Eberhardt.

Le calcaire lacustre éocène existe aussi dans le vallon ou synclinal situé au N. de la Basse-Montagne, où nous avons recueilli des empreintes végétales absolument décolorées. Ce sont des feuilles de *Phragmites*. Plus à l'ouest, vers Perrefitte, au pied du flanc renversé de la chaîne du Coulou, il forme quelques saillies au milieu des éboulis, cachant plus ou moins les bolus sidérolithiques sous-jacents. Dans l'un de ces crêts, nous avons recueilli de nombreux exemplaires de *Limnæa longiscata*.

Environs de Delémont et de Laufon. Les sables vitrifiables sont assez peu répandus dans les environs de Delémont, où les bolus prévalent partout. Il y a toutefois des régions restreintes où ils ne font pas défaut, comme nous l'apprend Quiquerez (Courrendlin, Vermes, etc.). Ces poches visibles actuellement se rencontrent en petit nombre et de dimensions exiguës sur la route de Soyhières au Mettenberg, ainsi que sur le sentier de la ferme de la Providence au Fringeli. Ce dernier gisement dans le Rauracien nous a été indiqué par M. le curé de Montsevelier. C'est la poche de sable vitrifiable atteignant les roches les plus profondes que nous connaissions dans la contrée. On n'en connaît aucune dans le Dogger. Nous n'avons pas de détails à relater sur les poches sidérolithiques des Esserts-Jeanneret à l'E. de Montsevelier, non plus que sur celle de Girlang (E. de la ferme, au sommet des rochers séquaniens), du Möschloch au N. de Beinwyl, de Himmelried, etc., qui tapissent des synclinaux séquaniens. Celles de Flühen et de Buchsweiler sur la lisière alsatique paraissent être dans le Rauracien. Ce sont le plus souvent des sables vitrifiables que les géologues alsaciens ont voulu rapporter au pliocène.

Vallon de Matzendorf. Ce vallon autrefois fort exploité pour son minerai de fer, ne présente plus que des sablières sidérolithiques dont nous avons déjà parlé dans notre 1er supplément. Nous les avons du reste reportées sur la carte. Il n'y a plus qu'un point à signaler, c'est la coloration verte des bolus au contact du roc kimeridien. Nous avons pu nous assurer par un nouveau creusage à l'W. du moulin de Matzendorf, au flanc N. de la chaîne du Weissenstein, que là où les bolus prennent une teinte verte, le calcaire jurassique est incrusté de pyrite de fer. On voit des cristaux assez petits, mais bien formés (hexaèdres), incrustés à la surface de la pierre, sans la pénétrer profondément. Ces dépôts de pyrites et d'argiles vertes se rencontrent ailleurs, comme dans les carrières de Soleure entre les bancs du Kimeridien, dans les calcaires valangiens du Rusel près Vigneules, etc. Nous avons remarqué le même phénomène en compagnie de notre ami M. Kilian, dans les calcaires urgoniens de la Cluse de Chaille, en Savoie, où les argiles vertes tapissent une cheminée verticale, précisément au-dessous du terrain sidérolithique. C'est bien un phénomène de plus à enregistrer et à expliquer avec le mode de formation du terrain qui nous occupe. Avec la présence du gypse et de la strontiane dans les argiles et le minerai sidérolithique, les incrustations de pyrite de fer viennent à l'appui de la théorie de la formation des pisoolithes de limonite par une oxydation de sulfures préexistants.

Nous avons cherché en vain dans les vallons de Matzendorf et de Mümmliswyl les calcaires éocènes de Moutier. Les calcaires lacustres qui recouvrent le Sidérolithique au Hard près de Mümmliswyl sont fossilifères, et appartiennent certainement à la formation molassique. Il en sera question plus bas.

Par contre, on voit au S.-E. d'Herbetzwyl, et vers les anciens creux de mine au S. d'Ædermannsdorf, rive droite de la Dünnern, des calcaires singuliers, rougeâtres, assez argileux, empâtant des pisoolithes de limonite. Cette formation curieuse se retrouve ailleurs au-dessus du Sidérolithique, par exemple au S. de la ferme de Moos, avant le col qui conduit du Gouldenthal dans le vallon d'Elay (Seehof), à la Scheulte, au Marchstein, au Moulin de Bourrignon et à Roppe près Belfort.

La Scheulte. La poche de Marchstein[1]), remplie de Sidérolithique, se trouve dans le Séquanien, au flanc S. de la petite chaîne du Nüsselboden. On remarque au contact du Jurassique une brèche ou gompholithe, avec ciment calcaire, d'un rouge brique, empâtant aussi des pisoolithes ferrugineuses, dont quelques-unes sont nuciformes, ou même plus grandes encore. Par-dessus vient une alternance de quelques bancs grumeleux d'un marno-calcaire rouge, avec des argiles sidérolithiques. Ces dernières contiennent par places de nombreux grains de limonite, d'assez faibles dimensions.

Dans les rochers séquaniens de la Scheulte, au N. de l'auberge, on trouve le même calcaire rouge alternant en couches avec le bolus sidérolithique. Il contient aussi des grains de fer ou des galets jurassiques à la base. Sa position tectonique est singulière, il en sera question plus bas.

---

[1]) La frontière actuelle entre Berne et Soleure ne passe plus par les deux Marchstein ou Bornes, qui sont des blocs éboulés.

Collines tabulaires. On trouve un bolus sidérolithique très remarquable pour sa belle couleur de sanguine, au S. de Diegten, dans des poches ou des couches appuyées contre les calcaires séquaniens. Dans toute cette région, qui tombe en dehors de nos limites, la gompholithe miocène est fortement mélangée de bolus et de grains de fer sidérolithiques remaniés.

Est-ce également à un remaniement du Sidérolithique que nous avons affaire dans une poche du Séquanien entre Mühle et Mettenbühl, au N. de Bretzwyl? Ce sont des galets peu arrondis de calcaires blancs, probablement kimeridiens, et quelques autres de calcaires noirs ou couleur chocolat, inconnus dans le Jurassique des environs. Tous ces galets gisent pêle-mêle avec un bolus sidérolithique rouge brique et des grains de limonite. Des grains de mine de fer sont sertis dans les galets, comme à Châtelat dans la gompholithe de la base du Tongrien. Il est difficile de préciser l'âge du gisement de Bretzwyl; nous le croyons, à cause de son mode particulier de gisement, inférieur au calcaire grossier à cérithes de Dornach et d'Arlesheim, qui ont à leur base des galets bien arrondis, percés de trous de pholades, et relativement peu mélangés de bolus sidérolithique. L'analogie avec la poche de Marchstein est plus grande, mais il manque ici les concrétions marno-calcaires emprisonnant les grains de mine de fer.

On trouve cette même brèche sidérolithique remplissant une faille immédiatement à l'W. du village de Hochwald (Hobel) sur le plateau de Gempen. On sait depuis Merian (Beiträge zur Geognosie, Bd. I, p. 119), que c'est la localité qui a livré aux anciennes collections les beaux échantillons de calcaire éocène moyen à *Planorbis pseudoammonius*, l'équivalent du calcaire de Bouxwiller en Basse-Alsace, et du calcaire de St-Ouen, appartenant au Parisien supérieur. Nous avons beaucoup cherché le gisement de ce calcaire lacustre, et nous n'avons pas réussi à en découvrir le lambeau, pas plus que M. Gutzwiller, qui dit du reste (Verhandl. Basel, Bd. 9, p. 186 et suiv.), qu'il n'y existe pas en place, mais qu'il sort par fragments d'un champ situé précisément au pied de la lèvre occidentale de la faille de Gempen-Hochwald. Nous pouvons admettre, jusqu'à preuve du contraire, que ces fragments de calcaire de St-Ouen sont remaniés et renfermés dans la brèche rouge sidérolithique qu'on voit à Hochwald comme matériaux de remplissage de cette faille. Cette brèche reproduit bien les caractères de celle de Bretzwyl; on y voit le même ciment de bolus rouge lier des cailloux peu roulés de calcaires blancs, probablement séquaniens ou kimeridiens, ainsi que d'autres éléments noirâtres, comme nous en avons vu dans le Kimeridien de Bressaucourt (antea p. 60). Nous n'avons toutefois pas réussi à découvrir de fragment de calcaire éocène dans la brèche même, et notre conviction ne repose que sur l'inspection des gisements.

Moulin de Bourrignon. A l'W. de la Forge et de la Scierie près du Moulin de Bourrignon, A. Brongniart signale (Annales des Sciences naturelles, août 1828), une poche de bolus sidérolithique qui vaut la peine d'être visitée. Cette poche est située dans un crêt corallien, non loin de l'affleurement de terrain à chailles du bord de la route. Le bolus est par places transformé en calcaire argileux qui renferme des pisoolithes ferrugineuses, comme le bolus ordinaire. C'est le même phénomène qu'à la Scheulte, à Moos, à Herbetzwyl, à Roppe près Belfort, une formation curieuse et non expliquée du terrain sidérolithique.

Roche de Mars près Porrentruy. Les poches de bolus sidérolithique sont rares en Ajoie, bien que des alternances de ces bolus avec mine de fer se rencontrent dans la gompholithe tongrienne. Par contre, cette contrée présente quelques poches de sables vitrifiables, qui sont tout à fait comparables à celles de Moutier, sauf leurs dimensions ordinairement moindres. Mais un fait curieux se présente à la Roche de Mars, sur la route d'Alle à Porrentruy, où M. le Dr Thiessing, l'un de nos premiers maîtres en géologie, a rencontré une accumulation de dents et d'écailles de *Strophodus, Pycnodus, Lepidotus, Polyptychodon, Teleosaurus,* etc., conservées au Musée de Berne [1]). M. le Prof. Dr Koby, recteur à Porrentruy, a eu la bonté de nous conduire à ce gisement, actuellement un peu éboulé, mais où l'on voit deux couches marneuses à *Ostrea virgula* et dents de *Pycnodus,* etc., dans une position horizontale, et creusées avec les autres bancs en forme de poche où se sont accumulés les sables vitrifiables. La dissolution du substratum jurassique est ici évidente, avec les dents et autres corps phosphatés comme résidu insoluble. Nous pensons toutefois que les sables eux-mêmes proviennent d'ailleurs.

---

[1]) Voir: Berner Mittheilungen 1871, p. 342 et suiv.

Résumé et considérations théoriques. De tout ce que nous venons de voir sur le Sidérolithique, nous relèverons les points suivants comme importants pour l'étude générale de ce terrain.

Minéraux. On peut dire que ce sont les bolus plus ou moins colorés par l'oxyde de fer qui constituent la substance principale de la formation sidérolithique. Les concrétions pisiformes de limonite (mine de fer en grains) se rencontrent par nids et par veines dans les bolus, surtout vers leur base. Elles manquent dans certaines régions, et toujours au sommet des argiles jaunes. Par contre, on les trouve aussi dans un calcaire plus ou moins argileux qui remplace la terre jaune en certains points. Le gypse, la pyrite, la strontiane et la baryte sont des minéraux accidentels des bolus sidérolithiques; le gypse n'est point rare sous toutes ses variétés cristallines, jamais en amas considérables. Enfin, les sables quartzeux accompagnent souvent les bolus et se mélangent parfois avec eux, comme aussi des éléments détritiques empruntés aux roches jurassiques, rognons de silex, fragments lévigués de calcaires néocomiens siliceux, avec fossiles, etc.

Fossiles. Les fossiles du terrain sidérolithique sont des ossements de vertébrés éocènes de l'âge du gypse parisien au moins. D'après Rütimeyer (Actes Soc. helv. des sc. nat. 1888 et Archives de Genève, 3e pér., t. 20, p. 341), la faune d'Egerkingen est un peu plus ancienne à cause de la prédominance des *Lophiodon*.

La terre jaune supérieure aux bolus à ossements, et le calcaire lacustre *(raitche)* qui en dépend, contient des coquilles fluviatiles de l'âge du calcaire de Brie.

Gisement et stratification. Dans son ensemble, le terrain sidérolithique est *stratifié* par le fait de l'alternance des couches supérieures, et de la superposition de la terre jaune et des calcaires lacustres aux bolus à minerai de fer. Mais ni le bolus à minerai, ni les sables vitrifiables *dans les poches* ne présentent de couches distinctes. Les relations mutuelles de ces deux sortes de matériaux ou de roches ne sont pas très nettes. Il y a des bolus à côté des sables, non seulement dans des poches contiguës, mais encore dans le même gisement. Nous croyons avoir remarqué que les bolus entourent et recouvrent les sables dans les poches. Mais nous n'avons pas vu d'alternance de sables et de bolus dans les poches, comme dans la grotte d'Obergösgen, antea p. 104.

Substratum du terrain sidérolithique. Dans les vallons et synclinaux du Jura bernois et soleurois, le Sidérolithique repose sur les roches jurassiques supérieures et dans leurs excavations. C'est le plus souvent le roc kimeridien supérieur qui lui sert de substratum; les poches et les tuyaux ne descendent pas plus bas que le Rauracien. Vers Laufon et Bâle, où l'étage kimeridien fait défaut, le substratum est le Séquanien. Dans les chaînes méridionales du Jura soleurois, et jusqu'à Bienne, c'est le Portlandien. Les roches portlandiennes de Bienne sont criblées de perforations, et pénétrées de bolus sidérolithique. Depuis Bienne à Neuchâtel, on trouve le Sidérolithique dans les crevasses des roches infracrétaciques, aussi bien dans l'Urgonien (calcaires blancs) que dans les calcaires jaunes valangiens et néocomiens.

Extension du terrain sidérolithique. On peut limiter l'extension de ce terrain, d'un côté aux affleurements actuels du Malm au pied de la Forêt-Noire, de l'autre, aux hautes chaînes de la bordure interne du Jura, jusqu'à Neuchâtel, puis il prend en écharpe tout le Jura bernois et soleurois avec le Doubs actuel pour limite occidentale. D'après cela, et surtout en se basant sur les gisements du Jura méridional, on ne peut pas dire qu'il soit limité par l'extension actuelle des terrains infracrétaciques du Jura, comme on serait tenté de le croire en considérant surtout les exploitations du Jura bernois et soleurois.

Age et mode de formation. Le mode de formation du terrain qui nous occupe est fort complexe, et pour être résolue convenablement, la question devrait être traitée actuellement avec des matériaux plus étendus que les nôtres, comme l'on peut en attendre du Jura oriental, du Wurttemberg et du Berri. C'est pourquoi nous n'exprimons que sous toute réserve les idées que nous avons pu nous former sur ce sujet difficile. Nous n'entendons pas les poser, ni les défendre comme des faits, mais seulement les énoncer comme des probabilités qui se dégagent avant tout de l'état actuel des observations.

Sans vouloir refaire l'historique détaillé de la question, on peut dire en somme que la théorie des sources minérales et thermales pour la formation du minerai de fer pisiforme, déjà émise par Al. Brongniart[1]) en 1828, et développée outre mesure par nos compatriotes (Thurmann, Gressly, Quiquerez), a perdu du terrain ces dernières années[2]) et tend à être remplacée par une action superficielle des eaux météoriques chargées d'acide carbonique.

Quiquerez dit en 1855 (Archives de Genève, t. 32, p. 238), à propos du gaz carbonique qu'on rencontre dans les vieux travaux ou dans ceux en construction, où s'éteignent souvent les lampes des mineurs: „Cette observation explique pourquoi dans le terrain sidérolithique on trouve une grande quantité de roches qui paraissent avoir été soumises à l'action d'un acide. Elles paraissent avoir été rongées et usées. Elles présentent mille formes bizarres. Les parois des canaux souterrains sont en général corrodées, et l'observation donne raison à ceux qui ont pensé que des eaux plus ou moins acidulées avaient circulé dans ces conduits souterrains."

Nous ne parlerons pas ici du mode de formation des pisoolithes ferrugineuses; leur position au sein des argiles ou dans des calcaires sidérolithiques reste encore un problème à élucider[3]). Nous nous contenterons d'examiner les conditions dans lesquelles s'est opéré le dépôt du terrain sidérolithique lui-même, de ses matériaux constitutifs, ainsi que la question de son âge et de sa valeur au point de vue stratigraphique et géohistorique.

Il est évident pour tout le monde que les irrégularités du substratum, poches, tuyaux, érosions en général, ont précédé le dépôt du Sidérolithique, et qu'elles se sont donc formées pendant la période d'émersion du Jura qui a précédé les premiers dépôts tertiaires, lacustres ou terrestres; c'est-à-dire à partir de la période crétacique (Sénonien). Mais du moment qu'on parle d'érosion se pose immédiatement la question de dépôt des matériaux enlevés.

---

[1]) Al. Brongniart in Annales des Sc. naturelles, XIV, pl. 15, donne déjà les coupes du Mettenberg reproduites par Quiquerez (antea p. 95), il parle des brèches et de la pâte calcaire qui enveloppe les pisoolithes à la scierie de Bourrignon, et synchronise le Sidérolithique avec les brèches à ossements d'Antibes près Marseille.

[2]) Voyez sur ce sujet: Van den Broeck: Mémoire sur les phénomènes d'altération des dépôts superficiels, Bruxelles 1881; De Grossouvre, Annales des mines 1886, p. 311; Bleicher, loc. cit.

[3]) Mösch (Beiträge, 4e Lief., p. 215), rapporte le fait que Cartier a recueilli à Egerkingen des os longs et non brisés de *Palæotherium* dans le canal médullaire desquels étaient emprisonnées des pisoolithes ferrugineuses.

Ont-ils été entraînés complètement en dehors de notre territoire, ou bien sont-ils restés comme résidus de dissolution, soit comme brèches formées sur place, terra-rossa, etc. ? A part les quelques brèches peu répandues dans les collines tabulaires bâloises et soleuroises, on ne rencontre pour résidus de décomposition ou de décalcification des terrains enlevés que des bolus plus ou moins ferrugineux, et des sables vitrifiables. Ces derniers par les fossiles néocomiens de Longeau sont empruntés, en partie du moins, au Néocomien, en partie peut-être aux sables albiens. Quant aux bolus, ils peuvent bien provenir de la décomposition sur place des marnes albiennes, néocomiennes, des calcaires néocomiens, valangiens et portlandiens. Mais la question principale est la séparation si nette qu'on observe entre les matériaux constitutifs du Sidérolithique. S'ils provenaient simplement de la désagrégation des roches préexistantes, ils devraient former un terreau uniformément argilo-siliceux. Puis, comment certaines poches seraient-elles comblées par des sables? tandis que la nappe générale du Sidérolithique est le bolus ferrugineux. Comment expliquer par les eaux météoriques, si chargées fussent-elles d'acide carbonique, en même temps que la décalcification du Néocomien, la formation de poches isolées, d'une profondeur encore inconnue et dont l'embouchure mesure quelquefois plus de 1000 m^2 de superficie? On le voit, il est impossible de considérer le Sidérolithique du Jura comme une simple *terra-rossa.*

On est donc obligé d'admettre ultérieurement aux décompositions sur place, c'est-à-dire à la fin de l'éocène, un charriage par les eaux qui ont accumulé dans les dépressions, les poches, etc., les matériaux de désagrégation arrachés au continent éocène[1]). Le triage a dû se faire en partie de cette manière. Le manque de stratification de la base des bolus n'est pas un argument contre le dépôt lacustre de ces matériaux qui peut s'être accompli assez brusquement, témoin le désordre des brèches à ossements du Mormont, à Entreroches, etc.

Le gypse et la pyrite ne sont pas des arguments décisifs en faveur d'une communication avec la mer, puisque ces substances se forment ailleurs

[1]) Al. Brongniart (loc. cit.) place ce charriage avant la formation de la gompholithe et de la molasse, mais semble y rattacher le transport des blocs erratiques, ce qui paraît aujourd'hui monstrueux.

par épigénie; toutefois, il est bon de rechercher dans les Alpes les relations du Sidérolithique avec les autres terrains éocènes marins, entre autres avec le Parisien généralement ferrugineux (Schwytz, Kressenberg), ce qui pourrait amener des rapprochements intéressants.

La question des sables vitrifiables, en tant qu'ils ne sont pas remaniés dans les dernières couches du terrain sidérolithique, reste en dehors de cette accumulation brusque de matériaux, et doit être d'âge antérieur, comme nous l'avons déjà énoncé. Les circonstances particulières du gisement de ces sables quartzeux si bien lévigués, la forme des poches, les galeries, les mille perforations de roches à une certaine profondeur (gorges de Boujean), ne permettent pas non plus de laisser complètement de côté les eaux minérales chargées d'acide carbonique, qui furent la première explication de ces phénomènes (Brongniart). Il ne nous paraît pas impossible d'admettre, après que le Jura fut mis à sec à partir du Crétacique supérieur, qu'une forme spéciale du continent jurassien encore peu découpé, avec une nappe continue de terrains imperméables à la base du Malm (Argovien et Oxfordien), n'ait pu donner lieu à des sources vauclusiennes temporaires ou perennes, comme encore actuellement les *bonds* de Bière [1]), ceux du Cul-des-Prés près Chaux-de-Fonds, etc.

Ces sources vauclusiennes, qu'il n'est pas nécessaire de se représenter jaillissantes du moment que les collecteurs étaient peu élevés, pouvaient fonctionner à la manière des salses [2]). Leurs eaux ont emprunté à l'air ou à la végétation d'alors leur acide carbonique, et leur action sur les roches infracrétaciques a été assez lente et prolongée pendant la période éocène et peut-être auparavant déjà, pour remplir leurs orifices, en même temps qu'ils s'élargissaient, de ces sables quartzeux parfaitement lévigués que nous y rencontrons aujourd'hui. Ailleurs, les roches attaquées n'ont laissé comme résidus que des

---

[1]) Voir la description des *bonds* qu'ont donnée en 1877 M. de Tribolet et L. Rochat in Bull. sc. nat. de Neuchâtel, t. 11, p. 89.

[2]) Il est possible qu'un certain nombre de cavernes, cheminées et galeries souterraines de notre territoire, comme le trou de Mavaloz, la fondrière de Lajoux, celle du Gouldenthal, la tane du Chasseral, celle de la carrière sous Mont-Crosin, les grottes de Pertuis, etc., peu ou point remplis de matériaux sidérolithiques aient été creusés à partir de ces temps reculés. Il est en outre remarquable de voir combien les rochers oolithiques ont peu de grottes, bien qu'elles soient pétrographiquement en somme assez analogues à celles du Malm.

argiles ferrugineuses, qui, avec la terre de décomposition des régions émergées, les ossements, etc., ont été entraînées au retour des eaux de la fin de l'éocène, pour former la nappe des bolus sidérolithiques que nous connaissons. Les poches remplies de sables vitrifiables ont été recouvertes dès lors par les mêmes matériaux que le lac sidérolithique accumulait entre le plateau suisse et l'Alsace. Bientôt les régions encore exondées (Jura français, etc.), eurent fini de livrer des matériaux meubles à ce lac (bolus et sables remaniés), et des calcaires lacustres (*raitche,* calcaire de Moutier, d'Orbe, etc.) clorent la série des dépôts éocènes.

Il y aurait, comme nous l'avons dit, des relations intéressantes à établir entre le Sidérolithique et la série normale des dépôts marins éocènes. On ne peut pas la résoudre dans notre territoire, mais la question soulevée vaut la peine d'être examinée, afin de jeter plus de lumière sur l'histoire géologique de la Suisse dans l'une de ses périodes les plus intéressantes à bien des égards[1]).

---

[1]) Voici les conclusions et les passages les plus remarquables du mémoire de P. de la Harpe et C. Gaudin sur les gisements du Mauremont près La Sarraz (Vaud), extraits des Archives de Genève, 1853, t. 22, p. 133:

„Mais ce n'est point de bas en haut que notre fente s'est remplie, c'est de haut en bas. Nous le prouverions facilement par la présence des ossements d'animaux qui ont vécu à la surface du sol; par la distribution de ces mêmes os qui ne se trouvent guère à une profondeur de plus de 15 pieds au-dessous de la surface; par la distribution des masses qui ont comblé notre crevasse: en effet, les plus gros blocs sont restés près de l'ouverture..... ces crevasses sont donc toutes des crevasses de remplissage, où le Sidérolitique n'est arrivé qu'après un remaniement. Ne serait-il pas naturel de faire provenir cette masse de fers pisolitiques et de bolus, des bancs de Sidérolitique formés par la théorie de M. Gressly, mais qui auraient disparu du flanc du Jura? Ces bancs, composés d'une matière peu compacte, se seraient désagrégés par l'action des eaux, qui, en s'écoulant des montagnes, auraient rempli notre crevasse et celles des environs par les masses de cailloux, de fer et d'animaux morts entraînés avec elles. C'est probablement de la même manière que se sont déposées les marnes rouges si fréquentes au pied de notre Jura.....“

Idem à Georgensgmünd en Bavière et en Istrie, Carniole, Wurttemberg, etc.

Dans le tableau complet des trouvailles publié par P. de la Harpe (Bull. Soc. vaud. sc. nat., vol. 10, p. 457 et suiv.), on trouve mentionné:

„Quelques rares dents de *Squalides* de moyenne taille (marins!). — *Crocodilus Hastingsiæ* Ow. — Chéloniens, nombreux débris, pas de carapaces entières! surtout tortues terrestres ou paludines. — 32 pachydermes (22 désignés spécifiquement, dont 10 se retrouvent à Egerkingen). Os épars, sauf un *Plagiolophus* dont le squelette gisait entier dans le bolus (Entreroches). — Beaucoup de débris de *Python* et de *Crocodilus* à St-Loup (S. Chavannes), gisement le plus riche en carnassiers, insectivores et *Vespertilio Morloti.* Ici la marne rouge est très sableuse, les ossements épars et roulés.“

B. Molassique.

Le terrain molassique du Jura bernois et soleurois nous a déjà occupé dans plusieurs publications[1]) auxquelles nous n'avons qu'à renvoyer le lecteur, notamment pour la question géogénique et paléogéographique. Nos conclusions ont été modifiées pour les limites stratigraphiques générales, d'après les travaux récemment parus sur le tertiaire suisse[2]), mais la faible étendue de territoire que nous étudions ici ne nous permet pas de les discuter sans sortir outre mesure des limites qui nous ont été imposées. Nous n'aurons donc qu'à donner dans ce chapitre la description des nouveaux affleurements intéressants du terrain molassique découverts pendant nos voyages pour la revision de la feuille VII.

Gompholithe. La gompholithe ou poudingue calcaire de Châtelat-Sornetan, Moutier, Montfaucon, Fessevillers, Indevillers, Porrentruy, Bressaucourt, Réchésy, Arlesheim, etc., constitue la base du terrain molassique à partir de Moutier vers le N. Une découverte peu satisfaisante, il est vrai, et qu'il faudrait confirmer par un creusage, nous fait croire que le calcaire éocène de Moutier est recouvert au moins sporadiquement par la gompholithe, c'est la trouvaille de galets calcaires éraillés, avec minerai de fer serti ou incrusté parmi les brèches et éboulis sous lesquels disparaît le calcaire éocène à la Charrue près Moutier. Il y a là aussi des argiles sidérolithiques remaniées comme à Châtelat, où elles alternent avec la gompholithe.

Les galets sont au 99 % du Kimeridien et du Portlandien de la région. Il s'est trouvé parmi les galets les plus remarquables, l'oolithe rousse séquanienne du type que l'on rencontre aux Liâpes près de Chaux-de-Fonds. Quelques galets ont des perforations remplies de bolus.

---

[1]) Etudes sur les terrains tertiaires du Jura bernois, 1re et 2e parties, in Archives des sciences physiques et naturelles, 3e pér., t. 27 et 30, 1892 et 1893, ou Eclogæ geol. Helv., vol. 3 et 4.

Matér. 1re série, 8e livr., 1er suppl. Terrain miocène, p. 145 et suiv.

Compte rendu des excursions de la Société géol. de France à Porrentruy en 1897, Bull. Soc. géol. de France 1898.

[2]) Depéret: Classification du système miocène in Bull. Soc. géol. de France 1892, 3e série, t. 20.

Douxami: Tertiaire des environs de Ste-Croix, Eclogæ geol. Helv., vol. 4, p. 417-422.

Voici la coupe de Châtelat:

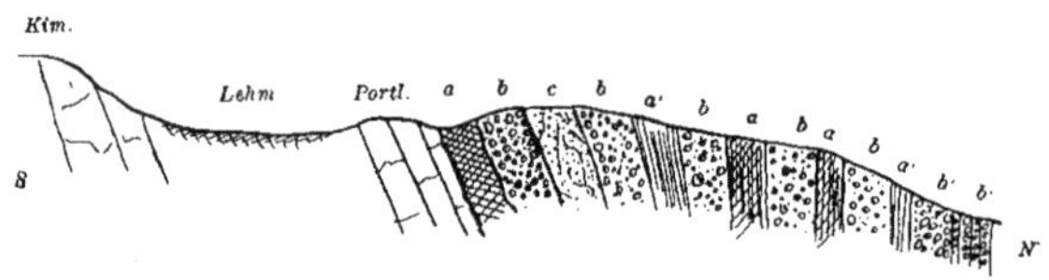

a. Bolus rouge-brique, peut-être non remanié pour la couche inférieure.
b. Gompholithe.
a'. Argile jaune.
b'. Poudingue bien lité.
c. Sable vitrifiable.

Fig. 57. **Coupe au S.-E. de Châtelat.**

La gompholithe s'est rencontrée dans plusieurs puits de mine de la plaine au S. de Delémont (antea p. 101). Elle recouvre toujours la terre jaune du terrain sidérolithique, et l'on comprend facilement que J.-B. Greppin l'ait rangée dans ce terrain, d'autant plus qu'on la voit, dans les puits de Bassecourt et du Lieu-Galet, alterner avec des bolus sidérolithiques, mais à l'état remanié, avec des grains de fer parmi les galets (mine noire). Cette circonstance ne permet pas d'assimiler cet ensemble à la terre jaune, qui est toujours privée de minerai de fer.

Du reste, la gompholithe de Bressaucourt et de Porrentruy qui a livré des dents de *Rhinoceros* sp. (coll. Thiessing au Musée de Berne), n'est pas éocène, mais bien du commencement de l'oligocène.

La gompholithe de Bressaucourt recouvre en discordance divers étages du Jurassique supérieur, notamment le Rauracien dans la forêt de la Côte de Sous-les-Laves. Les galets sont ici percés de trous de pholades, et les bancs fossilifères du Tongrien (calcaires jaunes à *Cerithium Lamarcki* et *Ostrea callifera)*, sont plus récents que ces poudingues, comme on peut s'en convaincre en visitant les divers affleurements du pâturage de l'Envers. Il y a des bolus sidérolithiques et quelques rares grains de fer remaniés dans la gompholithe de Bressaucourt et de Porrentruy (Mavaloz, W. du château, etc.), mais beaucoup moins qu'à Châtelat. On y rencontre aussi des parties tufacées, ou un sable calcaire plus ou moins cohérent.

La gompholithe se retrouve à Montfaucon (Pré Petit-Jean) en couches verticales, appuyées contre le Portlandien également renversé. Nous avons rapporté aussi à ce niveau les poudingues calcaires à bolus et minerai de fer, redressés comme le Kimeridien, au pied de la chapelle d'Indevillers (fig. 58), et dans le synclinal faillé de Fessevillers.

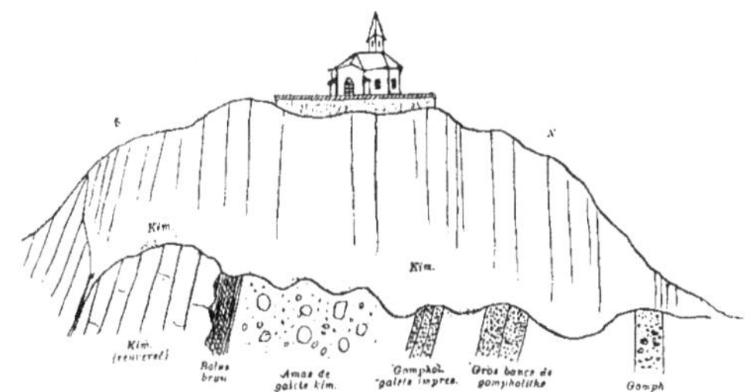

Fig. 58. **Profil à la Chapelle d'Indevillers.**

Au N. de Porrentruy, on retrouve partout la gompholithe à la base du tertiaire où elle repose toujours sur le Kimeridien raviné. Dans la tranchée de la nouvelle route de Porrentruy à Cœuve, à l'E. de Lorette, on voit des blocs roulés de près d'un mètre cube. Quelques galets sont séquaniens (oolithe rousse), d'autres de l'oolithe corallienne, etc.

La gompholithe se poursuit sur toute la lisière alsatique, depuis Montbéliard, Audincourt, Fesches, Réchésy, Oltingen, Buchsweiler, etc., jusqu'à Arlesheim, d'où M. Gutzwiller l'a décrite (Verhandl. Basel, Bd. 9, p. 182-242, 1 pl., 1890). C'est au pied de la colline du château, à l'angle S.-W., qu'on en voit de petits affleurements reposer sur le Rauracien, sans qu'on puisse juger de la discordance. Les galets sont rauraciens et séquaniens, souvent perforés par les pholades, comme à Bressaucourt.

Calcaire grossier ou à cérithes d'Ajoie. Les meilleurs affleurements actuels montrant des bancs en place se voient dans la tranchée de la ligne du chemin de fer, à la tête N. du tunnel de la Croix près Courtemautruy, ainsi que dans le pâturage à l'W. de cette localité. Ces bancs sont peu fossilifères

(Pectunculus obovatus, Cerithium Lamarcki). C'est un calcaire grenu, un peu sableux, passant vers la base (tranchée vers Courgenay) à une gompholithe moins grossière qu'à Bressaucourt. On trouve également du calcaire à cérithes au sortir de Frégiécourt vers Pleujouse, c'est-à-dire un banc de 1 m. environ d'épaisseur, exploité pour macadam, reposant sur le Kimeridien et recouvert par une gompholithe très compacte, avec quelques galets de silex parmi ceux de calcaires kimeridiens. Le calcaire tongrien mérite bien ici son nom de calcaire à cérithes, parce qu'il est littéralement pétri de moules, avec négatifs dans la roche, du *Cerithium Lamarcki.* On trouve aussi parfois quelques noyaux *(nuclei)* de *Natica crassatina.* Nous ne reviendrons pas sur les gisements de Bressaucourt, qui mériteraient cependant d'être fouillés sérieusement pour compléter la faune décrite par M. Kissling dans les Mémoires de la Société paléontologique suisse, vol. 22. Ceux de Cœuve et des Blanches-Terres au N. de Miécourt sont comblés, et difficiles à retrouver.

Dans le val de Delémont, un gisement mérite d'être visité, c'est celui de Develier-dessous, dans les affleurements de terrain vague au N. et tout près du village. On voit ici sur le Kimeridien un banc de calcaire grumeleux, incohérent, jaune-brun, renfermant de nombreux exemplaires d'*Ostrea callifera.* La surface du Kimeridien est criblée de trous de pholades, usés par les vagues presque jusqu'au fond. Plus à l'E. affleurent des bancs de gompholithe analogue à celle de Frégiécourt, et qui paraît aussi recouvrir le calcaire à *O. callifera.* Cette gompholithe, de même que celle de Bressaucourt, est aussi du même étage marin.

Sans doute que, dans plusieurs puits de mine du val de Delémont, le calcaire tongrien doit avoir été rencontré, mais les indications de Quiquerez sont insuffisantes pour le faire reconnaître.

Par contre, dans le val de Laufon (Brislach), à Rädersdorf, ainsi qu'aux environs de Bâle et de Lörrach, il a été signalé par tous les observateurs. C'est le calcaire *tritonien* de Thurmann, le *Kalksandstein,* le *Meeressand* des Bâlois, etc.

Marnes à Ostrea cyathula et à Meletta. Actuellement, on ne peut étudier ces marnes qu'à Bonfol et à Laufon. Les marnières de Delémont et de Develier-dessus ne fonctionnent plus. C'est grâce aux exploitations par les tuileries et pour la fabrication du ciment qu'elles sont à jour dans les localités sus-dites. M. Koby donne des renseignements à ce sujet dans la Notice sur les exploitations minérales de la Suisse, publiée par le groupe 27 de l'Exposition nationale suisse à Genève en 1896. Il distingue fort bien, à l'encontre de M. Kissling, deux couches dans les marnières de Laufon. L'inférieure, ou marne bleue, est plus grasse que la supérieure, qui est légèrement sableuse et d'une coloration jaune-rougeâtre, comme certaines couches supérieures de la molasse alsacienne au contact des calcaires delémontiens. Les fossiles munis du test plus ou moins calciné, comme *Cyprina rotundata, Cytherea incrassata,* etc., ne se rencontrent que rarement dans cette couche rouge, tandis qu'au dire des nombreux ouvriers qui nous ont renseigné, elles gisent le plus souvent vers la partie supérieure de la marne bleue, ce qu'on voit du reste à la substance qui les moule. Que la couche rouge soit due à une oxydation superficielle des mêmes matériaux que la couche bleue, comme le voudrait M. Kissling (Fauna des Mittel-Oligocäns, in Abh. der schweiz. pal. Gesellschaft, vol. 22), c'est ce que nous ne pouvons pas admettre, puisque cette couche plonge sous son substratum de molasse alsacienne et de marnes feuilletées grises, sableuses, en s'éloignant de la surface du sol, et que ses limites supérieure et inférieure coïncident avec la stratification. C'est bien une couche ainsi colorée, peut-être par oxydation, ultérieurement à son dépôt, mais une vraie couche à distinguer de la marne bleue, comme le font du reste fort bien ceux qui exploitent ces matériaux pour la fabrication de différents objets de briqueterie (Thonwaaren), etc.

A Bonfol, la marne bleue, qui a été triturée superficiellement lors de la formation du lehm, est, comme le fait remarquer M. Koby (loc. cit. p. 20), plus maigre et plus feuilletée en profondeur. On y trouve des écailles, des empreintes[1]) et de belles dents de *Lamna, Oxyrhina,* etc., des écailles de *Meletta,* ainsi que *Ostrea cyathula,* quoique plus rarement. Au dire des ouvriers, on découvre, en creusant plus bas, des ossements, ou même des squelettes de lamantins *(Halianassa* ou *Halitherium)* très fragiles, et difficiles à extraire en

---

[1]) Dr. Thiessing in Berner Mittheil. 1871, p. 342 et suiv.

bon état. Nous n'avons pas pu savoir si dans cette localité, comme à Rädersdorf et au Löwenbourg, cette dernière couche repose directement sur le Kimeridien perforé par les pholades, sans développement de calcaire à cérithes. En tout cas, l'on ne peut citer aucun fait en faveur de l'opinion de J.-B. Greppin que les marnes et le calcaire tongriens soient des facies du même horizon géologique[1]). Il faut donc les considérer comme deux horizons superposés, ou bien développés quelquefois avec lacune soit de l'un, soit de l'autre.

Molasse alsacienne. On voit bien dans les marnières de Laufon le passage graduel des marnes tongriennes à la molasse alsacienne, par des matériaux de plus en plus sableux et micacés, en couches feuilletées, au milieu desquelles apparaissent bientôt, comme on le voit au bord de la Lucelle, vers Wahlen, de gros bancs de molasse fortement micacée, avec débris végétaux, bois flotté pyriteux, etc. Les empreintes de feuilles *(Cinnamomum)* sont assez rares dans cette localité, tandis qu'elles remplissent la même molasse de Habsheim, Develier, Moutier, Aarwangen, etc. Les matériaux de ces dépôts (mica blanc) qui pénètrent dans le golfe alsatique jusqu'à Wissembourg (Schwabweiler, Rott, etc.), sont évidemment d'origine alpine comme ceux d'Aarwangen, avec lesquels ils ont la plus parfaite analogie. Tous les vallons du Jura bernois et soleurois en sont tapissés par-dessus le terrain sidérolithique. Quand par ablation, ou pour une raison quelconque, ce dernier fait défaut (Welschenrohr), on voit la molasse alsacienne recouvrir le Jurassique.

La molasse alsacienne existe en nombreux lambeaux pincée dans les flancs de la Hohe-Winde, au Nesselboden, au Mättli au N. de Beinwyl, à Ziegelscheuer sur le plateau de Gempen. Elle forme le sous-sol à l'E. de la ville de Bâle, le lit du Rhin au pont Wettstein (feuilles de *Sabal major* du Musée de Bâle), puis les collines de Binningen où elle est marine *(Ostrea cyathula)*, d'après les fossiles recueillis dans cette localité (Merian, Hörnes, Gutzwiller). Elle pénètre en Ajoie (Frégiécourt, Courtemautruy, Cœuve, Boncourt), pour

---

[1]) M. Kissling semble reproduire la même erreur (loc. cit. p. 4), en disant qu'au N. du Monterrible le Tongrien (Meeressand) est développé sous le facies de calcaire grossier (non à Bonfol, Kiffis, Löwenbourg!), tandis que dans le val de Delémont c'est le facies marneux qui prédomine. Il existe cependant à Develier sur une grande surface.

former les collines du Sundgau depuis Bourogne à Montbéliard. Elle contient beaucoup de galets calcaires dans cette région, et se transforme en gros bancs de gompholithe à ciment molassique.

A Boncourt, elle contient *Cyrena* sp. comme à Meroux. Voici la coupe de Boncourt, de haut en bas:

Deckenschotter, quartzites céphalaires, granits décomposés dans une terre brune.

$0_{,5}$ m. Marne rouge à *Cypris*.

2 m. { Banc de molasse assez dure.
Molasse à galets jurassiens, tous kimeridiens, pisaires jusqu'à céphalaires.
Ciment fortement calcaire, quelques paillettes de muscovite, empreintes de cyrènes.
Grès dur.

Les bancs de gompholithe se retrouvent au Cras-Franchier près de Delémont.

Au Champ-Chalmé près de Court, nous avons rencontré quelques bancs de cette molasse renfermant aussi des galets jurassiques, ainsi que des grains de minerai de fer sidérolithique remanié.

Calcaires lacustres delémontiens. Il y a deux niveaux de calcaires lacustres au-dessus de la molasse alsacienne du Jura bernois: l'un vers la base, assez sporadique, à *Helix rugulosa* et *Cyclostoma antiquum;* l'autre beaucoup plus développé et formant un horizon très constant, c'est le niveau supérieur des calcaires delémontiens à *Helix Ramondi*[1]). Il y a des localités, comme le synclinal en montagne de Waldhütte au S. de Waldenbourg, les environs de Mümmliswyl, de Matzendorf, Souboz, etc., où les deux niveaux existent superposés, et séparés par des marnes sableuses ou de la molasse marneuse. Le tout recouvre une plus ou moins grande épaisseur de molasse alsacienne. Ailleurs (Undervelier, Montsevelier, etc.), ce sont des marnes rouges pisoolithiques à *Helix Ramondi* qui s'intercalent entre la molasse alsacienne et les calcaires delémontiens où se retrouve encore *Helix Ramondi.* Il est clair que les cal-

---

[1]) D'après Sandberger (Lettre à J.-B. Greppin in Matér., 8e livr., p. 190), le calcaire de Hochheim serait l'équivalent du Delémontien inférieur de Greppin, et le calcaire de Wiesbaden serait du Delémontien supérieur.

caires à *Cyclostoma antiquum* sont parfois remplacés par des sédiments molassiques, et qu'on ne les rencontre que sur un certain littoral où les apports alpins étaient plus ou moins interrompus. (Voyez Neues Jahrbuch für Mineralogie, 1897, Bd. 1, p. 212-216).

Il faut rapporter au niveau inférieur les marnes noires du lit de la Birse au N. de Courrendlin étudiées par Greppin, et plusieurs couches de *raitche* rencontrées dans les puits de mine d'après les indications de Quiquerez (antea p. 90 et précédentes).

Nous retranchons par contre de cet étage les calcaires de la verrerie de Moutier qui paraissent être éocènes tout aussi bien que celui de Champ-Vuillerat (antea p. 110).

Voici maintenant quelques coupes et nouvelles localités intéressantes à visiter pour l'étude des calcaires lacustres delémontiens inférieurs:

Au N. de Mümmliswyl, vers la ferme du Hard, on trouve une rampe de calcaires lacustres recouvrant le Sidérolithique. On ne voit pas de coupe, mais les blocs qui sortent de terre livrent: *Limnæa* cfr. *pachygaster*, *Limnæa subovata*, *Planobis cornu*. Quelques bancs sont poreux, les fossiles tachés de noir.

Une alternance de calcaires lacustres et de molasse alsacienne, en couches fortement redressées avec le Jurassique, se voit au S. de Ramiswyl, rive gauche du Stampfbach, dans le vallon du Gouldenthal.

Depuis le vallon solitaire du Bogenthal, on entre vers le N. dans un synclinal séquanien très étroit, où çà et là des lambeaux de calcaires lacustres sortent de terre. Ils contiennent de beaux fossiles munis du test avec les bandes colorées dans les *Helix*. Nous y avons recueilli: *Limnæa pachygaster*, *L. subovata*, *Planobis cornu*, *Helix rugulosa*, *Cyclostoma antiquum*.

Les marno-calcaires à *Helix Ramondi* sont bien développés au Kasten sur Beinwyl, dans un synclinal étroit du Séquanien. Elles reposent sur la molasse alsacienne qu'on trouve dans tous les synclinaux de cette région. Nous avons cru voir aussi des galets de la gompholithe avec des bolus sidérolithiques dans le cul-de-sac de l'extrémité orientale de ce synclinal, là où les deux rochers séquaniens se rapprochent. On y a fait autrefois des recherches de minerai de fer.

Un bon gisement fossilifère est aussi celui de Tonilöchli, dans le vallon de Girlend (ou Girlang?), dont nous donnons ici la coupe, mais les *Helix Ramondi* sont fortement encroûtées dans les concrétions nuciformes rouges de ce niveau marneux. Ici l'on ne voit point de calcaires delémontiens proprement dits, tandis qu'ils reparaissent dans les ravins de la rive droite de la Lüssel, près de Sonnenhalb, vallon de Girlend, fig. 60.

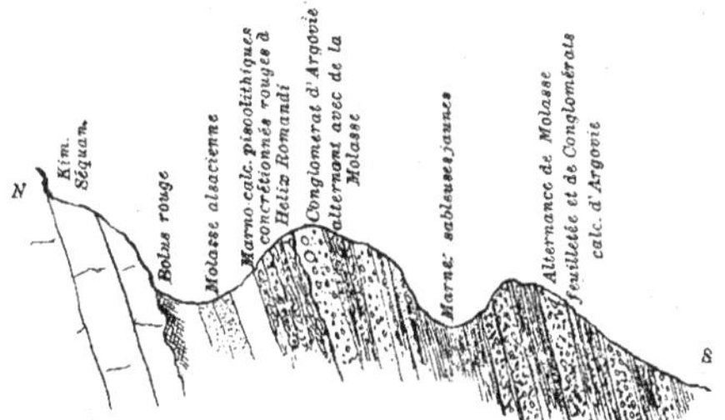

Fig. 59. **Coupe de Tonilöchli.**

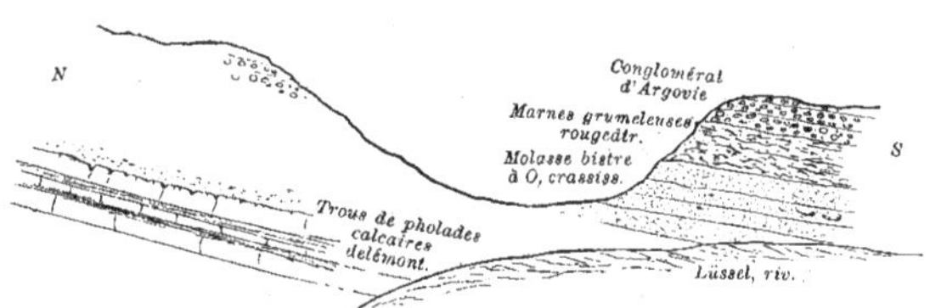

Fig. 60. **Profil de Sonnenhalb.**

Les marnes rouges pisoolithiques de la base des calcaires delémontiens sont également fossilifères dans les collines du Mentois à l'W. d'Undervelier. En compagnie de nos amis Juillerat, Æberhardt et Eberhardt, nous y avons fait une belle récolte d'*Helix Ramondi*, ce qui nous oblige à rectifier la dénomination erronée que nous avions faite (Archives de Genève, 3e pér., t. 27, p. 412-413), de l'un de ces gisements rapporté à l'Œningien sur une fausse détermination d'*Helix*. (Il faut lire *Helix Moguntina* au lieu de *H. sylvana)*. De cette façon, la série des collines du Mentois renferme une irrégularité tectonique dont nous parlerons plus bas, et il n'y a qu'un seul et même niveau de marnes rouges dans cette région, celui à *Helix Ramondi*.

Ailleurs, ces marno-calcaires concrétionnés n'ont pas la couleur rouge habituelle, ils sont quelquefois verts, comme à Sornetan, ou gris, comme à Montsevelier, mais la structure concrétionnée et irrégulièrement veinée de la roche conserve le même aspect.

A Moutier, où l'on exploite pour une tuilerie les marnes de ce niveau, M. A. Eberhardt nous a signalé la présence de quelques lentilles de gypse fibreux.

Les calcaires delémontiens stratifiés en gros bancs, avec plus ou moins de débris organiques d'origine terrestre ou fluviale (*Helix Moguntina, H. Ramondi, Planorbis cornu, P. declivis, Limnæa pachygaster*, etc.), sont développés dans tous les vallons du Jura bernois et soleurois, en concordance avec la série molassique inférieure, dont ils constituent le couronnement. C'est la colline de Chaux près Delémont, entre Courtételle et Courfaivre, qui est la localité type, de même que son prolongement depuis Recollaine à Courchapoix, après une interruption causée par les érosions de la Birse entre Courtételle et Vicques. Nous n'en reparlerons pas ici après J.-B. Greppin, non plus que des calcaires delémontiens de Sornetan, Bellelay, Court-Tavannes, St-Imier, Matzendorf, Waldenbourg (Humel, Waldhütte), etc., dont nous nous sommes aussi occupé dans nos Etudes stratigraphiques sur les terrains tertiaires du Jura bernois.

Mentionnons encore ici un assez bon gisement de fossiles d'eau douce à l'E. des collines du Mentois, dans le lit d'un torrent qui descend du flanc N. du vallon d'Undervelier. Nous en devons la connaissance à nos amis du Jura qui y ont découvert outre les fossiles habituels : *Strophostoma anomphalum* Sandb. et *Limnæa urceolata* Braun.

Molasse lausannienne et grès coquillier (Burdigalien Dep.). Ces dépôts, qui n'existent que dans les vallons du Jura bernois au S. de Moutier, n'ont pas donné lieu à des observations nouvelles, sinon qu'ils se présentent avec quelques lacunes dans le val de Tavannes. Dans les environs de Malleray, N. et N.-W. de la gare, on voit les sables à *Cerithium crassum* reposer directement sur les marno-calcaires delémontiens, sans interposition de muschelsandstein, ni de molasse lausannienne. Cette observation a été faite par M. A. Charpié, à Malleray, qui nous a conduit sur place pour la vérifier.

La coupe de Tavannes au Fuet mérite d'être publiée, parce qu'elle montre les relations de la molasse lausannienne avec le grès coquillier qui se superposent par alternance. L'étage Burdigalien présente ici une grande épaisseur.

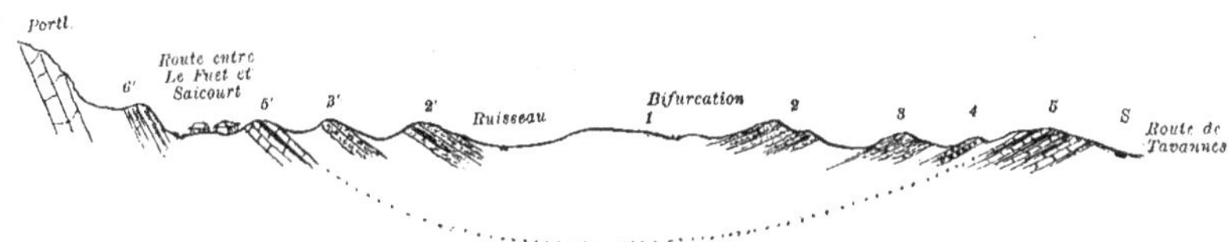

1. Molasse fine, grise ou verte.
2'. Molasse fine, grise, à minces lits argileux jaunes. Débris de *Pecten, Ostrea.*
3'. Molasse grossière, débris de *Pecten.*
5'. Calcaires lacustres poreux.
6'. Marno-calcaires lacustres.
2. Molasse en petits bancs, lits argileux jaunes. Lumachelle d'huitres par bancs.
3. Molasse marine grossière, à dents de *Lamna, Pecten,* etc.
4. Molasse grossière à petits galets jurassiens, perforés de trous de pholades.
5. Marno-calcaires lacustres, delémontiens.

Fig. 61. **Profil entre Saicourt et Tavannes** (1 : 12,800).

On observe dans cette coupe trois niveaux de molasse grossière, à débris marins triturés: *Pecten præscabriusculus, Ostrea* sp., dents de *Lamna,* etc. L'inférieur a beaucoup de petits galets alpins verts et d'autres jurassiens avec trous de pholades. Il s'agit de *Pholas rugosa* Lam., dont M. Charpié possède de beaux moules du muschelsandstein de Court et Bévilard. Le Châtelet est du grès marin du deuxième niveau, un peu plus massif que le précédent. Entre les arêtes du muschelsandstein, les dépressions du terrain, les chemins creux, etc., laissent apercevoir des sables molassiques assez fins, alternant régulièrement avec des lits argileux minces, bien stratifiés. Cette coupe montre que la molasse lausannienne et le grès coquillier sont des facies du même étage.

Le val de Péry contient aussi un lambeau de muschelsandstein découvert par M. B. Æberhardt, professeur à Bienne. Ce sont des bancs assez durs, bien lités, qui s'observent dans une butte immédiatement à l'W. du village, ainsi que plus à l'W. encore, dans les champs. Le plongement se fait vers le N., parallèle aux bancs jurassiques du flanc S. renversé du Montoz.

Poudingue polygénique et sables à Cerithium crassum (Helvétien). L'extension de ces dépôts est plus grande que celle du Burdigalien; ils s'avancent en transgression vers le N. par-dessus les calcaires delémontiens, comme on le voit par les affleurements de Corban, Girlang, Undervelier, Chaux-de-Fonds, Locle, etc. Les galets alpins de Sorvilier (delta du Napf) paraissent avoir atteint Moutier, parce qu'on en trouve des traces sur la colline de Chaux, au S.-E. de Moutier. Par contre les galets de Girlang et de Devant-la-Mait[1]) à l'E. de Vermes (malm jurassien 90 %, oolithe séquanienne, calcaire roux-sableux, grande oolithe, muschelkalk, buntsandstein, porphyres rouges et porphyres quartzifères), d'origine en partie jurassienne, se mélangeant de galets des Vosges et de la Forêt-Noire. Le poudingue polygénique d'Undervelier, qui repose directement sur les calcaires delémontiens perforés par les pholades, est aussi d'origine vosgienne, comme nous l'avons vu ailleurs (Archives, 3e pér., t. 30, p. 109, Eclogæ, vol. 4, p. 4). On trouve donc à ce niveau dans notre bassin jurassien un rendez-vous des matériaux détritiques des montagnes naissantes environnantes, les Vosges, la Forêt-Noire et les Alpes.

Les sables à *Cerithium crassum* et *Ostrea Giengensis* ou *gryphoides* alternent avec le poudingue polygénique, et se rencontrent aussi mélangés avec lui à sa base (Tramelan, Malleray), tandis qu'à Court, ils paraissent occuper un niveau plus élevé. Mais le champ à l'W. du temple, où ils se sont rencontrés abondamment autrefois, ne montre plus d'affleurements.

Un creusage au S.-E. de la colline de Rainson près de Cortébert a mis au jour des sables marins à *Nerita Laffoni, Melanoides Escheri, Paludina Curtisalaricensis* sp. nov., *Helix subvermiculata, turonica, inflexa,* etc., en contact discordant sur le muschelsandstein. Il y a une certaine lacune en ce point,

---

[1]) Mait (met ou maie, voir Littré), et non muolte, melt ou metz, qui sont faussement orthographiés par corruption de l'allemand ou ne signifient rien du tout. M. J. Bindy, ancien curé à Vermes, nous a fait remarquer que dans de vieux actes on écrivait *Muldenberg* en allemand, et *la Maie* en français; on prononce aujourdh'ui Mait ou Met, qui est du reste conforme à l'étymologie *μάττειν*, pétrir. Il est intéressant de voir exister les termes géologiques de Mait (Desor) ou Mulde dans la topographie, précisément là où ces noms sont pleinement justifiés par la tectonique. Le synclinal oolithique de la Mait s'étend du Monnat au Wolfberg, il ne contient plus de Jurassique supérieur excepté le lambeau qui domine à l'W. la ferme de ce nom, dessiné in Archives 3e pér., t. 34, pl. 4, fig. 3, Eclogæ, vol. 4, pl. 5, fig. 3.

comme à Tramelan où le substratum des sables à cérithes est formé par les calcaires delémontiens. A. Court (Champ-Chalmé), par contre, la série est complète. (Voir Archives de Genève, 3e pér., t. 27, p. 329-332, et pl. 4, fig. 5.)

Nous devons rapporter encore à ces couches marines la molasse feuilletée à *Pecten* sp. div. d'Undervelier, qui surmonte le poudingue polygénique, ainsi que la molasse de Corban, indiquées toutes deux comme muschelsandstein par J.-B. Greppin (Matériaux pour la carte géol., 8e livr., p. 177 et suiv., et p. 186), mais qui sont certainement plus récentes par leur position au-dessus du poudingue polygénique. Il en est de même des lumachelles et des marnes vertes à *Pecten palmatus, Herrmannseni,* etc., de la Chaux-de-Fonds et du Locle qui alternent avec des bancs de molasse feuilletée et reposent sur un grès coquillier très calcaire, comme on le voit dans la tourbière de la Chaux d'Abel. Voir notre première étude sur les terrains tertiaires du Jura bernois (Archives de Genève, 3e pér., t. 27, p. 423).

On peut mettre encore à ce niveau, ou à peu près, les marnes sableuses jaunâtres de Girlang (fig. 60) qui ont livré *Ostrea crassissima (Giengensis* ou *gryphoides).* (Greppin, 8e livraison des Matériaux, p. 181 et 272.)

Sables à Dinotherium, gompholithe d'Argovie, marnes rouges (Tortonien). Voici la coupe détaillée du ravin de Corban, de haut en bas:

3 m. Marnes rouge-tuile.
1 m. Sable verdâtre.
1-2 m. Calcaire lacustre en gros bancs, blanchâtre, compact.
1-2 m. Marno-calcaire bigarré.
1 m. Calcaire blanchâtre, irrégulier, en gros bancs.
$0,_5$ m. Marno-calcaire bigarré.
7 m. Molasse sableuse, dont la base est plus compacte.
10 m. Marno-calcaires et sables gris, verdâtres ou rougeâtres.
1 m. Calcaire blanchâtre, compact.
$0,_6$ m. Marne rouge.
1 m. Calcaire blanchâtre, compact.
$0,_8$ m. Marno-calcaire rougeâtre, pisoolithique, à *Helix* sp.
1 m. Marne sableuse verte.

5 m. Molasse grossière, en feuillets, puis plus compacte, nombreux grains rouges; débris de coquilles marines: *Pecten* sp.

Suite au bord de la Scheulte, à l'W. de Corban:

3 m. Grès-poudingue grossier, à éléments jurassiens et vosgiens, en petits bancs séparés par des sables.

Calcaires delémontiens (avec un lit de marne rouge).

Il y a donc sur la molasse helvétienne un banc poreux à *Helix* analogue à celui qui recouvre le calcaire grossier du Randen à la Tennikerfluh. Les marnes rouges et les calcaires lacustres disputent ensuite la place aux sables molassiques qui vont disparaître à l'approche des calcaires œningiens (Vermes).

La gompholithe d'Argovie[1]) (Juranagelfluh) se voit bien dans notre coupe de Tonilöchli (fig. 59). Depuis cette localité vers l'E., elle se rencontre très fréquemment en alternance avec des bancs de molasse (Breitenbach, Fehren, Mühlematt, etc.), qui tiennent lieu des sables à Dinotherium, tandis que vers Delémont (Bois de Raube, Rossemaison, Mont-Chaibeut), ce sont des sables d'origine vosgienne qui occupent ce niveau.

A Breitenbach, la Juranagelfluh ravine la molasse alsacienne.

Les sables à Dinotherium sont partout en discordance contre les terrains tertiaires plus anciens ou contre le Jurassique, cachant des lacunes et des érosions importantes. (Voir chapitre I de la IIe partie.)

Leur extension vers le S. ne dépasse pas le val de Delémont; vers l'E., ils se mélangent à la gompholithe d'Argovie (Devant-la-Mait p. Vermes). Par contre, on en trouve des collines entièrement formées entre Pleujouse et Charmoille, puis vers Miécourt, Levoncourt et Dürlinsdorf en Alsace. Les matériaux des sables vosgiens proviennent en grande partie du remaniement du grès bigarré et du grès des Vosges. On y retrouve très bien les petits galets de quartz blanc laiteux, ceux de quartzites gris ou roses qui forment le conglomérat du grès des Vosges.

---

[1]) Il n'est pas correct de dire *gompholithe jurassique*, puisque ce conglomérat est tertiaire; on ne peut pas dire non plus *gompholithe du Jura* (Juranagelfluh), puisqu'il y a une *gompholithe tongrienne* (Ajoie), une *gompholithe aquitanienne* (Bourogne, Delémont), une *gompholithe tortonienne* (Argovie, Randen), une *gompholithe messinienne* ou *œningienne* (Tramelan), etc.

Des galets analogues se retrouvent isolés sur les crêts jurassiques de la Caquerelle et sur le crêt rauracien de la Saigne-dessous à l'W. de Montmelon. Ce sont évidemment des restes de la décomposition sur place d'une couverture tertiaire plus générale.

Quelques bancs des sables vosgiens sont dépourvus de gros galets céphalaires ou pugilaires. Leur aspect est alors beaucoup plus frappant comme ressemblance à des matériaux de désagrégation du grès des Vosges. Tels sont ceux de Vendelincourt, et quelques bancs du Bois de Raube.

Voici la coupe de l'affleurement visible au N.-W. de Bassecourt, dans les ravins du Bois de Raube, de haut en bas:

5 m. Sable rougeâtre à quelques galets vosgiens.

$0,_5$ m. Calcaire lacustre, grumeleux, rosâtre.

$0,_5$ m. Marne rouge.

7 m. Sables à galets pugilaires vosgiens, et rognons de molasse bistre ou feuillets contournés de la même molasse.

Talus d'éboulis se perdant dans le pâturage, 20-30 m.

Les galets les plus remarquables que nous avons recueillis nous-même dans les bancs en place au S. de Courfaivre sont: quartzites rouges, porphyres rouges, conglomérat du grès des Vosges, muschelkalk, muschelkalk avec calcédoine grise, calcédoine laiteuse, translucide, lydienne ou jaspe noir à veines blanches, calcaires delémontiens du Jura en gros blocs ou en galets ordinaires (4 $^0/_0$ de la masse totale), calcaire kimeridien du Jura avec trous de pholades, oolithe blanche séquanienne avec *Pygurus tenuis*, etc. Les calcaires du Malm du Jura forment les 90 $^0/_0$ de la masse totale des galets à Courfaivre; au Bois de Raube il y en a beaucoup moins, par contre les galets des Vosges prédominent. On y voit beaucoup de quartzites différemment colorés, des quartzites blancs, provenant déjà comme galets du conglomérat du grès des Vosges, des porphyres, et quelques galets de grauwacke, analogue à celle de Thann, d'après l'examen qu'a eu la bonté d'en faire M. le Dr van Werweke. Nous avons aussi trouvé au Bois de Raube un beau galet d'améthyste, dont une moitié a été déposée au Musée de Delémont.

On trouve fréquemment à Courfaivre des galets de polypiers siliceux, colorés superficiellement en noir, tandis que la roche qui les accompagne est intérieurement d'un jaune analogue à celle du Glypticien des environs de Belfort. *Dendrogyra rastellina* Mich. sp. et *Isastrea Bernensis* Koby ont été recueillis par nous.

Nous avons peu de chose à ajouter à nos premières données sur les sables à Dinotherium du val de Tavannes (Court et Sorvilier) qui d'après nos observations (Archives de Genève, 3e pér., t. 27, p. 327, 1892), sont certainement d'origine marine. Il y a lieu après cela de regretter vivement de n'avoir pas été lu par MM. Munier-Chalmas et de Lapparent qui écrivent en 1895: „Nous ne pensons pas non plus qu'aucun dépôt marin tortonien ait jamais été signalé au N. des Alpes, ni dans le Jura.“ (Bulletin Soc. géol. de France, 3e série, t. 23, p. XLV.) Dans le gisement de Sorvilier, les galets troués par les pholades ne sont point rares, et lorsqu'on y pratique des creusages, on peut toujours en obtenir quelques-uns qui ont été peu roulés, et qui contiennent encore les valves intactes d'une espèce nouvelle de *Pholas* voisine de *P. cylindrica* Sow. dont elle a la taille. Nos amis du Jura en ont collectionné une belle série que nous ferons connaître ultérieurement. *Ostrea Giengensis*, *Murex rudis*, ou des formes voisines, se rencontrent en compagnie des *Paludina Curtisalaricensis*, des *Helix subvermiculata* et des débris triturés, comme sur certaines plages marines actuelles.

Quant à réfuter l'objection que ces pholades soient remaniées, c'est chose facile, puisque c'est le seul niveau du tertiaire jurassien où des pholades en état si peu avancé de fossilisation soient connues. Les galets perforés en question sont des calcaires kimeridiens ou même delémontiens (calcaire de Beauce).

En outre, nous avons eu la chance de retrouver parmi les galets du même âge de la colline de Rainson près de Courtelary (flanc S.), un caillou de calcaire delémontien également, perforé par la même espèce de pholade qu'à Sorvilier. Mais ici la fossilisation du bivalve a eu lieu, et les trous mêmes sont remplis de la molasse fine des sables à Dinotherium.

Calcaires œningiens. Le plus récent de nos terrains tertiaires est très certainement le calcaire à *Helix sylvana*, *H. Renevieri*, *Podogonium Knorri*, *Anchitherium Aurelianense*, *Palæomeryx*, *Lagomys*, *Didelphys*, etc., du Locle, de

Rainson près Courtelary, de Tramelan, de Sorvilier, de Vermes, etc. Les découvertes de A. Jaccard et de J.-B. Greppin ont montré les relations les plus évidentes de ces calcaires avec ceux de la célèbre localité d'Œningen au bord de l'Untersee de Constance. Voir Matériaux pour la carte géologique de la Suisse, 6e livr., p. 104 et suiv., et 8e livraison, Description géologique du Jura bernois, p. 188. Voir aussi pour la position de ces calcaires nos coupes des terrains tertiaires in Archives de Genève, 3e pér., t. 27, pl. 4, fig. 9, p. 321, 328, 424, ou Eclogæ geol. Helvetiæ, vol. 3, pl. 7, fig. 9, p. 72.

Nous avons fait connaître aussi un poudingue calcaire ou gompholithe dans les calcaires œningiens à Tramelan (Neues Jahrbuch für Mineralogie, 1897, Bd. 1, p. 212-216). En dehors des localités ci-dessus mentionnées, on n'a plus de traces de ces calcaires lacustres qui ont été arasés sur une grande partie du pays. On ne les connait pas au delà du val de Delémont, mais nous les avons retrouvés à Läufelfingen, en dehors de nos limites.

VIII. Quaternaire.

La grande lacune stratigraphique correspondant à la fin des temps tertiaires est partout évidente dans le Jura aux ravinements des terrains molassiques supérieurs et à leur mode de recouvrement par les premiers dépôts quaternaires. Il y a dans la série tertiaire elle-même des discordances et des ravinements que nous examinerons plus bas. Mais la mer subalpine s'est asséchée et définitivement retirée du Jura et du Plateau suisse après le dépôt de l'Œningien (Vindobonien sup. de M. Depéret). Ce dernier auteur[1] a fait voir que le miocène supérieur ou Pontien manque en Suisse. Par contre, les géologues allemands[2] rangent nos sables à Dinotherium dans le pliocène. Mais le désaccord porte sur les mots plutôt que sur les faits. Pour les uns le miocène n'est pas terminé avec notre terrain molassique, tandis que pour d'autres les temps pliocènes commencent avant l'Œningien. Les auteurs de la

[1]) Ch. Depéret: Note sur la classification et le parallélisme du système miocène in Bull. Soc. géol. de France, 3e série, t. 20, p. CXLV et suiv., 1892.

[2]) F. Sandberger: Land- und Süsswasser Konchylien, Tabelle.
Benecke: Geologische Übersichtskarte von Elsass-Lothringen.

division ternaire des terrains tertiaires (Lyell, Heer et d'autres) faisaient précisément coïncider la limite entre le miocène et le pliocène au retrait de la mer de la molasse du centre de l'Europe, et cette manière de voir nous paraît raisonnable. On ne comprend plus sur quoi l'on se fonde aujourd'hui pour la division des terrains tertiaires et quaternaires.

Où nous cessons d'être d'accord avec la plupart des géologues qui ont écrit sur les terrains quaternaires, c'est quand ils rapportent le Deckenschotter, les graviers du Sundgau ou des plateaux (P^1 des feuilles 126 et 138, a^1 des feuilles 114 et 115 de la carte géologique détaillée de la France) à la fin des temps tertiaires (Pliocène). En procédant ainsi, quelle raison y aurait-il encore pour distinguer une ère quaternaire, du moment qu'on la caractérise par les phénomènes glaciaires ou de refroidissement du globe. Il nous paraît plus sûr de commencer les temps quaternaires avec les plissements alpins, car les grandes dates géologiques doivent être fixées par les phénomènes orogéniques, dont la cause peut nous être encore voilée, mais dont l'accomplissement a eu nécessairement une grande influence sur la sédimentation et sur la population du globe.

Mais les terrains quaternaires de notre territoire ont trop peu d'importance pour entrer ici dans une discussion générale sur les limites qu'il convient de leur assigner. Nous nous contenterons de les rapporter à ceux qui ont été étudiés avec de meilleurs matériaux que les nôtres en Suisse ou dans les contrées voisines.

Nous ne pouvons aborder l'étude de nos terrains quaternaires sans rappeler le souvenir de notre excellent confrère et ami Léon Du Pasquier si prématurément enlevé à notre science, et dont l'amitié nous a été profitable particulièrement pour l'étude de ces terrains qu'il cultivait avec grand succès.

Dans notre 1er Supplément (Matériaux, 8e livr.), nous avions fait l'application à notre territoire des idées émises par L. Du Pasquier sur les phases reconnues par lui dans l'ancien glacier du Rhône. On sait qu'il n'en trouvait que deux, indiquées comme Ire (mésoglaciaire) et IIe (néoglaciaire) sur la carte des terrains quaternaires des environs de St-Imier. Depuis lors, les discussions ont continué entre les glacialistes, et d'après la carte publiée dernièrement (1896) par M. Baltzer (Zeitschrift der Deutschen geol. Gesellsch., Bd. 48, p. 652-664), on reconnaît bien trois phases principales dans l'extension du glacier du Rhône, comme ailleurs. (Ligne de la Broye au Jorat: Cudrefin-Avenches-Oron-Palézieux.) Nous devons par conséquent changer les noms de nos périodes glaciaires, dont la première reconnue (notre mésoglaciaire) est bien la première ou la plus ancienne de celles admises aujourd'hui.

Dans son travail sur les environs de Ste-Croix (Eclogæ IV, p. 421-422), M. Douxami a rapporté au Deckenschotter les micacites, gneiss d'Arolla, gros quartzites, etc., de la Chaux, ce que nous admettons avec lui, d'après ce que nous avons eu l'occasion de voir dans les vallées de la Saône, du Doubs et dans l'Isère.

Ces débris de la Chaux sont exactement les mêmes dépôts que ceux de la Chaux-de-Fonds, du Sonnenberg, etc. (1er Suppl., p. 162 et suiv.).

Nos brèches œningiennes, d'après la découverte de fossiles œningiens dans le ciment de cette roche devenant par place une véritable gompholithe, ont été reconnues tertiaires (Neues Jahrbuch, 1897, Bd. I, p. 212-216).

Les cailloutis de Pierre-Pertuis et d'autres lambeaux quaternaires anciens restent seuls à répartir parmi les premières glaciations.

Passons maintenant aux matériaux recueillis pendant la revision de la feuille VII sur le territoire de Delémont, Laufon et Porrentruy.

Comme ces contrées n'ont jamais été recouvertes par les glaciers alpins, on ne doit s'attendre à rencontrer ici que des dépôts d'alluvion ou de formation locale. Nous avons pu en distinguer trois, différents d'âge et de formation, ce sont, des plus anciens aux plus récents: le *lehm* (avec le lœss), les *brèches* ou *éboulis anciens* (mésoglaciaires) et les *alluvions* plus récentes.

Lehm. Ce dépôt est uniformément répandu sur toute la lisière alsatique, en Ajoie, dans le val de Laufon, et aussi, quoique moins caractéristique, dans le val de Delémont. Il se relie au lehm des Franches-Montagnes avec micacites alpins (1er suppl., p. 165) par le plateau du Clos-du-Doubs. Son âge paraît donc être celui de la première extension du glacier du Rhône dans le Jura, soit protoglaciaire.

On l'exploite à Bonfol et à Laufon pour la fabrication des briques et des tuiles, de même que, sur une échelle plus modeste, dans plusieurs autres tuileries (Miserez, etc.).

Il nous paraît être formé, notamment à Bonfol, par la trituration du sous-sol tertiaire, soit des marnes tongriennes. Il en est de même dans les collines à l'E. de Bonfol et de Vendelincourt, où les sables vosgiens lui ont donné un caractère spécial de terre réfractaire, exploitée pour la poterie de Bonfol. Mais il y a eu cependant un remaniement fluviatile ou de ruissellement, car on trouve le lehm d'une composition à peu près identique sur les substratum les plus divers: marnes et sables tertiaires, gompholithe, roc jurassique, etc. Une localité est particulièrement instructive à cet égard; c'est une gravière dans les champs au S. de la ferme de Mavaloz.

Voici le croquis relevé en ce point:

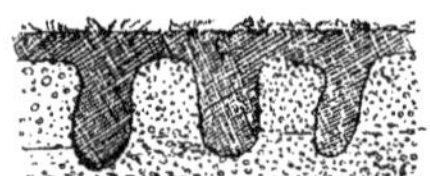

Fig. 62. **Lehm sur la Gompholithe.**

On voit donc des cavités creusées dans la gompholithe avant le dépôt du lehm, une sorte de lapiés, ce qui exclut la désagrégation sur place de la gompholithe pour la formation du lehm.

Lors de la construction de la route cantonale au N. de Porrentruy, non loin de Bellevue, on a mis à découvert un squelette de mammouth, *Elephas primigenius,* enfoui dans le lehm.

Ces ossements étaient si fragiles ou désagrégés qu'on ne put en conserver que des molaires, dont quelques-unes ont été remises au cabinet d'histoire naturelle de Delémont, d'autres à Paris (Matériaux, 8e livr., p. 200). Cette trouvaille un peu oubliée aujourd'hui est à rapprocher de celle d'une défense du même animal aux Joux-derrières près Chaux-de-Fonds, dans le lehm à micacites valaisans (Nicolet, Essai sur la const. géol. de la Chaux-de-Fonds, p. 22, in Mém. Soc. sc. nat. de Neuchâtel, II, 1839).

Les fossiles sont très rares dans ce dépôt, parce qu'ils sont le plus souvent détruits. Greppin a toutefois recueilli une faunule de mollusques avec *Bos primigenius* au Vorbourg. (Matériaux, 8e livr., p. 200.) Nous avons nous-même recueilli *Succinea oblonga* dans le lehm de Laufon. Il est du reste probable que cette formation de ruissellement se relie au lœss des environs de Bâle et de la vallée du Rhin, qui alterne quelquefois avec du lehm. (Voyez Gutzwiller: Verhandl. Basel 1894, Bd. 10, p. 629-682, et Wissenschaftlicher Bericht der Realschule Basel 1894.)

Une trouvaille encore oubliée aujourd'hui est celle de vertèbres de squales, peut-être *Lamna,* à la base du lœss de Binningen par Lyell en 1835. (Voir Soc. géol. de Londres, 16 décembre 1835 et l'Institut, t. 5, p. 58.) Lyell exclut d'emblée un remaniement de la molasse sous-jacente, par la nature de la couche graveleuse alternant avec du vrai lœss à coquilles, où ces vertèbres furent découvertes. Agassiz, qui les examina, affirmait ne rien connaître d'analogue dans la molasse. On sait que les squalides remontent les fleuves à plusieurs centaines de milles de l'océan.

Pour nous, il est de la dernière évidence que ces deux dépôts (lehm et lœss) sont d'origine fluviatile ou proviennent de grandes inondations temporaires de la plaine du Rhin et de l'Ajoie[1]).

On voit actuellement se passer en petit quelque chose de semblable dans les bassins du Doubs entre Morteau et les Brenets, notamment à Goudebas, où les débordements des eaux recouvrent chaque printemps les prairies d'un dépôt argileux rempli de coquilles d'*Helix arbustorum, Succinea putris* et *Pfeifferi,* Ce dépôt, bientôt envahi par la végétation, ne conserve point de lignes de stratification. En creusant dans ce sol, on rencontre à profusion les coquilles analogues à celles du lœss.

Brèches glaciaires. Il est difficile de rapporter les brèches quaternaires du Jura septentrional à une période précise de glaciation quaternaire. En nous basant sur les relations reconnues dans le val de St-Imier, où des brèches analogues recouvrent nettement les dépôts à micacites valaisans (1er suppl., carte A), nous pouvons attribuer ces débris au mésoglaciaire au moins, peut-être encore en partie au néoglaciaire. Il faut savoir en outre distinguer les débris morainiques des simples éboulis, ou des éboulements. Sans doute qu'ils peuvent se mélanger parfois, ou se recouvrir partiellement. Mais l'extension

[1]) Voir l'opinion de F. Sandberger in Verhandl. Basel, Bd. 8, p. 801, en 1890.

horizontale de ces dépôts, et leur place par rapport aux ruz, aux cluses ou aux flancs des montagnes, serviront de critère pour reconnaître leur mode d'origine. Nous ne les distinguerons pas sur la carte au 1: 100 000 par des signes spéciaux: les éboulis et les éboulements récents sont un pointillé bleu sur fond non coloré, et les anciens sont un pointillé bleu dans la couleur générale du Quaternaire.

En général on reconnaîtra les éboulis anciens à leur position par rapport à une niche d'origine, d'où ils se sont détachés de la montagne. Mais lorsque ces matériaux longent régulièrement les flancs non renversés du Jurassique, à une certaine distance du pied des montagnes, comme un cordon, interrompu seulement par les ruz, on peut dire qu'il y a là des matériaux morainiques, ou tout au moins des matériaux accumulés par les talus de neige ou de glace qui ont dû stationner à l'Envers des vallons du Jura pendant les dernières phases de l'époque glaciaire. La moraine frontale en amphithéâtre de Champmeusel près de St-Imier est beaucoup plus franchement morainique, il est vrai, mais il n'est pas difficile de retrouver, dans le Jura septentrional, des monticules de matériaux accumulés d'une façon analogue.

Les pâturages de l'Envers du val de Delémont présentent beaucoup de monticules morainiques, sans compter les éboulis plus rapprochés du pied des montagnes. Nous donnons ci-après le croquis de celui situé vers la tuilerie au S. de Courfaivre. On pourra juger de sa position par rapport au pied de la montagne.

Fig. 63. **Moraine et éboulis jurassiens au S. de Courfaivre.**

On retrouve ailleurs des arêtes morainiques semblables; parfois elles sont très obtuses, et leurs matériaux ne font que recouvrir les terrains tertiaires d'une masse de débris envahis par les forêts ou les pâturages. On conçoit qu'un sol pareil n'ait pas été défriché pour la culture. Ordinairement le bord des finages marque contre le pied des montagnes le bord de la couverture formée par les brèches.

Il y a lieu de s'étonner que dans la région si accidentée du Jura soleurois, au N. du Passwang, les brèches quaternaires fassent à peu près défaut. Partout les prés montrent une terre végétale formée par décalcification des terrains jurassiques. Dans les dépressions du sol, on remarque plutôt des terres argileuses de passage au lehm. On voit des terres lourdes sur le Lias, l'Oxfordien, l'Argovien, tandis que l'Oolithique et certains étages du Jurassique supérieur n'ont qu'une mince couverture de terre, mais toujours assez argileuse. Ces faits semblent indiquer que durant les temps quaternaires, notre région a été fortement lévigüée, et que le ruissellement a joué un rôle prépondérant. Les restes morainiques sont partout très rares au N. du Passwang.

Nous ne décrirons pas en détail les régions éboulées dues au renversement des crêts jurassiques, comme au N. du Graitery, etc., non plus que les matériaux jurassiques et oolithiques recouvrant parfois les terrains tertiaires (S. de Papplemont, au pied du Camp de Jules-César). Lorsque ces éboulements se rencontrent dans une région tectonique intéressante, on conçoit qu'ils doivent embarrasser souvent le géologue. Les roches brisées qui ne sont que de grands éboulements lents, plus ou moins disloqués, les recouvrements, etc., seront traités dans un chapitre ultérieur.

Alluvions. Il est difficile de distinguer les différents systèmes de berges ou de terrasses d'alluvions dans le Jura septentrional. Si l'on part de St-Jacques sur la Birse près de Bâle, on trouve qu'une surface d'alluvions jurassiennes ou de la Birse s'élève à 10 m. au-dessus de son lit actuel, et se relie avec la haute terrasse du Rhin. (Voir Gutzwiller, Quartär Basel in Verhandl. Basel, Bd. 10, et Daubrée in Mém. Soc. hist. nat. de Strasbourg, t. 4, 1850, 1re livr., p. 137.) Cette terrasse mésoglaciaire se poursuit très bien jusqu'à Grellingen, où elle s'étale dans la cluse sur la rive droite de la Birse. Nous pensons donc que les lambeaux de galets jurassiens qu'on voit à Im Brüel, près Laufon (S. de la ville), à 15 m. au-dessus de la Birse actuelle, peuvent être rattachés au mésoglaciaire et à la phase interglaciaire subséquente.

La découverte d'une dent d'*Elephas primigenius* à Grellingen (Musée de Delémont) a sans doute été faite dans ce dépôt, mais on ne peut pas l'affirmer sans réserve, sur ce qu'en dit Greppin (Matér., 8e livr., p. 200).

Faut-il y rapporter aussi les dépôts des groisières de Delémont, situées entre la Birse et le Mont-Chaibeut? c'est probable, mais la composition de ces alluvions ne nous apprend rien. On n'y a jamais signalé d'ossements quaternaires, il faut donc attendre avant de se prononcer définitivement.

Mais à la position de ces alluvions qui sont les seules dans la vallée dont l'âge puisse être mésoglaciaire, il semble qu'il n'y ait qu'une seule terrasse le long de la Birse, à quelques mètres au-dessus de son niveau actuel. De ce chef, il faut aussi rapporter au mésoglaciaire ce que l'on voit à Moutier, au lieu dit sur les Crêts, à Court (environ 10 m. au-dessus de la Birse, à l'entrée des gorges), à Loveresse, Malleray, etc. Ces alluvions indiquent partout un cours d'eau beaucoup plus important qu'aujourd'hui.

L'alluvion de Goumois, à 30 m. au-dessus du Doubs, est relativement récente, par rapport à la formation de cette vallée d'érosion entièrement encaissée dans les étages jurassiques. Elle ne peut pas être protoglaciaire, bien qu'elle contienne des micacites, évidemment remaniés, de cette époque. Mais nous ne pensons pas qu'il faille la déterminer comme néoglaciaire et postglaciaire, parce qu'elle se relie par les lambeaux de Biaufond (30 m. au-dessus du Doubs) aux berges S. de Morteau (Mont-le-Bon), et à ceux de la Chaux de Gilley près Pontarlier. Dans cette dernière vallée, actuellement privée de cours d'eau, les phénomènes diluviens font conclure à une période très humide, pendant laquelle la vallée actuelle du Doubs n'était pas seule à drainer les hauts plateaux de Pontarlier. On trouve la même alluvion dans la vallée morte actuelle des Hôpitaux à Jougne et par-dessus les crêts jurassiques ou valangiens que coupe aux Tavins la route de Vallorbe. Nous avons trouvé comme roches curieuses dans cette alluvion jurassienne des galets de limonite à veines bleues, et d'autres de grès coquillier de la Chaux près Ste-Croix. Tout cela démontre un courant d'eau aujourd'hui disparu de Pontarlier à Vallorbe[1]).

---

[1]) Ces alluvions de Jougne ont été considérées comme des moraines par Le Royer in Bull. Soc. géol. de France, 18 janvier 1847 et in l'Institut, t. 15, p. 121. Il est aussi question des *graviers diluviens* de Morteau dans les Actes Soc. helv. sc. nat. 1855 (Chopard).

L'idée que nous pouvons nous faire actuellement des alluvions anciennes du Jura central et septentrional, c'est qu'elles sont probablement contemporaines du mésoglaciaire du Jura, c'est-à-dire des glaciers locaux de nos montagnes. Une période de ravinement de ces alluvions a eu lieu, comme à Bâle, après le mésoglaciaire. Pendant la dernière extension des glaciers, beaucoup plus faible que l'avant-dernière, les éboulis et dépôts morainiques ont ajouté leurs matériaux par-dessus la haute terrasse, ou seulement par-dessus les dépôts de l'avant-dernière glaciation. Pendant l'édification de la basse terrasse, nos rivières n'ont fait que déborder en déposant les alluvions postglaciaires qui bordent actuellement leur lit. Elles sont de fort peu d'importance comme charriage; en revanche, elles ont déposé beaucoup d'argile et préparé les prairies qui se voient dans plusieurs vallées.

Dépôts divers. Les éboulis modernes tendent à combler actuellement les érosions des temps quaternaires. Dans nos montagnes, l'action des glaciers jurassiens n'est pas tout à fait nulle sur l'élargissement des gorges, ou sur la formation de certaines impasses (Champ-Meusel près St-Imier).

En quelques endroits, on voit d'anciens éboulis plus ou moins cimentés par un dépôt calcaire d'infiltration, quelquefois entamés à nouveau par l'érosion (chenal de Soulce).

Les tufs calcaires des vallées du Doubs (cirque de Moron, Goumois, etc.), de Bienne (Römerquelle et sous-sol de la vieille ville), de Perles (sous l'église), de Neuhaus dans la vallée de la Petite-Lucelle, à l'E. du Moulin-Neuf et au S. de Kiffis, contiennent une flore et une faune malacologique analogue à celle qui caractérise actuellement les mêmes localités. On n'y a cependant jamais trouvé *Helix pomatia*, si abondante dans le Jura. On a exploité souvent ces tufs et travertins comme pierres légères de construction pour les cheminées, etc.

Dans les gorges de la Suze sur Boujean (Daubenloch), un travertin particulier ou tuf de rivière a été déposé par ce cours d'eau sous forme de cloches, de corniches, etc., autour des saillies du roc jurassique ou dans ses excavations, puis attaqué plus tard par l'érosion pluviale, quand la rivière eut baissé dans la cluse. Cette substance est feuilletée, comme les incrustations des sources calcaires (tuyaux, etc.). Entre les feuillets, on remarque souvent des cellules closes dont l'origine est encore problématique. [1])

Terre agraire. Rien n'est plus varié dans le Jura que la terre des champs qui dépend surtout des dépôts quaternaires. Le sous-sol tertiaire ou jurassique a bien aussi quelque influence sur la composition du sol arable, mais elle est indirecte, en ce que la couverture quaternaire ne leur emprunte que quelques-unes de ses propriétés. Au point de vue agricole, on distingue surtout les terres fortes, lourdes ou argileuses, et les terres légères. Les premières sont de beaucoup les plus fréquentes et se trouvent surtout sur le lehm, les marnes tertiaires et les divers étages du Malm qui renferment des couches plus ou moins marneuses. L'Argovien, l'Oxfordien et le Lias ont évidemment des terres très lourdes, surtout lorsque les éboulis ou les graviers calcaires ne les ont pas amendées naturellement.

Les terres légères se rencontrent au pied des flancs jurassiques à éboulis, ou morainiques, quelquefois sur le terrain oolithique ou Dogger, et surtout sur les molasses et sables tertiaires.

Dans notre Jura, où les couches terrestres les plus variées se rencontrent pour ainsi dire côte à côte, un agriculteur intelligent trouve à sa portée tous les éléments nécessaires pour amender son sol, et le rendre à volonté plus ou moins perméable, suivant l'exposition au soleil et suivant le genre de culture auquel il est destiné.

Le marnage des terres au moyen des marnes oxfordiennes, argoviennes, tongriennes, etc., a été le plus souvent mal pratiqué et a rendu lourdes des terres qui l'étaient par nature déjà suffisamment.

Il faut, suivant ce que révèle l'analyse, comme la simple inspection du terrain, avoir recours aux fins graviers calcaires et aux sables siliceux fournis par la molasse ou les sables vitrifiables, pour donner à la terre lourde un degré de perméabilité convenable pour les cultures.

Le marnage ne doit être pratiqué que dans les terres graveleuses et naturellement sèches.

---

[1]) Voir Rameau de Sapin, 1896, nos 1 et 2.

Dans le diluvium alpin du pied du Jura, il est bon de ramener à la surface du sol, autant que possible, les cailloux et les blocs de granit décomposé qu'on y découvre par des tranchées profondes, ou d'une autre manière, et de les concasser pour en former une terre vierge qui contiendra de nouveaux éléments de fertilité. La couche superficielle de la terre agraire comme celle des vignes s'épuisent par la culture intense qu'elles subissent depuis tant d'années.

Enfin, la connaissance des terres du Jura doit être approfondie par des analyses chimiques, qui révéleront aux ingénieurs agronomes cantonaux la vraie nature de plusieurs sols encore imparfaitement connus, et pourront leur inspirer de bons conseils utiles aux cultivateurs.

Pour la connaissance des dépôts quaternaires et de leur substratum, la publication des cartes géologiques au 1 : 25 000 est nécessaire. Elles serviront par exemple à diriger l'ingénieur dans le choix des localités à visiter pour y recueillir des échantillons typiques à analyser. On conçoit, en effet, qu'en recueillant au hasard des matériaux d'analyse, on n'arrive pas à connaître les faits et les traits généraux du sol que l'on veut étudier.

SECONDE PARTIE.

TECTONIQUE.

Nous avons à traiter plus spécialement, dans ce Deuxième Supplément à la 8e livraison des Matériaux pour la Carte géologique de la Suisse, la région du Jura septentrional comprise dans les limites de la feuille VII, ce qui exclut de notre tectonique descriptive la lisière alsatique de Delle à Bâle, et spécialement le Jura de Ferrette intéressant à plus d'un titre. Il faudrait donc, pour pouvoir traiter ici comme dans notre Ier Supplément la question du plissement et des érosions, étendre nos profils à la zone jurassienne très mal étudiée et figurée sur la feuille II, dont nous n'avons pas pu obtenir la revision pour le compte de la Commission géologique. Ces considérations seront donc supprimées dans ce supplément, qui restera simplement descriptif pour la tectonique du territoire qui nous a été assigné, quitte à utiliser nos matériaux pour une étude plus générale. Nous ne pourrons par conséquent pas non plus faire ici l'histoire géologique (géogénie) de cette partie du Jura, que nous pensons pouvoir traiter en dehors de notre mandat de collaborateur à la carte géologique de la Suisse. Consignons donc ici à notre décharge les faits observés pendant notre travail de révision.

I. Nomenclature des plis (chaînes) de la Feuille VII.

Ainsi que nous l'avons fait dans notre premier supplément, nous nous inspirerons essentiellement de la loi de priorité pour la nomenclature des plis du sol (improprement chaînes) qui traversent notre territoire. Pour mieux fixer ce réseau, nous avons reporté sur la carte Dufour au 1 : 50 000 (Pl. VII) la ligne de faîte des anticlinaux actuels au moyen d'un trait-point, à peu près comme dans l'Esquisse géologique de la Suisse septentrionale par M. Mühlberg in Eclogæ, vol. 3, pl. 11, ou Verhandl. Basel, Bd. 10, Heft 2, pl. 7, 1894, et celle de M. Kilian pour le Jura dubisien ou mandubien in Annales de géographie 1894, p. 319 et suiv., avec carte.

Nous comptons ainsi sur notre carte plus de 64 anticlinaux, soit confluents, soit indépendants aux deux ou à l'une de leurs extrémités seulement. On comprend donc bien qu'avec les relations qu'ont entre eux ces plis, on puisse varier leur nombre ou leur nomenclature. On peut aussi varier dans la manière d'envisager leurs prolongements par des relais, ou leur terminaison. Mais cela a pour nous peu d'importance. En général, on les voit s'affaisser vers le plateau suisse, ou sur leur bord oriental. Ceux d'Ajoie ou du Sundgau, plus indépendants les uns des autres, et moins accentués, sont affectés de dislocations en divers sens.

A. Chaînes internes ou région des grandes arêtes, grandes voussures de la feuille VII et Franches-Montagnes.

(Jusqu'au val de Delémont et au plateau de Maiche.)

1. **Montbijou** ou **Kapf** près Douanne. 3 km. — Petite voussure portlandienne flanquée d'Infracrétacique. 685 m. à Windsäge. Confluence avec n° 2 au Tüscherzberg.

2. **Macolin.** 28 km. — Ce pli commence à Lignières, où il est déjà entamé par la cluse du Pis-Louvis (ruisseau de Vaux avec cascade à l'W. du Schlossberg près Neuveville). — A Prêles, voussure portlandienne entamée par la cluse de Douanne. — Voussure kimeridienne à Macolin, 1089 m. — Cluse de Boujean. — Montagne de Boujean (Bötzingerberg), type d'une voussure portlandienne, 978 m. — Romont-Ittenberg près Allerheiligen où fusion avec le pli n° 6.

3. **Serroue.** 10 km. — A St-Blaise, voussure néocomienne et urgonienne qui s'ouvre à Châtollion pour laisser percer des crêts portlandiens. — A Enges, idem. — A la forêt de Serroue sur Lignières, chevauchement du crêt portlandien sud ou déjettement du pli vers le N. Il s'affaisse vers la Praye.

4. **Sujet (Spitzberg).** 10 km. — Pli isolé, ou sans confluence, formant voussure kimeridienne ou séquanienne au plus haut point, 1388 m.

5. **Creux-du-Van — Chaumont.** *15 km.[1]) — A Montmollin, voussure portlandienne. — Cluse du Seyon. — Chaumont, 1175 m., type d'une voussure jurassique (Portlandien-Kimeridien). — Relai très court (2 km.) de Montpy, 1286 m., entre la Dame et Chuffort. — Confluence avec le pli du Chasseral.

6. **Chasseral.** 40 km. — Le Sapet et les Planches au N. de Dombresson, pli portlandien relié à la chaîne de la Tête-de-Rang. — Cluse de Chenaux entre Villiers et le Pâquier. — Le pli s'ouvre à la Combe-Biosse jusqu'à l'Argovien, laissant percer un dôme de dalle nacrée à la Métairie-de-Dombresson. — Meiseschlag, voussure de dalle nacrée, 1502 m., où soudure avec l'anticlinal suivant n° 7. L'arête séquanienne forme le sommet du Chasseral à 1609 m. — Le Petit Chasseral, voussure avec crêts oolithiques, 1575 m. — Idem à la Métairie-de-Bienne-du-Milieu, 1412 m. — Pierre-feu, dôme de dalle nacrée. — A Jobert, 1306 m., la voussure oolithique reprend pour s'ouvrir dans le cirque de Steinersberg. — Voûte kimeridienne du Saisseli, 1196 m. — Cluse et cirque de Rondchâtel. — La Basse-Montagne de Plagne, 1150 m., continue le pli par une voussure kimeridienne. — Idem de la Montagne de Romont, 1201 m. — Au Stierenberg, confluence avec la chaîne du Weissenstein.

7. **Tête-de-Rang.** *25 km. $^1/_2$. — Ce pli vient de la Tourne pour s'ouvrir à la Sagneule en combes argoviennes avec dôme de dalle nacrée. Les crêts séquaniens N. et S. sont respectivement à 1339 m. et 1393 m., puis le prolongement de celui du S. aux Arêtes de Racine atteint 1442 m. — Les Neigeux, voussure oolithique déjetée au N., avec le crêt séquanien de la Tête-de-Rang à 1425 m. — Même voussure oolithique à Treymonts et derrière la Vue-des-Alpes. — Cirque liasique des Auges sous Montpéreux. — Voussure oolithique de Montpéreux 1344 m. et de la Chaux-d'Amin. — (Le Mont-d'Amin est le crêt séquanien S. à 1419 m.) — Bifurcation de la voussure oolithique au Bec-à-l'Oiseau. — L'impasse ou demi-cluse de Pertuis n'atteint pas la voussure oolithique ou n'affecte que le crêt jurassique jusqu'à l'Argovien. — La

[1]) L'astérisque placé avant le chiffre veut dire que la longueur du pli en kilomètres n'est comptée que sur son prolongement sur la Feuille VII. Placé après le chiffre, il signifie que le pli continue sur la Feuille VIII. Dans les deux cas, le nombre indiqué de kilomètres ne se rapporte qu'au trajet du pli sur la Feuille VII. Les chiffres sans astérisque indiquent naturellement que le pli est situé entièrement sur notre carte.

voussure oolithique de la Joux-du-Plâne est sur le prolongement direct de celle de Montpéreux. — Au Bugnenet, hémicycle argovien et séquanien. — Egasse col à 1431 m., où se trouve une érosion transversale (cluse) des Auges-Fussmann, sur le prolongement S. de la Combe-Grède, affectant les plis suivants n°s 8 et 9. — Confluence du pli dans la voussure oolithique du Petit-Chasseral.

8. **Pontins.** 25 km. — Dérive du précédent par bifurcation au Bec-à-l'Oiseau. — Dôme de dalle nacrée sous l'Echelette. — Tourbière des Pontins sur l'Argovien. — Impasse de la Combe-Grède, coupant un dôme de dalle nacrée. — Combe argovienne de Pletz. — Chalmé à 1123 m., pâturages sur une voussure kimeridienne. — Erosion transversale de la Combe-du-Bez. — Voussure également kimeridienne, un peu déjetée au N., dans la forêt de l'Envers de Corgémont; elle s'efface à la Métairie-de-Nidau.

9. **Château d'Erguel.** 22 km. — Un pli parallèle et conjoint au précédent s'étend partout à l'Envers du vallon de St-Imier; il est coupé transversalement par le prolongement N. de la Combe-Grède, et s'efface au S. de Cortébert. Il est double à la Fauchette et probablement au S. de Courtelary (Mi-Côte).

10. Un pli secondaire d'une longueur d'un kilomètre environ affecte le fond du vallon synclinal entre Sonvillier et St-Imier. Il est déjeté vers le S.

11 et 12. **Montoz.** 24 km. — Ce pli résulte de trois digitations ou croupes jurassiques (portlando-kimeridiennes) à Sonceboz. La croupe S. s'élève du synclinal du vallon au S. de Sonceboz *(Barger,* n° 11*)*, pour être aussitôt après coupée par la petite cluse de Tourne-Dos. Elle s'élève ensuite à la voussure kimeridienne de Châtillon. — La croupe N. établit la confluence avec la chaîne du Sonnenberg au Grimm, E. de Pierre-Pertuis. — La croupe mitoyenne, qui devient le pli proprement dit du Montoz, n° 12, s'élève brusquement du synclinal du vallon de St-Imier à l'E. de Sonceboz, vers Brahon à 1173 m., où la voussure est séquanienne. — Hémicycle argovien et oxfordien, puis voussure oolithique de Werdtberg, ouverte elle-même en petits amphithéâtres regardant le S., vers chez Lerch et aux Essieux. — Dôme de dalle nacrée de Dos-les-Creux. — Hémicycle, puis voussure séquanienne à la Cernière. L'arête séquanienne de la Rochette-ès-Garbeuses porte le sommet du Montoz à 1332 m. — Les Prés-Richard, voûte séquanienne, et la Bluai avec le crêt séquanien de Langschwand se terminent en confluence avec la chaîne du Weissenstein.

13. **Weissenstein.** 26 km.* — On pénètre du côté de l'W. dans cet anticlinal par le ruz de l'Egg qui relie la Combe-de-Péry (synclinal) à la combe argovienne de Grabenschwand. — Voussure oolithique du Grenchenberg. — Cirques liasiques de Altrüttiberg et de Brüggli sous la Wandfluh oolithique. — Voussure oolithique déjetée au S. de Stalfluh. — Idem, déjetée au N. à Althüsli, sous le crêt séquanien du Hasenmatt, 1447 m. — Cirques liasiques de Grosskessel et de Kleinkessel. — Voussure oolithique déjetée au N. de Hinterweissenstein. — Cirque liasique de la Klus. — Voussure oolithique normale du Kurhaus du Weissenstein et de la Röthifluh. — Hémicycle liasique et keuprique de Mittlerer Balmberg, puis rampes conchyliennes, oolithiques (dogger) et séquaniennes de Günsberg à cause du fort déjettement vers le S. de tout le pli. — Hémicycle liasique avec voûte oolithique régulière au N. de Wolfsberg, continuant en voussure à la Randfluh sur Rumisberg. — Brisure et chevauchement vers le N. de cette voussure à Ausserberg sur Walden. — Cluse de la Klous près Œnsingen.

14. **Rumisberg.** 6 km. — Pli oolithique déjeté au S. et terriblement disloqué entre Günsberg et Niederbipp.

15. **Sainte-Vérène.** 6 km. — Pli kimeridien au N. de Soleure (carrières), avec faille au flanc N.

16. **Selzach.** 3 km. — Petit pli de calcaire kimeridien au Hubacker près Selzach.

17. **Crosettes.** *11 km. — Ce pli vient par Son-Martel près des Ponts aux Grandes-Crosettes près Chaux-de-Fonds, où dômes de dalle nacrée en relai (1144 m.). — Voussure oolithique des Petites-Crosettes coupée à Jalta obliquement par le décrochement horizontal de la Ferrière.

18. **Sonnenberg.** 26 km. — Débute au décrochement horizontal de la Ferrière par le dôme oolithique faillé du Saignat. — Relai à la voussure séquanienne des Pruats (1202 m.). — Combes argoviennes aux prés du Sonnenberg, avec pointements de dalle nacrée aux Allévaux, point culminant 1266 m. — Pâturages séquaniens de la Bise de Corgémont et kimeridiens de Chenau, le Vion, etc. — Cluse élevée de Pierre-Pertuis. — Confluence à Grimm (1070 m.) avec le pli du Montoz.

19. **Rochelle.** 6 km. — Voussure portlandienne conjointe au Sonnenberg dans son flanc N., à la Rochelle près Tavannes.

20. **Pouillerel.** * 9 km. — Voussure oolithique sans combes oxfordiennes, avec épaulements de calcaires argoviens formant par places des arêtes, au sommet du Pouillerel 1279 m. Ce pli s'affaisse au Vallanvron en se compliquant d'une faille longitudinale.

21. **Chaux-d'Abel.** 13 km. — Voussure séquano-argovienne au N. de la Ferrière. — Prés séquaniens de la Chaux-d'Abel. — Relai vers la Biche par une combe argovienne. — Voussures obtuses de Séquanien et de Kimeridien jusqu'aux Ravières au S. des Breuleux, où confluence avec le pli suivant.

22. **Jorat-Moron.** 62+24 km. — Voussure avec combes oxfordiennes et dôme de dalle nacrée au Georget (1105 m. au sommet du crêt séquanien S.). — Voussure argovienne aux Gerinnes près Tramelan. — Voussure oolithique régulière du Jorat entourée de combes oxfordiennes et de crêts rauraciens-argoviens. — Col du Fuet, voussure kimeridienne surbaissée. — Soudure avec le Moron aux Bouts de Saules. — Le Moron, type d'un pli jurassien régulier, ouvert, avec voussure oolithique au centre. Il se termine en voussure kimeridienne aiguë à Perrefitte.

23. **Chablet** (Chabiat). $2_{,5}$ km. — Petite voussure kimeridienne conjointe au Moron, qui supporte le hameau du même nom près Bellelay.

24. **Pli du fond du val de Tavannes.** — Il se détache du Jorat au N. d'Orange par une voussure kimeridienne. — Voussure de calcaires delémontiens à Reconvillier. — Idem à Malleray, S.-W. du village. — Ce pli se continue probablement dans l'Envers de Sorvilier et de Court pour rejoindre la faille dans les calcaires kimeridiens de la Roche, à l'entrée du vallon de Chaluet.

25. **Graitery-Probstberg.** 32 km.* — Voussure kimeridienne régulière du Mont-Girod près Court. — Cluse de Court. — Le Graitery, voussure de marno-calcaires jurassiques (Kimeridien-Oxfordien) ouverte, avec Oolithique (Dogger) au centre; ses crêts séquaniens sont bien accentués (1302 m.), de même que les combes argoviennes et les oxfordiennes. — Cirque et cluse de St-Joseph (Gänsbrunnen), les voûtes du cirque sont séquaniennes. — Combe argovienne à Malsenberg, comme centre de l'anticlinal. — Voussure oolithique

du Harzberg (1185 m.), du Probstberg (1222 m.), du Sangetel (1173 m.), et du Brunnersberg, où commence le chevauchement de Mümmliswyl.

26. **Brandberg.** 5 km. — Chevauchement de calcaires kimeridiens entre Welschenrohr et Herbetzwyl.

27. **Brüllberg.** 3 km. — Petit chevauchement disloqué, dirigé vers le S., au flanc N. du vallon de Balsthal près de Matzendorf.

28. **Katzenberg-Bærenstall.** 2. km. — Idem sous le village de Hœngen près Balsthal.

29. **La Foule.** — Petit pli secondaire de calcaires kimeridiens qui se détache du flanc N. du Mont-Girod (n° 25) pour se terminer en croupe à la Verrerie de Moutier (calcaires aquitaniens), après la petite cluse de la Foule (Pérouse) où sourd la belle source vauclusienne de ce nom.

30. **Les Bois-Pâturatte.** 36 km. — Cette chaîne commence au Dazenet, dans les Côtes-du-Doubs au N. des Planchettes, dans les calcaires kimeridiens. — Grande voussure déjetée au N. dans les calcaires argoviens-rauraciens des Brenetets, avec amphithéâtres oxfordiens et pointements oolithiques (Corps-de-Garde, etc.). — Cirque et cluse du Cul-des-Prés, où finit le décrochement horizontal de la Ferrière. — Large voussure double argovienne des Bois. — Voussure oolithique bordée largement de combes oxfordiennes du Boéchet, du Creux-des-Biches et de la Pautelle. — Hémicycle argovien-rauracien du Rond-Rochat, 1141 m. — Bifurcation de la voussure argovienne vers les Breuleux. — Relai au Roselet dans l'Oxfordien. — Relai aux Chenevières par un dôme de dalle nacrée bordé régulièrement de combes oxfordiennes. — Oxfordien avec saignes autour de l'étang de la Gruère. — Dôme de dalle nacrée du Bois-Derrière, bordé de combes oxfordiennes et de crêts argoviens-rauraciens (1056 m.). — Anticlinal dans l'Oxfordien depuis la Pâturatte au Pré-Dame (saignes). — Idem aux Embreux au N. des Genevez. — Le pli se termine régulièrement en croupe dans le Kimeridien à Monible.

31. **Raimeux.** 48 km. — Naissance dans le synclinal kimeridien au S. du Noirmont. — Voussure argovienne-rauracienne ouverte, laissant affleurer l'Oxfordien du Cerlatez au Moulin-des-Royes. — Voussure oolithique très régulière des Rouges-Terres, 1047 m. au plus haut point (non 1070!), bordée

de combes oxfordiennes et de crêts rauraciens. — Cluse de Lajoux au Moulin-des-Beusses. — Voussure rauracienne des Cernies. — La Saigne sur l'Oxfordien. — Hémicycle rauracien et dôme oolithique de Rebévelier, entouré régulièrement de combes oxfordiennes. — Hémicycle et voussure rauraco-séquanienne. — Cirque et cluse du Pichoux avec le dôme oolithique du Voûtier. — Voussure kimeridienne du Mont-de-Dos. — Longue voussure oolithique de la Montagne-de-Moutier, ouverte dans le cirque liasique du Coulou. Les rampes oolithiques atteignent 1158 m. (non 1164). — Cirque et cluse de Roches, avec pointement de Keuper. — Relai par une voussure oolithique qui passe au flanc N. du Raimeux, crêt séquanien à 1305 m., tandis que l'axe du Coulou conflue avec le pli adjacent (n° 32) de la Basse-Montagne de Moutier, pour continuer en fauteuil (genou) au flanc S. du Raimeux. — Le relai continue, au flanc N. du Raimeux, l'anticlinal dans la large voussure oolithique des Schœnenberge, coupée par la cluse et le cirque d'Envelier, où affleurent le Lias et le Keuper. — La voussure oolithique des Schœnenberge culmine à 1197 m. à l'W. de Champagne, puis s'affaisse sous la rampe séquanienne de Moos à l'entrée du Gouldenthal.

32. **Basse-Montagne de Moutier.** 13 km. — Pli régulier commençant en croupe, avec bordure de calcaire éocène au Tirage de Moutier, et montant régulièrement en voussure kimeridienne à 831 m. — Cluse de Moutier avec voûtes régulières dans les étages du Malm (Kimeridien-Oxfordien) qui forment les parois du cirque. — La voussure kimeridienne conflue lentement ensuite, ou sous un angle très aigu avec la chaîne du Raimeux, de manière à la rendre double jusqu'aux Schœnenberge, comme on vient de le dire (n° 31). — Il y a deux niches ou amphithéâtres rauraciens-séquaniens avec fond oxfordien, au N. de Grandval.

33. **Sommêtres ou Spiegelberg.** *23 km. — Ce pli qui vient du village de la Grand-Combe-des-Bois passe le Doubs à Biaufond (Esserts d'Iles) où commence le dôme oolithique qui se continue sans interruption dans les Côtes-du-Doubs, bordé de combes oxfordiennes et de crêts argoviens d'abord, rauraciens ensuite, jusqu'aux Sommêtres (1083 m. à la Ruine du Spiegelberg). Ici l'anticlinal est dans l'Oxfordien, de même qu'au Pré St-Nicolas au S. de Sai-

gnelégier. Puis il ne tarde pas à s'affaisser dans le synclinal du Pécher près Montfaucon.

34. **Saignelégier.** 2 km. — Petit pli dans le Rauracien du village de Saignelégier.

35. **Le Fournet.** *23 km. — Au Fournet, Oxfordien et voussure de dalle nacrée. Le pli s'abaisse au cirque rauracien de la Cendrée près Biaufond. Les roches rauraciennes continuent à affleurer le long du Doubs, jusqu'à la Goule, puis l'anticlinal creusé selon son axe par le Doubs passe dans le Séquanien jusqu'au Moulin-du-Theusserret. Le pli passe ensuite au dôme de dalle nacrée du Boicchat, puis au sommet du Bémont près de Saignelégier où il conflue avec le suivant.

36. **Saulcy-Vellerat.** 55 km. — Ce pli commence à la Cendrée près Biaufond, où il fusionne avec le précédent (n° 35). — Combes oxfordiennes et crêts rauraciens du Boulois. — Idem aux Saignes de Damprichard avec dôme de dalle nacrée. — Grand cirque rauracien et oxfordien de Goumois avec plancher oolithique entamé par le Doubs et recouvert d'alluvions anciennes à 30 m. au-dessus de la rivière. — Voussure séquanienne aux Pommerats avec repli dans l'Oxfordien des Crins. — Au Praissalet, confluence avec le pli précédent. — Dôme de dalle nacrée vers Montfaucon (993 m.), très régulier, bordé de combes oxfordiennes et de crêts rauraciens (1028 m.). — Idem aux Rottes. — Cluse du Moulin-de-Bollmann. — Voussure oolithique de Saulcy-la-Racine. — Voussure rauracienne des Perchattes. — Voussure oolithique et cirque ou cluse des Forges d'Undervelier. — Hémicycle de Frénois. — Voussure séquanienne. — Hémicycle. — Longue voussure oolithique du Mont, ouverte jusqu'au Bajocien, bordée de combes oxfordiennes et de crêts rauraciens (type du 2e ordre de Thurmann). — Cirque et cluse de Choindez creusés jusqu'à l'Aalénien. — Voussure kimeridienne de Mouton. — Cluse du Thiergarten atteignant l'Oxfordien. — Voussure régulière kimeridienne de Plainfayen. — Le pli se termine en croupe arrondie vers Mervelier.

37. **Chaîne de Saint-Brais.** — Elle s'élève du plateau kimeridien au N. de Damprichard pour former bientôt un hémicycle rauracien avec combes oxfordiennes et dôme de dalle nacrée aux Saignes de Fessevillers. — Relai dans

l'Oxfordien. — Cirque et cluse de Gourgouton approfondis dans la voussure oolithique de Vautenaivre chevauchée vers Beaugourd. — Plain ou chapiteau rauracien de Malnuit. — Voussure oolithique de Patalours, ouverte en cirque jusqu'au Lias à la Fonge. — Voussure et hémicycles dans l'Oolithique. — Combe liaso-keuprique de Soubey que borde le Doubs. — Hémicycle et voussure oolithiques de Montfavargier, se transformant insensiblement en dôme de dalle nacrée au Chésal de St-Brais (970 m.). — Hémicycles et courte voussure rauracienne avec talus oxfordiens sous la Roche près St-Brais. — Voussure oolithique de Seeut, s'ouvrant jusqu'au Lias à Montmelon, où elle chevauche par-dessus le Rauracien de la chaîne des Epiquerez (n° 43).

B. Clos-du-Doubs et Plateau de Maiche.

38. **Cuché.** * 9 km. — Pli rauracien régulier à l'E. du Russey et à l'W. de Charquemont, culminant à 945 m. — Pointement oxfordien à la Saignotte. — Confluence avec le pli n° 36 (Vellerat) vers Damprichard.

39. **Ecorces ou Mont-Repentir.** * 3 km. — Pli rauracien qui vient probablement du Mont-Repentir près Mémont, avec inflexion vers le N. aux Ecorces et soudure à la faille des Saignottes.

40. **Creugnots.** * 2 km. — Relai du précédent, formant belle voussure oolithique ouverte, régulièrement bordée de combes oxfordiennes et de crêts rauraciens (Bois du Vernois, Bois de Vaux-Ban à 943 m.), entre St-Julien et les Fontenelles. Ce pli se termine par la faille des Saignottes dans le plateau de Maiche à Damprichard.

41. **Mont-Miroir près Maiche.** * 35 km. — Ce pli vient de Bonnétage où se trouve déjà une voussure oolithique régulière. Elle est ouverte jusqu'au Lias à Fauverger. Le Mont-Miroir près de Maiche est une voussure oolithique régulière, entourée complètement de combes oxfordiennes. (Au S.-E. de Maiche elle est pincée sur un court trajet et occupée en partie par un crêt rauracien retombé.) — Relai à Trévillers par un dôme régulier de dalle nacrée. — Voussure kimeridienne au S.-W. d'Indevillers, à 773 m. — Cirque de Fuesse avec dalle nacrée. — Voussure rauraco-kimeridienne à la frontière franco-suisse près Surmont (Clos-du-Doubs). — Cirque de l'Homenne à l'W. de Soubey,

où le Doubs fait une boucle avec deux cluses parallèles dans l'Oolithique, comme autour de la citadelle de Besançon. — Voussure oolithique sur Epauvillers à 904 m. — A Montenol, dalle nacrée. — Cluse du Doubs. — Malevie, voussure oolithique sous le chevauchement de Montenol.

42. **Vacheresse.** 4 km. — Dôme de dalle nacrée au N. des Bréseux.

43. **Epiquerez ou Clos-du-Doubs.** 26 km. — Dôme de dalle nacrée à Montandon, faillé seulement du côté S. — Voussure oolithique de Courtefontaine, puis rapprochement des crêts rauraciens sur une seule combe oxfordienne. — Voussure oolithique régulière de Chauvilliers, Beurnevillers, Epiquerez, passant le Doubs à l'W. de St-Ursanne pour confluer avec le pli suivant, n° 44.

44. **Clairmont.** 6 km. — Pli entamé longitudinalement par le Doubs à partir de Bellefontaine vers l'E. — Voussure oolithique au Champechat, ouverte jusqu'au Bajocien à Oisonfontaine, ainsi que derrière le château de St-Ursanne. — Confluence à Outremont avec la chaîne du Monterri, n° 52.

C. Région de la Hohe-Winde.

45. **Passwang.** 17 km.* — Ce pli naît au flanc N. du Raimeux, dans les roches kimeridiennes, où le coupe la cluse d'Envelier. — Voussure séquanienne de Montaigu, chevauchée vers le N., puis voussure oolithique déjetée au N. de la Hohe-Winde (Vegnatte), à 1207 m. — Combes liaso-keupriques du Passwang, avec crêts oolithiques bordés de combes argoviennes. — Hémicycles dans l'Oolithique, puis combe liaso-keuprique des Limmern dépassant les limites de notre feuille. Le crêt oolithique le plus élevé du Passwang est à 1207 m.

46. **Gouldenthal** (Æpli). $3\,^1/_2$ km. — Chevauchement dirigé N. dans les calcaires kimeridiens du vallon de Gouldenthal.

47. **Schönbühl.** 1 km.* — Chevauchement dirigé au S. du flanc N. du vallon de Mümmliswyl à l'E. de Ramiswyl, fortement disloqué, et peut-être relié au précédent, n° 46.

48. **Nüsselboden.** 7 km. — Voussure séquanienne à Rière-Reymond. — Col-cluse de la Rothmatte. — Voussure oolithique chevauchée sur le synclinal

molassique de Bildstein. — Cluse de Schattenweid. — Voussure argovienne de Pechgraben, séquanienne à Güpfi. — Confluence avec le pli d'Oulmet.

49. **Ullmet ou Oulmet.** 7 1/2 km.* — Voussure callovienne et petites combes oxfordiennes de Hexengraben près Beinwyl. — Voussure oolithique de Hirni à 909 m. — Hémicycle oolithique de Hirnikopf, 1028 m., un peu faillé. — Combe liaso-keuprique de Birtis, Ullmettli, Ullmet. — Voussure de Muschelkalk ouverte jusqu'à l'Anhydrite de Stelli et Vogelmatt au S. de Reigoldswyl. — Ruz-impasse des Wasserfalle, avec coupe du Conchylien au Séquanien.

50. **Trogberg.** 8 1/2 km. — Commence sous le chevauchement de n° 45 au N. de la Combe des As. — Voussure avec cirque rauracien du Chételat près de Mervelier, coupés par la cluse de la Scheulte. — Voussure séquanienne du Chaumont à 897 m. — Hémicycle rauracien du Grand-Mont à 1046 m. — Voussure oolithique régulière, bordée de combes oxfordiennes, à 1022 m. sur le Trogberg. — Cirque oolithique avec fond liasique du Bœs. — Cluse du Joggenhaus coupée obliquement par deux petites failles transverses. — Voussure callovienne au Möschbach, où les combes oxfordiennes se rétrécissent considérablement pour disparaître tout à fait vers l'E. — Soudure à la chaîne des Rangiers au Nunnigerberg.

D. Chaînes externes du Jura septentrional.

51. **Rangiers ou Vorbourg.** 40 km.* — Cette chaîne se détache du flanc S. oolithique du pli n° 52, au Mont-Gremay, arête oolithique à 943 m., pour subir un petit décrochement horizontal dans le cirque liasique du Creux-des-Rangiers. — Voussure oolithique régulière de la Chaive à 936 m., avec déjettement vers le S. dans la région de Delémont. — Hémicycle oolithique du Creux-du-Vorbourg avec combe liaso-keuprique de Bellerive, coupée obliquement par la cluse du Vorbourg à Soyhières. — Déjettement du pli vers le N. au Rohrberg, avec un lambeau de recouvrement bathien sur un crêt rauracien. — Relai ou redressement au Wasserberg. — Hémicycle oolithique et combe liaso-keuprique de Bärschwyl à Erschwyl. Le flanc N. oolithique et rauracien du pli est chevauché sur le Séquanien de Wyler. — Voussure de Muschelkalk de Meltingen. — Replis secondaires de Muschelkalk au S. de Reigoldswyl, et

chevauchement ou lambeaux de recouvrement au flanc N. du pli (Kirchberg 772 m., Mühleberg 778 m., Brand 912 m., Binzenberg 801 m., Horn et Hornfluh 737 m.). La chaîne continue sur Eptingen.

52. **Monterri.** 38 km. — Relaie la chaîne du Lomont à Montécheroux. A Chamesol affleure déjà l'Oxfordien. — Voussure oolithique de Montjoie, ouverte jusqu'au Keuper à Vaufrey par la vallée du Doubs. — Bifurcation (n° 52') vers Roche-d'Or. — La voussure oolithique se ferme au N.-W. de Glère et continue par Vernois vers la Montagne de Chèbre, où s'ouvre un cirque oolithique avec fond liasique. — Voussure oolithique régulière et entière, au S. de Chevenez. — Cirque de Sous-les-Roches au S. de Bressaucourt. — Voussure oolithique régulière à 911 m. au N. de Montvoie et de Seleute. — Combe liaso-keuprique de Plainmont jusqu'à Asuel, avec crêts oolithiques, Mont-Terri ou Camp de Jules-César, 807 m. au N., Mont-Gremay ou les Rondins, 944 m. au S. — Voussure oolithique de la Vigne près Asuel. — Combe oxfordienne de Noirval et de la Tuilerie. — Cluse de l'étang de Lucelle. — Voussure rauracienne de Schelloch; le pli s'affaisse insensiblement au Richterstuhl.

53. **Lomont.** *7 km. — Voussure oolithique régulière avec crêts rauraciens (Fort N. du Lomont à 830 m.). — S'affaisse au S. de Villars près Damvant, où relai par n° 52.

54. **Movelier.** 16 km. — Commence aux Bruyères, W. de Bourrignon, dans les roches rauraciennes. — Large voussure oolithique de Bourrignon. — Combe oxfordienne au S. de Pleigne et crêts rauraciens rapprochés. — Large voussure oolithique régulière de Mettenberg (806 m.). — Cirque et cluse de la Résel. — Voussure oolithique ouverte du Langenberg. — Le pli se termine en croupe entamée longitudinalement par la Birse au Moulin-de-Liesberg. — Confluence avec le pli n° 51 dans les roches rauraciennes du Spitzenbühl.

55. **Ring ou Rouschberg.** 17 km. — Relaie le pli n° 52 au N. de Pleigne. — Cirque rauracien et cluse de Bavelier. — Hémicycle rauracien à l'W. d'Ederschwyler. — Voussure oolithique régulière d'Ederschwyler au Ring. — Hémicycle rauracien et voussure obtuse du Rouschberg à 754 m. — Voussure séquanienne du Bouchberg. — Cirque et cluse entre la Verrerie (station de

Bärschwyl) et Laufon. — Le pli s'affaisse à l'W. de Wahlen sous le lambeau rauracien éboulé du Stürmenkopf.

56. **Hombourg-Rechtenberg** au S. de Himmelried. 11 km.* — Ce pli naît à Fehren dans le coin S.-E. du val de Laufon. — Voussure séquanienne de l'Eichenberg avec deux cluses. — Au N. d'Enge, hémicycle rauracien avec combes oxfordiennes. — Au Binz commence la voussure oolithique régulière, passant au Homberg 912 m., au Rechtenberg 791 m., au Holzenberg 758 m., plus ou moins disloqués horizontalement.

57. **Homberg-Bouchenberg** au N. de Himmelried. 8 km. — Ce pli naît à Kastel, où cluse dans le Rauracien. — Voussure rauracienne du Homberg à 786 m. — Cirques au Berthel et à Foulnau, où éboulement du Steinegg. — A Katzenstiegen, chevauchement de l'Oolithique du Bouchberg sur le Rauracien. — Cluse de la Scierie de Seewen (Säge). — Le chevauchement reprend de même à Blauenstein, où confluence avec le Holzenberg.

58. **Blauen.** — Dans sa partie occidentale, ce pli se détache du n° 55 à Baumgarten, où la Lucelle le coupe obliquement en un cirque rauracien faillé. — La voussure oolithique commence au Amsberg sous la Rothe-Fluh, continue vers la Bourg pour se terminer à l'E. de la cluse de Pfeffingen, sur le plateau de Hochwald.

59. **Glasberg.** — Ce pli naît au N.-E. de Charmoille, où il est coupé par la faille de Pleujouse. — Cirque rauracien de Fontaine-dessous, où passe encore la faille de Montbreux. Ces failles se voient bien sur la route de Charmoille à Lucelle.

60. **Morimont.** — Comme le précédent, ce pli ne touche notre feuille qu'à son début, pour passer aussitôt en Alsace. Il naît au N. de Miécourt, où il paraît relayer le n° 64.

61. **Vaberbin près Bressaucourt.** 2 km. — Petit pli kimeridien à l'Envers de Bressaucourt.

62. **Banné-la Perche.** 9 km. — Ce pli naît au S.-E. de Chevenez pour s'individualiser dans les calcaires kimeridiens et séquaniens de Bressaucourt, Mavaloz, l'Oiselier, le Banné aux portes de Porrentruy, où cluse de Fontenais.

Après la voussure également kimeridienne de la Perche, le pli s'affaisse insensiblement à Courgenay.

63. **Perchet** au N. de Damvant. 6 km. — Naissance à Villars-lès-Blamont dans le Séquanien. — Au Perchet sur Damvant, 704 m. — Voussure rauracienne de la Clef au N. de Réclère. — Le pli s'affaisse à Rocourt.

64. **Fahy.** 10 km.* — Ce pli s'élève au S. de Fahy dans le Séquanien. — Il passe au Pont d'Able près Porrentruy, où le tunnel traverse l'Oxfordien. — Cluse. — Voussure kimeridienne sur Cœuve et Vendelincourt.

II. Discordances tertiaires.

C'est dans la région du Jura septentrional qu'on observe les discordances tertiaires les plus importantes pour l'histoire géogénique et orogénique de cette chaîne de montagnes. Thurmann (Lettres écrites du Jura in Mittheilungen der naturforschenden Gesellschaft in Bern 1852, et Actes Soc. helv. sc. nat., 1853, p. 252 et suiv.) signale déjà la falaise tongrienne de Cœuve, et c'est cette localité surtout qui lui faisait dire que le relief du Jura n'a pas été produit d'un seul coup.

Indevillers. On voit bien dans notre croquis du gisement de gompholithe d'Indevillers (antea, p. 123) que de fortes érosions avaient creusé le Kimeridien avant le dépôt du conglomérat, qui ne contient probablement qu'une partie des matériaux arrachés au sous-sol. Mais d'après les angles observés, il n'est pas possible de constater ici une discordance angulaire proprement dite. Tout était à peu près horizontal, lors du dépôt de la gompholithe tongrienne, et c'est à son extension actuelle (voir les lambeaux des Franches-Montagnes), qu'on peut inférer plus ou moins bien la forme du continent jurassien (Jura mandubien) exondé au début de la formation molassique.

Argovie. On ne voit pas non plus de discordance angulaire dans d'autres contacts remarquables du Tertiaire avec le Jurassique, comme entre Herznach et Densbüren, au bord de la rivière, où la gompholithe d'Argovie alternant avec des marnes rouges repose renversée sur les couches de Birmensdorf également renversées (S. 55°).

A l'W. de Villnachern, dans une tranchée de la ligne du Bötzberg, on voit de même une parfaite concordance angulaire entre les calcaires delémontiens et les couches calcaires du Séquanien inférieur, tous deux redressés à la verticale.

Bressaucourt. La discordance du Tongrien de Bressaucourt a été démontrée pendant l'excursion de la Société géologique de France à Porrentruy en 1897. Nous avons consigné dans son Bulletin 14e série, t. ... les principaux faits observables au pied de la forêt de Sous les Laves. Pour compléter ces observations, nous donnerons encore (Pl. VI, fig. 1-2) une coupe du crêt jurassique de l'Envers, passant par les affleurements fossilifères du calcaire à cérithes tongrien.

Une esquisse des gisements d'après la feuille 88 de l'Atlas Siegfried fera connaître mieux encore les relations tectoniques du Tertiaire dans le ruz de la montagne de Bressaucourt, et sa discordance sur le Rauracien. (Pl. VI, fig. 3.)

Val de Delémont. Dans les vals de Delémont et de Laufon, comme à Kiffis, etc., on ne voit que des trous de pholades au contact du Tongrien et du Jurassique (Develier, antea, p. 124, E. de Breitenbach). Les érosions et les discordances se font seulement sentir sur de grandes surfaces.

Par contre, il importe d'étudier les discordances qu'on observe entre les calcaires delémontiens et les étages supérieurs de la molasse, à Courfaivre (Neufs-Champs) et à Rossemaison.

La discordance entre les sables vosgiens des Neufs-Champs ou du Bois de Raube contre la colline delémontienne de Chaux près Courfaivre a déjà été représentée par J.-B. Greppin dans ses Notes géologiques in Nouv. Mém. Soc. helv. sc. nat., vol. 14-15, p. 18, pl. 2, fig. 3.

La carte (Feuille VII, 1re édition) montre aussi les sables vosgiens buttant horizontalement contre la colline de Chaux, et passant au S. de Courfaivre en discordance sur l'Aquitanien redressé. Il ne nous reste en somme qu'à donner un profil plus étendu du val de Delémont depuis le Lieu-Galet jusqu'aux Pics, pour confirmer et compléter les rapports tectoniques entrevus par notre devancier (Pl. VI, fig. 5).

Il appert donc par l'examen de notre profil et de la carte (feuille VII, 2e édition), que les sables vosgiens ravinent profondément le groupe oligocène, voire même le Jurassique supérieur. Les érosions préhelvétiennes se compliquent en outre d'une lacune stratigraphique (Burdigalien) que nous avons constatée partout au N. du Moron (Moutier, Corban, etc., voir p. 132).

A Rossemaison, et dans les versants S. et W. de la colline du Montchaibeut qui a livré des ossements de *Dinotherium giganteum* (Musée de Berne, voir Mém. Soc. pal. suisse, vol. 2, 1875, et Suisse illustrée, année 1872, n° 18), les sables vosgiens sont partout en discordance sur la molasse alsacienne, comme la carte de Greppin l'indique déjà.

Il en est de même en Ajoie, dans les collines entre Charmoille et Fregiécourt; mais c'est aussi une certaine lacune entre la molasse alsacienne et les sables vosgiens compliquée d'érosions prétortoniennes plutôt qu'une discordance angulaire proprement dite, car la nappe horizontale des sables vosgiens repose sur un substratum également à peu près horizontal.

A Dürlinsdorf près de Ferrette, en dehors de nos limites, il y a par contre une discordance singulière entre les marnes tongriennes et les sables à Dinotherium, dont il est difficile de se rendre un compte exact, à cause de l'exiguïté des affleurements.

On constate également une forte érosion prétortonienne dans le val de Laufon, à l'E. de Breitenbach. Dans les collines molassiques de cette région, on peut constater une ablation à peu près générale des calcaires delémontiens, tandis que la gompholithe d'Argovie, c'est-à-dire l'équivalent synchronique des sables vosgiens, recouvre la molasse alsacienne avec ravinement plus ou moins prononcé (Pl. VI, fig. 4).

Relations avec les plis. Les discordances et les ravinements tertiaires que nous venons de passer en revue sont tous cantonnés au N. du val de Delémont. Dans la région méridionale du Jura bernois et soleurois, il n'y a que des lacunes stratigraphiques sans discordances angulaires.

Par contre, la région côtière du Doubs entre Chaux-de-Fonds et Glovelier accuse des ravinements littoraux à divers niveaux tertiaires, qui nous ont permis de reconstruire approximativement la configuration du rivage et les transgressions de la mer tertiaire aux diverses époques. (Voir Ier suppl., p. 153 et suiv., p. 244, p. 268 et suiv.)

En continuant ces lignes de rivage vers l'Ajoie, on circonscrit un golfe tertiaire en relation directe avec celui marqué par la molasse du Sundgau et de Montbéliard. Il en est de même vers Bâle. D'après la position et la composition de nos lambeaux tertiaires actuels, nous trouvons donc depuis les temps oligocènes jusque vers la fin des temps miocènes un bras de mer traversant notre territoire du S. au N., avec des îles ou presqu'îles vers l'Argovie et vers le Jura français actuel.

Les discordances que nous venons d'examiner sont situées pour la gompholithe d'Ajoie sur la côte occidentale du golfe tongrien, et pour les sables vosgiens ou la gompholithe d'Argovie sur la côte septentrionale de la mer tortonienne. Pour ces derniers, on constate en outre une transgression miocène, puisqu'ils rétablissent la communication momentanément interrompue par régression (Burdigalien-Helvétien) entre le bassin de Mayence et la mer subalpine.

Nos discordances angulaires sont si localisées que nous ne pouvons guère entrevoir de région plissée aux temps tertiaires dans la partie exondée du Jura. Le plissement post-miocène est partout le phénomène orogénique prédominant, celui qui donne à la chaîne actuelle du Jura un certaine cachet de régularité.

Il ne faudrait toutefois point méconnaître l'influence passive de la configuration du pays aux temps tertiaires sur la direction et la forme des plis post-miocènes. Ainsi, la surélévation des synclinaux et des lambeaux tertiaires des Franches-Montagnes et du Clos-du-Doubs, le même fait dans la position des lambeaux tertiaires de Bâle-Campagne et de la Hohe-Winde, par rapport aux synclinaux du centre du Jura bernois, montre bien qu'il y a eu au début du plissement des différences de niveau et de constitution (matelassage tertiaire au centre du pays) entre nos différentes régions. La chaîne de St-Brais, comme celle du Trogberg, les plis dirigés N.-S. d'Hérimoncourt à l'W., ceux d'Arlesheim à l'E. du golfe tertiaire, indiquent aussi la forme qu'avait le sol du Jura avant le plissement. Voir Ier suppl., p. 191 et p. 267 et suivantes.

Voici les principales altitudes des terrains tertiaires dans la feuille VII:

W.	Centre du pays.	E.
Chaux-de-fonds (Helvétien): 1000 m. Chaux-d'Abel (Helvétien): 1000 m. Cerneux-ès-Veusils (Helvét.): 1030 m. Noirmont (Helvétien): 1000 m. Tramelan (Œningien): 930 m.	…	Mett (Burdigalien): 470 m. Péry (Burdigalien): 650 m. Châtelet p. Fuet (Burdig.): 820 m. Golat (Œningien): 780 m.

W.	Centre du pays.	E.
Montfaucon (Tongrien): 940 m. Indevillers (Tongrien): env. 800 m.	Moutier (Delémontien): 600 m. Matzendorf (Delémont.): 600 m. Undervelier (Helvétien): 600 m. Chaux près Courfaivre (Delémont.): 618 m.	Hohe-Winde (Alsacien): 1100 m.
Bressaucourt (Tongr.): 550 m.	Corban (Œningien): 543 m. Girlang (Helvétien): 521 m. Breitenbach (Alsacien): 460 m.	Kasten (Delémont.): 980 m. Mättli (Alsacien): 940 m. Waldenbourg (Delémontien): 1040 m.
	Dornach (Alsacien): 300 m.	Ziegelscheuer (Alsacien): 640 m. Tennikerfluh (Helvétien): 600 m.

On voit donc en passant de l'W. à l'E. la forme en cuvette ou canal dirigé N. S. que forme le Tertiaire de la feuille VII. C'est là certainement un reste de la forme du détroit jurassien qui faisait communiquer le bassin helvétique avec celui de Mayence. Comme nous l'avons dit dans la partie stratigraphique, ce détroit a été formé de bonne heure (peut-être avant le dépôt des marnes à *O. cyathula*, et certainement dès la base de la molasse alsacienne)[1]), mais il a été un moment asséché (molasse lausannienne et grès coquillier), pour se reformer lors de la transgression miocène (Helvétien) qui atteignit son paroxysme au temps des sables vosgiens ou d'Eppelsheim.

---

[1]) Voir Andreæ et Kilian, Briefwechsel in Mitteil. der Kommission für geol. Landesuntersuchung von Elsass-Lothringen, Bd. I.

III. Dislocations longitudinales ou parallèles au plissement.

Ces accidents sont 1° des *failles* longitudinales ou dénivellations de clefs de voûtes ou de synclinaux parallèles au plissement et suivant un plan à peu près vertical, 2° des *chevauchements,* ou failles longitudinales suivant un plan très oblique à l'horizon, dislocations de beaucoup les plus fréquentes dans le Jura septentrional, 3° des *lambeaux de recouvrement* que nous ramenons soit à de grands chevauchements, soit à des glissements (roches brisées) pendant l'érosion des plis, et 4° les accidents de glissement plus ou moins lent de crêts jurassiques que nous avons proposé d'appeler *roches brisées.* Voir 1er supplément, p. 229 et suiv.

Nous n'aurons à faire ici qu'une énumération et une courte description de ces irrégularités tectoniques dans notre territoire.

Failles longitudinales. Ce genre de dislocation, contrairement à ce que dit Thurmann (Essai sur les soulèvemens, 2e cah., Esquisses orographiques, p. 8, et Actes soc. helv. sc. nat. 1853, p. 290 et suiv.) se rencontre assez fréquemment dans un territoire plissé comme le nôtre. On le constate surtout au pied de nos plis, soit en Alsace, soit au bord du plateau suisse.

La faille la plus connue est celle de l'ermitage de Ste-Vérène près de Soleure, figurée depuis longtemps dans les coupes et profils (voir F. Lang, Geologische Skizze der Umgebung von Solothurn, pl. 1 et 2). Nous ne pouvons que confirmer ici l'interprétation donnée de cet accident qui comporte plus de 200 m. de dénivellation verticale.

Il y a dans la région du Trogberg et de la Hohe-Winde quelques petites failles de peu de dénivellation, indiquées dans nos profils (pl. II-III).

Une faille longitudinale s'observe au fond du vallon de Chaluet, à l'E. de Court. On voit dans la colline des Roches le Portlandien et le Kimeridien de la lèvre S. dominer la molasse de la lèvre N. Greppin avait marqué comme éboulis ce pli secondaire faillé de Chaluet dans la 1re édition de la feuille VII.

Nous en avons signalé dans les environs de Chaux-de-Fonds (la Ferrière) et aux Franches-Montagnes dans notre 1er supplément, p. 230-232 et pl. I, fig. 2. Ce sont des failles plutôt que des chevauchements.

Au pied N. du Jura, il y a aussi quelques failles longitudinales remarquables par leur position dans un territoire à couches horizontales.

Une faille d'environ 100 m. de dénivellation suit un tronçon de la route entre Fahy et Abbévillers. Il y a affaissement de la lèvre N. Au S. de la faille, ce sont les marnes grises astartiennes, avec plaquettes couvertes de valves détachées d'*Astarte gregarea* (Th.) Etal., et au N., sur la route, à la même altitude à peu près, on rencontre les marnes jaunes et la lumachelle à *O. virgula*. Cette faille doit se prolonger vers l'E. et vers l'W., mais sur des plateaux en culture; il est difficile de préciser.

Dans son Esquisse tectonique de la Suisse septentrionale (Livret-guide, pl. 6, Eclogæ geol. Helvetiæ, vol. 3, pl. XI, et Verhandl. Basel, Bd. 10, Taf. 7), M. le professeur Mühlberg fait figurer deux petites failles longitudinales dans les voussures oolithiques d'Ederschwyler et de Movelier, que nous indiquons ici pour mémoire.

Nous nous abstiendrons de parler ici des dislocations qui se rencontrent sur la feuille II.

Chevauchements. Depuis que notre confrère M. le professeur Mühlberg[1]) a attiré l'attention des géologues sur les irrégularités tectoniques du Jura septentrional, les chevauchements se sont le plus souvent substitués là où A. Müller et d'autres avaient vu de simples failles. On peut dire, de même que son pied occidental, le pied septentrional du Jura est le plus souvent ou renversé, déjeté, ou en chevauchement sur les collines tabulaires du Doubs et du Rhin. Mais il y a aussi des régions où les plis sont réguliers, avec passages graduels aux renversements, plis-failles, failles et chevauchements. Tous ces accidents sont en effet liés les uns aux autres sans qu'on puisse fixer des limites nettes entre eux.

Comme un mémoire spécial sur la zone de contact entre le Jura proprement dit (Ketten-Jura) et les collines tabulaires[2]) (Tafel-Jura) bâloises,

---

[1]) Mitteilungen der aargauischen naturf. Gesellsch., Heft 6, Verhandlungen der naturf. Gesellsch. in Basel, Bd. 10, Eclogæ geol. Helvetiæ, vol. 1-3.

[2]) Les expressions de collines tabulaires *(mesetas)* du Doubs et du Rhin, ou sous-vosgiennes et sous-hercyniennes, nous paraissent préférables à celle de Jura tabulaire, parce qu'au point de vue purement tectonique, ces collines, non plus que le Randen ni la Rude-Alpe, n'appartiennent à la chaîne des plis du Jura, mais ce sont les découpures du plateau qui sépare le Jura de la Forêt-Noire et des Vosges. Le Tafel-Jura bâlois et argovien est en particulier lié à la falaise sous-hercynienne, comme les collines de Belfort, de Montbéliard et de

soleuroises et argoviennes est annoncé par M. Mühlberg, ce dont il a été chargé par la Commission géologique (Actes soc. helv. des sc. nat. 1891-1895, rapports de la Commission géologique), nous n'aborderons ici son sujet que pour marquer les points sur lesquels nous ne nous sommes pas trouvé entièrement d'accord avec lui au cours des excursions et des discussions que nous avons eues ensemble. Voici les principaux chevauchements constatés et admis comme tels par nous sur la feuille VII (voir les coupes et profils de pl. II-IV).

Le flanc S. de la voussure oolithique de Schwengimatt à l'W. de la cluse de Balsthal est chevauché sur le flanc N. et sur le crêt séquanien des Lebern, d'accord avec le profil de la rive gauche de la cluse, qu'a donné M. Mühlberg (Eclogæ, vol. 3, pl. 10, et Verhandl. Basel, Bd. 10, Heft 2, Taf. 6).

Un phénomène analogue a lieu au N. de Balsthal, dans la chaîne du Probstberg, où la voussure oolithique de l'Oberberghof recouvre le Jurassique supérieur du flanc N. de cette chaîne.

Le fond du vallon de Mümmliswyl, jusqu'à l'entrée du Gouldenthal, est aussi faillé avec chevauchement de la lèvre S. (Séquanien et Argovien) sur la molasse alsacienne de la lèvre N.

Le pli kimeridien secondaire qui s'élève du fond du vallon de Balsthal entre Ædermannsdorf et Rosières (Welschenrohr) est aussi chevauché contre le flanc S. de la chaîne du Probstberg.

Un chevauchement peu connu est celui de la Combe-des-As entre Montaigu et la Scheulte (voir pl. II, prof. 1-2) sur le prolongement occidental du synclinal tertiaire renversé de Marchstein—les Pouches. La voussure oolithique de la Scheulte a chevauché sur le flanc sud de celle du Chételat[1]).

---

la Haute-Saône le sont à la falaise sous-vosgienne. On trouve dans la „Grande Encyclopédie", p. 305, l'expression assez bien choisie de *Suisse rhénane* pour cette région qui, pas plus que le Randen, le Dinckelberg ou l'Isteinerklotz, n'appartient au Jura. Le Rhin n'est certainement pas une limite géologique. En allemand, les termes de *Rheinschweiz*, *Rheintafel* sont bien plus corrects que celui de Tafel-Jura.

[1]) Le profil 3 de pl. II rectifie celui que nous avons donné de la Scheulte in Livret-guide, pl. III (orientation un peu différente), où le Lias a été lithographié par erreur en crêt à la place de l'Oolithique. Le chevauchement est en ce point transformé en fort déjettement, qui s'accentue encore dans le profil 4. On peut très bien suivre sur le terrain les bolus et les calcaires rouges à grains de fer sidérolithiques en synclinal sous le Séquanien renversé. Voir la carte de la Hohe-Winde, pl. I b.

La Hohe-Winde présente aussi des chevauchements dans son flanc N. oolithique (voir pl. II, prof. 6-8), ainsi que sur la voussure du Nesselboden, le long du synclinal molassique de Marchstein—Bildstein.

Un chevauchement très-instructif est en outre celui du flanc N. du Nesselboden, où l'on voit le Bajocien chevauché sur la molasse alsacienne. (Pl. II, prof. 8-9.)

Dans la région du Doubs, on ne rencontre de chevauchement important que celui de la voussure oolithique de Montmelon-dessus, contre le crêt corallien de la côte de Sévai. On prolonge ce chevauchement jusque près de la Combe-Chavatte-dessus, mais on ne voit pas qu'il affecte la rampe corallienne de la Caquerelle, ni les étages séquanien et kimeridien du Moulin-de-Séprais.

La chaîne du Lomont, qui s'efface à l'E. de l'étang de Lucelle, ne présente pas de chevauchements proprement dits, malgré ses déjettements fréquents au flanc N. (Cornol).

Par contre, ils se montrent dans la chaîne des Rangiers ou du Vorbourg, à l'E. du Bois du Treuil, où ils se compliquent de lambeaux de recouvrement. On peut citer, d'accord avec M. le Dr Jenny (Verhandl. Basel, Bd. 11, Heft 3, Taf. VII), comme vrais chevauchements : le Vorder-Rohrberg, crêt oolithique renversé et chevauché sur le Rauracien du Stierholz ; un accident analogue à Fluematt ; le Landsberg avec la Rothefluh est l'extrémité occidentale d'un grand lambeau de recouvrement dont nous parlerons ci-après.

Les chevauchements de crêts oolithiques renversés reprennent à partir de Meltingen vers Reigoldswyl et plus loin, où ils se compliquent encore de lambeaux de recouvrement. La différence est parfois difficile à établir entre ces deux genres de dislocation.

Les crêts de Muschelkalk au S. de Reigoldswyl et de Waldenbourg sont chevauchés jusqu'à quatre fois les uns sur les autres, leur inclinaison est alors constamment vers le S.

Lambeaux de recouvrement et de glissement. Aux environs de Reigoldswyl, on a signalé depuis longtemps des gisements anormaux de Dogger sur le Malm, que M. Mühlberg a décrits (Eclogæ, vol. 3, p. 473, et pl. 7-11) comme lambeaux de recouvrement (Überschiebungsklippen) résultant de chevauchements d'une assez grande amplitude. C'est pour ce mouvement orogénique que M. Jenny a employé le terme de plissement forcé (Verhandl. Basel, Band 11, Heft 3, p. 474). Mais une amplitude exagérée du plissement pour les couches supérieures seulement et actuellement disparues par érosion, a lieu de nous surprendre dans les chaînes normales comme celle du Passwang (Kellenköpfli) où le Lias inférieur forme des voussures régulières et à peine déjetées (Limmern). Nous sommes bien porté à admettre des mouvements discordants du Dogger par-dessus les crêts du Malm, pour la région de Meltingen à Waldenbourg, où l'on voit des chevauchements évidents dans le Muschelkalk. Mais le plus souvent il n'est pas nécessaire d'exagérer le plissement du dogger pour trouver l'explication cherchée. On peut très bien aussi faire dériver les lambeaux de recouvrement de glissements lents de roches détachées pendant le plissement et l'érosion des chaînes en question. Nous avons cherché à rendre compte de ce phénomène dans le pointillé de nos voussures de Dogger reconstruites (pl. IV, prof. 17-23) avec les lambeaux de recouvrement à la place hypothétique qu'ils pouvaient occuper avant l'érosion. On verra par ces coupes et les détails annexés (pl. V, et l'explication des planches), en quoi nos plis ou leurs déjettements diffèrent des chevauchements dessinés par M. Mühlberg. (Verhandl. Basel, Band 10, Taf. 5; Eclogæ, vol. 3, pl, 9, prof. 3, etc.)

En résumé, les dislocations du Jura septentrional rapportées à des lambeaux de recouvrement se relient intimément aux déjettements et aux chevauchements, c'est-à-dire au plissement normal ou disloqué d'une part, et de l'autre aux déplacements par glissement des lambeaux découpés par l'érosion.

Nos principaux lambeaux de recouvrement sont: le Horn et la Hornfluh au N. de Reigoldswyl, le Richtenberg, le Balsberg, etc., entre Reigoldswyl et Bretzwyl, le Bouchenberg près de Nunningen, le Landsberg avec les Kallhalden au S. de la station de Bärschwyl (Glashütte). Cette région, comme le fait remarquer M. Jenny (Verhandl. Basel, Bd. 11, Heft 3, p. 463), a déjà été représentée assez exactement par A. Gressly sur son relief de la vallée de la Birse (Musée de Bâle, de Zurich, etc.). Mais à l'inspection de notre carte, on reconnaîtra qu'il y a plus qu'un chevauchement d'un crêt corallien. Les amas de gros blocs rauraciens parfaitement typiques et fossilifères des Riedmatte et de l'Obertannwald proviennent de même d'un éboulement du Stürmenkopf, et l'on doit admettre, vu leur position en contre-bas, que le crêt chevauché a glissé par-dessus le Tertiaire du Stürmen. On pourrait être tenté de réunir tous ces débris au Landsberg pour en faire un grand lambeau de recouvrement primitif plus ou moins dilacéré par les érosions et disloqué pendant le glissement.

On le voit, ces deux sortes d'accidents, les lambeaux de recouvrement par chevauchement, et les roches détachées ou lambeaux de glissement (voir p. 180), sont liés par des passages, sans qu'il soit toujours possible de distinguer quel phénomène, effort orogénique ou simple glissement, a présidé à leur formation, car dans bien des cas, les deux causes peuvent avoir agi simultanément.

IV. Dislocations transverses.

Les failles transversales, obliques ou perpendiculaires à la direction des plis, ainsi que les décrochements horizontaux sont assez fréquents dans le Jura septentrional. Nous avons pu en constater surtout dans le Jura de Ferrette (Esquisse de M. Mühlberg in Eclogæ vol. 3, pl. 11), ainsi qu'au N. du nœud confluent de la Caquerelle. Les dislocations transverses sont nombreuses sur la feuille Montbéliard de la carte géologique détaillée de la France, au N. de Baumes-les-Dames, et sur la ligne de l'Ognon aux Vosges. Elles reparaissent dans les collines tabulaires bâloises et soleuroises, à partir de Dornach vers l'E., ainsi qu'à l'E. du Randen (Hegau). On en trouve donc quatre lignes principales situées sur le prolongement des lignes de dislocation des Vosges et de la Forêt-Noire[1].

Nous avons signalé (Ier supplément, p. 232-233 et carte géol. des environs de St-Imier A), un accident analogue entre la gare des Convers et le Cul-des-Prés près de Chaux-de-Fonds. Il ne se continue pas vers le N., et ne traverse pas la chaîne du Jura de part en part, comme l'entrevoyait Rütimeyer (Über Thal- und Seebildung, Karte über die Geschichte der Flüsse und Seen, sowie Bemerkungen p. 95).

Quant à la grande dislocation transverse qu'on a l'habitude de voir entre le Pont, Vallorbe et Pontarlier, il faudrait pour en démontrer la réalité, faire

[1]) Voir G. Steinmann: Bemerkungen, etc. in Bericht der naturf. Ges. zu Freiburg i. B., Bd. II, Heft 4.

le relevé exact de cette région au 1 : 25,000 pour la Suisse, et au 1 : 20,000 pour la France. Ce que l'on voit sur la feuille XI de la carte géologique de la Suisse, et sur la feuille Pontarlier de M. Bertrand, parle plutôt en faveur de plis déviés avec petites dislocations locales, que pour des décrochements horizontaux continus, comme Jaccard les a figurés.

La ligne de dislocations transverses de la Caquerelle à Oberlarg ne forme pas non plus une série ininterrompue, mais elle est entrecoupée de régions normales où l'on ne parvient pas à constater des dérangements de strates. C'est ainsi que le chevauchement de Montmelon-dessus ne se relie pas nécessairement au décrochement de la voussure oolithique des Rangiers. (Voir la carte géologique de pl. I a.) Ni sur les plateaux séquaniens de Plainbois et des Bruyères, ni dans les rampes rauraciennes des Grandes-Roches n'apparaissent des dislocations transverses. Par contre, entre Montbreux-dessous et Fontaine, on trouve une faille oblique que coupe la route de Charmoille à Lucelle, à peu près à 125 m. à l'E. de l'embranchement du chemin de Fontaine. On peut constater ici, de même que dans la rampe opposée de la Rochette, le contact par faille de l'oolithe pisiforme du Rauracien moyen avec les bancs compacts du Séquanien supérieur. Dans la faille même, on trouve une brèche de dislocation avec du bolus sidérolithique.

Si donc le décrochement horizontal des Rangiers se prolonge vers le N., il faut dire qu'il est remplacé momentanément par une faille transverse d'environ 80 m. de dénivellation verticale. Ces faits nous semblent parler en faveur de dislocations locales lors du plissement du Jura, occasionnées par la position des plis à l'extrémité des plateaux du Jura français et du Clos du Doubs (région miocène exondée), plutôt que de mouvements venus des Alpes (Rozet, Rütimeyer), ou des Vosges (Steinmann), comme on est trop porté à le croire.

Une autre faille transverse, parallèle à celle dont nous venons de parler, se voit entre la Toulière (tuilerie) et Charmoille, immédiatement à l'E. des dernières maisons de ce village, dans la direction de Pleujouse. On voit sur la route des calcaires du Kimeridien inférieur à *Pseudocidaris Thurmanni* au contact avec le Rauracien inférieur à *Cidaris florigemma, Microsolena*, etc. Au S.-E. de Charmoille, dans les prés de la montagne, on rencontre même les chailles de l'Oxfordien supérieur à *Rhynchonella Thurmanni*. En contre-bas, sur la lèvre W. de la faille, se trouvent les sables à galets vosgiens. La dénivellation est donc ici plus forte encore que dans la faille de Montbreux.

Une coïncidence remarquable est le fait que sur le prolongement de la faille de Pleujouse on trouve un second décrochement horizontal, très apparent sur les cartes topographiques entre la Male-Côte et les Esserts-Valtet au S. de Fregiécourt. Ce décrochement a été signalé par M. Mühlberg, et l'on peut constater au contour de la route de la Male-Côte les chailles siliceuses de l'Oxfordien supérieur à *Millericrinus horridus* et *Rhynchonella Thurmanni* à côté du Bajocien. Citons encore, pour être complet, le petit décrochement horizontal reconnu par M. Mühlberg dans le flanc oolithique à l'W. de Cornol.

Le flanc N. de la chaîne du Monterri est seul affecté par ces décrochements horizontaux. Dans les roches oolithiques des Rondins et à Montgremay, rien ne trahit l'action d'une poussée quelconque. Nous avons ici la preuve que la poussée orogénique ayant produit le déversement du flanc N. de la chaîne du Lomont avec ses dislocations vient du N., et non pas du S., ce qui confirme les idées que nous avons émises sur le plissement du Jura (Ier supplément, p. 270-271 et p. 277).

Au S.-E. de Montsevelier, au point d'inflexion (de N. vers E.-NE.) de la chaîne du Trogberg, il s'est produit un décrochement horizontal de $^1/_2$ km. que suit le ruz des Vies Forchies dans le flanc N. seulement du Chaumont. (Voir la carte I b.)

Au N. de Joggenhaus près de Beinwyl se trouvent deux petites failles transverses qui courent parallèlement du S.-W. au N.-E. à peu près dans la direction de la faille Gempen-Hochwald, sans qu'on puisse trouver dans l'intervalle de 8 km. d'autres indices de dislocation pour les réunir sur la carte par un trait continu.

On constate, par contre, un décrochement horizontal dans les crêts oolithiques situés entre Birtis et Neuhäuslein. Il est localisé au flanc S. de la chaîne d'Ullmatt qu'il ne traverse pas. (Voir la carte I b.)

Nos dislocations transverses paraissent donc avoir eu pour cause un tassement quelconque dans cette série de plis qui se sont accumulés sur le bord oriental de notre détroit molassique, c'est-à-dire au pied S. du môle de la

Forêt-Noire. On peut attribuer aux mêmes causes les dislocations transverses des Rangiers par rapport aux Vosges, de sorte que la configuration du sol tertiaire se réflète encore aujourd'hui dans la tectonique du Jura septentrional, comme nous l'avons établi ailleurs (1er supplement, p. 191).

V. Eboulements, roches détachées, crêts retombés.

Pour clore la série des dislocations de notre territoire, nous dresserons la liste des éboulements remarquables que nous avons fait figurer sur la carte au 1 : 100,000, aussi exactement que possible. Nous avons perdu beaucoup de temps, malgré les excellentes indications qui nous ont été fournies par M. le Dr V. Gross à Neuveville, M. F. Hirt, instituteur à Douanne, M. le curé R. Griesser de Seewen, et M. H. Taillard, hôtelier à Goumois, à rechercher dans les vieilles chroniques des relations détaillées sur ceux dont l'histoire a conservé le souvenir. Mais c'est avec regret que nous devons constater les grandes lacunes qui existent dans les archives du pays sur des événements géophysiques qui ne manquent pas d'importance. La tradition est, comme toujours, fort incertaine et vague.

Eboulement au N.-E. de Weingreis, au lieu dit: „beir Thomasgasse", ou „Roggeten", dans le pli assez prononcé des rochers portlandiens de la petite chaîne de Montbijou.

M. le Dr V. Gross à Neuveville et M. F. Hirt, instituteur à Douanne, nous écrivent que, selon la tradition populaire, cet éboulement doit avoir eu lieu le même jour que le fameux tremblement de terre de 1356 qui détruisit la ville de Bâle, et fit crouler plus de trente châteaux dans l'Evêché. Les chroniques ne donnent cependant aucun détail.

Eboulements de la Goule et du Saut-du-Doubs. On voit actuellement à la Goule, sur la rive française du Bief d'Etoz, un amas considérable de gros blocs et quartiers de roc de plusieurs mètres cubes, tombés des rochers kimeridiens et séquaniens (oolithe blanche) formant les rampes de la vallée du Doubs, avec un substratum de marnes séquaniennes (usine électrique). La position des couches est sensiblement l'horizontale. C'est à cet éboulement qu'est dû le barrage naturel du Doubs, auquel la localité emprunte le nom de Goule qui signifie petit lac ou étang. On trouve ailleurs les noms de golat, goïlle, etc.

Le Saut-du-Doubs et le lac de Chaillexon ou des Brenets doivent aussi leur origine à un éboulement de la rampe de la rive droite du Doubs, ayant occasionné un barrage analogue et plus considérable encore.

L'éboulement de la Goule doit avoir détruit et enseveli plusieurs habitations en cet endroit, au bord du Doubs. M. H. Taillard, propriétaire de l'hôtel de la Couronne à Goumois, a recueilli dans le pays les renseignements suivants que nous transcrivons textuellement: „Ce que j'ai appris par d'autres „personnes, c'est qu'il y avait autrefois un prêtre pour desservir cette petite „paroisse du Bief d'Etoz, laquelle se composait d'environ 300 âmes. La maison „curiale existe encore sous le nom de *Vieille Cure;* elle est à 20 mètres „de la Chapelle . . . . . L'on prétend que l'éboulement a eu lieu aux environs „de l'an 1400."

Goumois. Un petit éboulement recouvre de ses débris le pâturage à l'E. de Goumois, rive française, non loin de la source qui fait marcher un moulin. Ce sont des blocs de calcaires rauraciens tombés de l'angle N.-E. de l'hémicycle de Goumois (France).

Des éboulements de ce genre sont naturellement trop peu importants pour avoir laissé un souvenir quelconque dans le pays. Le géologue seul y reconnaît un événement dont la date reste inconnue, mais dont le renouvellement pourrait être prédit en plusieurs points. Il est toujours utile de prévoir au moins des accidents semblables, s'il n'est pas toujours possible de les prévenir. Cette tâche n'a pas encore été abordée, mais ce serait là un travail plus utile encore que celui d'enregistrer simplement les faits accomplis.

Cirques et cluses. D'après ce que nous avons pu voir par le relevé géologique du Jura, ce sont les cirques (Balmberg, Roudchâtel, Court, Moutier, Undervelier, etc.), traversés ou non par les cluses, les endroits les plus sujets aux éboulements. Les rives du Tabeillon (Roche de St-Brais) sont aussi très exposées: elles doivent être autant que possible évitées ou du moins consolidées pour les travaux d'art.

Steinegg et Seeloch près de Seewen (Soleure). Il est de toute évidence pour le géologue que le crêt rauracien de Foulnau, au flanc N. de la chaîne du Homberg près de Himmelried, a glissé sur sa base marneuse attaquée par l'érosion dans l'angle S.-E. du cirque de Grellingen, et a glissé dans le ruz du Seebach, pour barrer le cours de cette petite rivière. Il en est résulté un lac dont le nom de Seewen (ou *Seebe* dans le langage populaire) témoigne encore aujourd'hui. M. le curé R. Griesser, qui a eu l'amabilité de consulter à notre intention plusieurs sources historiques, nous écrit qu'il existait déjà en 1085 une paroisse à Seewen, relevant du couvent de Beinwyl *(acta monasterii)*, dont confirmation par des actes ultérieurs (Trouillat I, 306). La date de la formation du lac, c'est-à-dire la date de l'éboulement, ne peut de ce chef avoir, aucune coïncidence avec l'éboulement de Weingreis. Elle est antérieure au XIe siècle, mais l'histoire n'en a probablement pas conservé le souvenir. On sait que l'écoulement du lac a été pratiqué au siècle dernier au moyen de la galerie voûtée (Seeloch) qu'on voit au Steinegg par-dessous les matériaux de l'éboulement[1]). Il reste aujourd'hui, comme dernier vestige du lac, l'étang artificiel dit Baslerweiher à la scierie (Säge), S. de Seewen.

Stürmenkopf près Laufon. On voit au pied N. du Stürmenkopf, qui est lui-même le faîte d'un crêt rauracien chevauché (antea p. 173), dans les bois du Kallhalden qui s'élèvent à l'E. du domaine de Stürmen situé sur la molasse alsacienne en gisement normal sur le Séquanien, de petits crêts formés de gros blocs de calcaires rauraciens, et alignés comme les contours géologiques des étages jurassiques. On a évidemment affaire ici à un ancien éboulement du

---

[1]) „Der Seebach (der Name Seewen daher abgeleitet) nimmt bei Bretzwyl und beim „Dietel seinen Anfang .... In den älteren Zeiten bildete dieser Bach bei Seewen einen „bedeutenden Bergsee. 1488 fasste zuerst Thomann, der Schmied des Ortes, den kühnen Ge-„danken, diesen See abzugraben. Er wandte sich daher an die Regierung und forderte für „diese Arbeit den halben Theil der Fische. Er erhielt unter dieser Bedingniss wirklich die „Erlaubniss; doch scheint die Arbeit nicht zu Stande gekommen sein; denn 1569 wurde von „der Obrigkeit wiederum bewilligt, den See abzugraben; aber auch diesmal wurde die Ent-„sumpfung nicht vollendet. Erst gegen das Ende des verflossenen Jahrhunderts wurde in den „Berg 100 Klafter lang ein Stollen getrieben, und hierdurch dem Wasser freier Abzug nach „der Birs bewirkt.“ (P. Strohmeier in Gemälde der Schweiz, Heft 10, p. 48, in 12, St. Gallen und Bern 1836.) Voyez aussi Eclogæ, vol. 3, p. 508.

Stürmenkopf, plus ou moins bien conservé en place, ou déblayé en partie par les érosions ou les glaces quaternaires. Il est impossible de dire à quelle époque remonte cet éboulement, et en quoi il pourrait être en outre l'effet d'une accumulation morainique.

Eboulements quaternaires. Il est clair que les éboulements qui ont eu lieu pendant les différentes phases des temps glaciaires sont mélangés avec les débris morainiques de ces temps-là, ainsi qu'avec les éboulis ultérieurs, etc. On est parfois bien embarrassé de dire si l'on a devant soi des blocs éboulés, ou bien des blocs erratiques du Jura, attendu que la chute de ces blocs peut avoir été aussi bien produite par la dislocation (glissement, tremblement de terre) qu'attribuable au transport par la glace. Sous les crêts déjetés, on est naturellement porté à admettre des éboulements, mais là aussi les glaces quaternaires peuvent avoir contribué à l'accumulation de débris de fortes dimensions.

Nous pouvons citer comme blocs éboulés appartenant à cette catégorie, ceux des pâturages au N. de Delémont, ceux du pied N. du Graitery, celui de la cluse de St-Joseph, au S. de Corcelles, ceux du pâturage de l'Envers de Welschenrohr (Rosières), etc. etc.

Par contre, on voit beaucoup de matériaux éboulés qu'on doit rattacher aux simples éboulis, dans les ruz de montagne au N. de Granges, Selzach, etc., marqués du reste comme éboulis sur la carte de J.-B. Greppin (Strohmeyer, Gemälde der Schweiz, Bd. 10).

La région située au N. d'Attiswyl et de Niederbipp est particulièrement tourmentée, et difficile à comprendre tectoniquement. Les rochers en place du Malm au N. d'Attiswyl présentent un fort déjettement au S., comme toute la chaîne, du reste, à partir du Balmberg, de sorte que les parties éboulées ne doivent point surprendre dans cette région. Mais il doit y avoir, en outre, des dislocations tectoniques, ainsi que nous l'avons dit plus haut. M. le professeur Mühlberg est plutôt porté à donner ici la prépondérance aux éboulements (Geotektonische Skizze der nordwestlichen Schweiz, Eclogæ vol. 3, tab. 11, p. 478).

Restes d'éboulements plus anciens. La couverture jurassique de la colline du Mont-Chaibeut au S. de Delémont a déjà excité la sagacité de plus d'un géologue, d'autant plus qu'on y a exploité une station d'échinides séquaniens assez riche. J.-B. Greppin croyait que le Séquanien avait percé ici la molasse, par suite d'une poussée volcanique. Les matériaux fossilifères séquaniens forment une brèche non cimentée, ou masse incohérente de marnes et de débris anguleux appartenant presque tous au Séquanien inférieur et moyen, et formant une couche régulière, épaisse de plusieurs mètres, qui repose à peu près horizontalement sur la molasse à *Dinotherium*, également horizontale. Par-dessus cette *groise*[1]) astartienne se rencontre une zone horizontale encore formée de plusieurs bancs disloqués de calcaires blancs et d'oolithe blanche appartenant au Séquanien supérieur. La couverture du Mont-Chaibeut est donc un lambeau séquanien disloqué mais stratifié normalement. Il n'y a pas d'autre explication rationnelle à donner pour ce lambeau qu'un glissement en bloc d'une partie des marnes séquaniennes avec les calcaires sus-jacents, provenant de la montagne de Châtillon au versant N. de la chaîne de Vellerat. Ce glissement a probablement eu lieu dans les temps quaternaires anciens, alors que la molasse remplissait encore le val de Delémont à l'altitude du Mont-Chaibeut (629 m.). La distance pour le glissement en question ne fait que 2 km. en projection horizontale. Le flanc N. de la chaîne de Vellerat, à l'E. de Châtillon, présente aussi un faible renversement, avec genou dans les roches rauraciennes, à peu près à l'altitude du Mont-Chaibeut.

Un lambeau de blocs éboulés analogue à celui du Mont-Chaibeut existe au sommet du Kapf, N. de Selzach; mais ici les éléments jurassiques (Kimeridien-Séquanien) sont beaucoup plus mélangés. C'est évidemment un reste d'une nappe plus étendue d'anciens éboulis quaternaires, ou d'une ancienne moraine jurassienne découpée par les érosions subséquentes.

Roches détachées. Nous avons décrit dans notre 1er Supplément (p. 229 et suiv.) sous le nom de *roches brisées* un accident tectonique (ou phénomène d'érosion) dont le nom est emprunté à la topographie de la feuille 102 de l'Atlas Siegfried. Il vaut mieux dire cependant *roches détachées*, parce que l'autre

---

[1]) On appelle *groise*, dans le Jura, les matériaux concassés, destinés à l'empierrement des routes *(macadam)*.

qualificatif exprime un état de désagrégation ultérieure qui n'est pas tout d'abord celui de ces lambeaux détachés des roches en place par un glissement plus ou moins lent sur une base marneuse. On pourrait dire aussi *lambeaux de glissement.* Signalons comme nouvel exemple de roche détachée celui au S. de Waldenbourg, à l'angle occidental du plateau du Hummel, dessiné dans notre pl. IV, prof. 26, où elle porte le nom allemand équivalent de „Brochene Fluh". C'est un lambeau séquanien. On en voit un autre de roches oolithiques à l'envers du Passwang, représenté dans pl. III, prof. 15.

Crêts retombés. Cet accident n'a pas été décrit dans le Jura, sans doute parce qu'il a été mal interprété, c'est-à-dire qu'il a passé le plus souvent sur le compte des failles ordinaires. L'exemple le plus facile à vérifier se trouve entre Pleigne et Bourrignon, à la Côte-de-Mai, crêt rauracien N. de la chaîne de Movelier (n° 54 de pl. VII). On trouve, à mi-hauteur de la rampe rauracienne, le Glypticien à fossiles siliceux, placé entre deux massifs de calcaires coralliens (Rauracien supérieur), puis vers le fond de la combe oxfordienne on retrouve encore du Glypticien à fossiles siliceux, qu'on peut recueillir abondamment sur le sentier de Pleigne. La coupe présente donc une répétition du Rauracien complet en contre-bas du Rauracien normal. La fig. 64 rend compte de cette structure qui ne peut s'expliquer que par un glissement en bloc du sommet du crêt

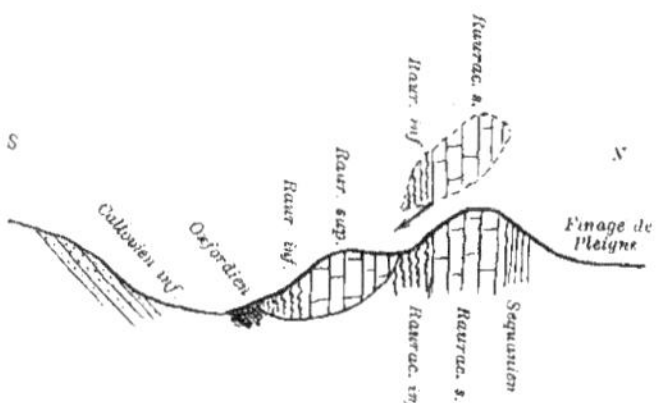

Fig. 64. **Crêt retombé de la Côte-de-Mai.**

rauracien normal vers le fond de la combe oxfordienne. Ce crêt retombé a une longueur de plus d'un kilomètre.

Un autre exemple, de dimensions plus restreintes il est vrai, se rencontre dans la combe oxfordienne du Moulin de Liesberg. Ici, c'est une partie du crêt oolithique qui a glissé en arrière dans la combe oxfordienne, de manière à donner un double profil du calcaire roux sableux et des couches à Macrocéphalites sur la même ligne. (Voir Archives de Genève, 3e pér., t. 34, pl. IV, prof. 4, où le crêt retombé figure par erreur sous le nom de dalle nacrée.) Un creusage pratiqué pour l'usine à ciment, au pied de ce roc, a en effet montré (20 octobre 1896) qu'il ne se continue pas en profondeur, mais qu'il est pour ainsi dire planté ou enfoncé de haut en bas dans les marnes oxfordiennes.

C'est en grande partie par des crêts retombés qu'il faut expliquer les lambeaux de recouvrement du Rohrberg, du Kellenköpfli, etc. (voir antea p. 172, et pl. IV, prof. 11, puis Verhandlungen Basel, Bd. 11, Heft 3, la planche du Dr F. Jenny). On conçoit bien en effet que des glissements en bloc d'une partie des anciennes voussures oolithiques ait pu rester sur les crêts du Malm en lambeaux de recouvrement. On voit encore dans pl. IV, prof. 8—11 un crêt oolithique retombé dans la combe liasique des Limmern.

Les feuilles 126 (Ornans) et 114 (Montbéliard) de la Carte géologique détaillée de la France montrent la combe oxfordienne du flanc S. de la montagne du Mont-Miroir près de Maiche, remplacée par une faille de manière à ce que le Rauracien touche la dalle nacrée (J_1). On voit en effet sur le terrain un contact semblable. Mais le Rauracien existe en deux crêts parallèles séparés par une dépression marneuse. Cette structure est évidemment celle d'un crêt retombé, masquant presque complètement la combe oxfordienne dont il a pris la place. On voit cette dernière reparaître régulièrement plus à l'E., au S. du dôme oolithique du Mont-Miroir, pour continuer par la Saigne tout autour de la voussure oolithique et sous les crêts rauraciens de cette montagne.

EXPLICATION DES PLANCHES

Planche I, cartes a et b.

Ces deux cartes géologiques au 1 : 25,000 se rapportent aux régions particulièrement intéressantes des Rangiers (Asuel) et de la Hohe-Winde, qui se trouvent placées sur le prolongement des lignes de dislocations de la vallée du Rhin, au pied E. des Vosges et W. de la Forêt-Noire. Voir G. Steinmann, Bemerkungen ...... in Berichte der naturf. Gesellschaft zu Freiburg i. B., Bd. II, Heft 4.

La carte I a (Environs d'Asuel et des Rangiers) n'est qu'une esquisse où il n'a pas été possible de tracer exactement les contours de tous les étages jurassiques et tertiaires, à cause du trop grand recouvrement par le lehm quaternaire. Ce dernier est laissé en blanc, il sera donc facile de reporter sur cette carte les affleurements qu'on pourra découvrir ultérieurement. Les faits les plus importants consignés ici, sont au point de vue stratigraphique : l'extension des sables à galets vosgiens entre Fregiécourt et Charmoille, et l'apparition du calcaire à cérithes d'Ajoie au Montillat près de Fregiécourt, sur le Kimeridien, puis au S. de cet affleurement la molasse alsacienne discordante sur le Kimeridien également.

Au point de vue tectonique, on voit les deux décrochements horizontaux des Rangiers et de la Male-Côte, déjà visibles dans la topographie (voir p. 175) ; puis les failles de Pleujouse et de Montbreux, qui sont probablement indépendantes des chevauchements précédents, bien que situées sur leur prolongement, ou à peu près (voir p. 174).

La carte I b (Environs de Beinwyl et de la Hohe-Winde) est la région la plus compliquée de la feuille VII. On peut à cette échelle représenter convenablement tous les étages reconnus et poursuivis sur le terrain. Comme faits tectoniques intéressants, citons les failles du Joggenhaus, p. 175, les chevauchements de la Hohe-Winde et du Bildstein, p. 171, enfin le décrochement horizontal à l'E. de Montsevelier, p. 175. Le renversement du crêt séquanien du Dürrenberg, rive droite de la Scheulte, est très accentué et démontré par le parcours du Sidérolithique visible partout à la moindre découverte (voir p. 170). Ce dernier terrain se rencontre aussi dans des poches, en dehors de la nappe normale actuelle, au Marchstein, à l'W. de Girlend et au Thürberg.

Comme le Diluvium est supprimé sur cette carte, à cause de son peu d'importance dans les montagnes, il a fallu dessiner la nappe normale du Sidérolithique sur la bordure orientale du val de Delémont (Montsevelier-Mervelier), qui est en majeure partie recouverte par les éboulis du pied des montagnes, et n'est constatée que par d'anciens sondages. Il y a toutefois des points où elle est à découvert, comme au Pâturage aux Chèvres, etc. Il en est de même de celle du Gouldenthal, sauf à Moos, où l'on constate les calcaires à pisoolithes ferrugineuses dont il est question p. 112.

Le principal objet de la carte I b est de faire voir les relations stratigraphiques des trois étages Oxfordien, Rauracien et Argovien. On voit l'Oxfordien (teinte gris de fer) s'amincir vers l'E. et vers le S., puis disparaître dans l'angle S.-E. de la carte. Le Rauracien formé de bancs épais, coralligènes (pointillé rouge), produit les arêtes saillantes du Fringeli, des Aibaiteuses, du Grand-Mont, etc., qui sont des crêts coralliens du type de ceux de Delémont et de St-Ursanne. On voit ces crêts se transformer vers la partie orientale et méridionale de la carte en bancs marneux et en marnes à ciment (traits bleus) produisant les combes argoviennes. Cette transformation ne se fait pas sur le terrain aussi brusquement que le changement de signe sur notre carte géologique. Les polypiers commencent par disparaître, les calcaires blancs deviennent mieux lités, puis se transforment en bancs bleus à délit polyédrique, séparés par des lits argileux (calcaires hydrauliques et couches de Birmensdorf). En outre, les marnes d'Effingen et celles du sommet de l'Argovien (avec les couches du Geissberg) vont fusionner en biseau dans la partie *supérieure* du Rauracien. Ce biseau est tout juste le contraire de ce que l'on a cru voir pour faire de l'Argovien un facies du Terrain à chailles (Oxfordien sup.). Il empêche aussi de relier le Rauracien avec les couches coralligènes du Séquanien inférieur (Crenularisschichten). On ne voit donc pas l'Argovien passer latéralement au Terrain à chailles, mais bien au Rauracien dont il est le facies pélagique. (Voir p. 53 et Ier Supplément, p. 83.)

A remarquer aussi sur cette carte les lambeaux molassiques sur les hauteurs aux alentours de Beinwyl (p. 126 et 128).

Le mode de coloriage des cartes de pl. I est le même que celui de la carte B des environs de St-Imier (Ier Supplément), c'est-à-dire qu'il est en somme pour chaque étage la combinaison de deux teintes: une fondamentale pour le groupe ou terrain (Lias = sépia, Oolithique = sienne, Malm = bleu minéral, Infracrétacique = chrome, Molassique = ocre), puis une teinte complémentaire appropriée à chaque étage, avec des signes répondant à leur nature pétrographique. La même teinte complémentaire est souvent répétée dans d'autres groupes, en recherchant des combinaisons heureuses et économiques. On remarquera dans nos cartes que la *base* d'un étage est occupée par un filet clair laissant voir la teinte fondamentale du groupe. C'est une convention qui a son utilité pour distinguer de prime abord la base du sommet de l'étage. On voit aussi d'emblée, par ce moyen, si un affleurement limité est un lambeau d'érosion ou un pointement qui se continue en profondeur. Le premier est bordé du filet clair, tandis que le second n'en a point. Les synclinaux ont aussi les filets clairs placés à l'*intérieur* des contours des étages; tandis que les anticlinaux montrent les filets clairs des étages placés à l'*extérieur* des contours. Avec un peu d'habitude, on lit plus facilement la carte au moyen de cette notation.

Les monogrammes ont été choisis de façon à reproduire les initiales des noms d'étage, ou d'autres rapports faciles à retenir.

La légende des cartes indique, en même temps que les noms stratigraphiques locaux pour le Tertiaire, généraux pour le Jurassique, l'essentiel de la composition pétrographique des étages, afin qu'on puisse se faire immédiatement une idée de leur rôle orographique (crêts ou combes), ainsi que de leur valeur technique. Voir pour l'épaisseur des étages l'explication de pl. II-III.

Planches II-III.

La série des profils coloriés 1-16 à l'échelle de 1 : 25,000 marche de l'W. vers l'E., depuis Vermes (Devant-la-Mait) jusqu'à Mümmliswyl, sur des lignes de coupes perpendiculaires à la direction moyenne des chaînes. Le plus grand nombre d'entre eux (prof. 1-14) peuvent en partie du moins, être repérés sur la carte I b. Les couleurs et le plus souvent les signes de la carte sont aussi ceux des profils. Les nombreuses irrégularités tectoniques représentées par nos coupes sont décrites ou énumérées dans le texte, p. 168 et suivantes.

Qu'on nous permette de placer ici quelques remarques sur l'épaisseur moyenne ou particulière des étages dans différentes régions du Jura. On peut se convaincre, en comparant les coupes publiées jusqu'ici, que l'épaisseur des groupes et des étages est sujette à des variations importantes. L'épaisseur des couches varie naturellement autant et plus encore que leur nature ou leur facies, mais il y a aussi des différences d'appréciation ou de mesurement chez les observateurs. Voici à comparer quelques chiffres tirés des premières publications principales sur les différentes régions de la feuille VII, et disposés suivant notre parallélisme (voir la tabelle p. 196 197).

Il existe certainement des différences d'épaisseur entre les étages de Porrentruy et ceux du Jura neuchâtelois, et à plus forte raison avec les unités stratigraphiques de l'Argovie. Comme l'indique Mösch, le même groupe peut présenter de fortes différences d'une localité à l'autre. Mais on voit qu'en général Thurmann est resté bien au-dessous de la réalité pour plusieurs groupes, comme pour le Corallien et l'Oolithique. Jaccard et M. de Tribolet ont un peu exagéré l'épaisseur du Séquanien (Astartien, Corallien et Hypocorallien), mais en général ils ont des chiffres assez exacts, de même que J.-B. Greppin. (Comparer avec les données ci-dessous.) Desor et Gressly (Etudes géologiques sur le Jura neuchâtelois, 4°, Neuchâtel 1859) ont pour certains groupes des chiffres plus faibles que Jaccard ou M. de Tribolet; pour d'autres, des chiffres plus forts (par exemple pour le Portlandien, 125 m., en quoi ils ont raison), mais leurs données ne reposent pas sur des coupes mesurées, non plus du reste que celles de M. Lang, mais plutôt sur une approximation. Celles de M. Lang sont assez justes. Mösch est souvent au-dessous de la réalité, par exemple pour les couches d'Effingen. En comparant ses données écrites avec les couches des planches coloriés, il y a d'énormes différences. Par exemple, les couches d'Effingen à Effingen même sont dessinées avec une épaisseur de 200 m., de même les couches du Geissberg!

Voici encore pour une nouvelle comparaison les épaisseurs du Malm d'après les observateurs plus récents, les chiffres mesurés sur les planches de profils du Livret-guide géologique dans le Jura et les Alpes de la Suisse, 8°, Lausanne 1894:

	Schardt	Jaccard	Rollier		
Malm:	950 m. au Reculet	400 m. au Creux-du-Van	550 m. à Rondchâtel	500 m. au Montoz	400 m. à Selzach (le Portl. manque)

	Schmidt	F. Mühlberg	
Malm:	500 m au Blauen (Oxfordien — Séquanien)	350 m. à Oberbuchsiten (Argovien — Kimeridien)	275 m. au Kellenköpfli (Argovien — Séquanien)

Dans les profils d'Ed. Greppin de la chaîne du Raimeux (Eclogæ geol. Helv., vol. 1, n° 3, pl. 2), on mesure pour le Malm (sans Portlandien) 375 m.; et dans celui de M. le professeur Lang pour le Malm du Weissenstein 475 m., de même sans le Portlandien (ibid. pl. 1).

Afin d'avoir des points de repère pour établir les épaisseurs des étages, nous les calculerons par différence d'altitude sur les feuilles de l'Atlas Siegfried, en des points où ils sont peu inclinés ou dans une position horizontale.

Keuper	Schattenweid au Passwang	110 m.	**Lias** . . .	Erschwyl . .	60—80 m.
				Gritt (Neuhäuslein)	60 „
				Passwang . . .	100 „

Dogger (Bajocien — base du Callovien)	Beretenwald . .	180 m.	**Malm** (Argovien — Séquanien sup., dans la région N.-E. de la feuille VII).	Gupfi	274 m.
	Mümmliswyl . .	200 „		Beinwyl	230 „
	Lauchfluh . . .	180 „		Wasserfalle . . .	160 „
	Hirnikopf . . .	160 „		La Mait	150 „
	Ettmenegg . . .	160 „		p. Vermes (Séquanien incomplet).	
	Passwang . . .	170 „		Holznacht . . .	200 m.
	Fringeli	180 „			
	Envelier	200 „			
	Moyenne . . .	180 „			

Pour le Malm des régions occidentales de la feuille VII, voici les chiffres tirés de notre Etude sur les Facies du Malm jurassien (Archives de Genève, 3e pér., t. 19, p. 5-80, 8°, Genève 1888, et Eclogæ geol. Helvetiæ, vol. I):

Combe Grède:	Portlandien complet .	95 m.	Rondchâtel:	Portlandien (incomplet)	48 m.
	Kimeridien . . .	95 „		Kimeridien	86 „
	(sans les marnes à *O. virgula*)			Séquanien	137 „
				Argovien . . .	(interrompu)
	Séquanien . . .	— „		Oxfordien	1 m.
	Argovien	52 „			
Sonnenberg:	Portlandien complet	59 m.	Graitery:	Portlandien (incomplet)	65 m.
	Kimeridien . . .	104 „		Kimeridien	148 „
				Séquanien	66 „
				Argovien	— „
				Oxfordien	20 „
Moron:	Portlandien (incompl.)	51 m.	Pichoux:	—	
	Kimeridien . . .	134 „		Kimeridien	120 m.
	Séquanien . . .	— „		Séquanien	79 „
	Argovien	70 „		Argovien	43 „
	Oxfordien . . .	— „		Oxfordien	— „
Gorges de Moutier:	Séquanien . . .	77 m.	Raimeux:	Séquanien	72 m.
	Argovien	49 „		Argovien	59 „
Choindez:	Séquanien . . .	71 m.			
	Rauracien . . .	53 „			

On voit donc, bien que les lacunes ne permettent pas de faire une sommation des étages du Malm dans les différentes régions du Jura central, que la moyenne de ce groupe, *lorsqu'il est complet*, approche de 500 m. Les moyennes des différents étages sont assez uniformes pour les étages supérieurs; les étages inférieurs, l'Oxfordien surtout, décroissent vers le S. et vers l'E., tel que nous l'avons représenté sur nos profils. Le lithographe n'a cependant pas pu réduire l'Oxfordien à sa juste épaisseur vers le S.-E.

Planche IV.

Les profils non coloriés de planche IV, dressés à la même échelle que les précédents, en continuent la série dans la chaîne du Passwang, à partir des Limmern (prof. 17) vers Langenbrouck (prof. 28), en dehors des limites de la feuille VII. Si nous avons dépassé les limites de notre feuille en dressant des profils dans cette région, c'est pour justifier notre manière de voir dans l'explication des lambeaux de recouvrement (p. 172) et des crêts retombés (p. 180). Les chevauchements invoqués par M. Mühlberg ne sont pas toujours nécessaires pour rendre compte de toutes les irrégularités tectoniques. Néanmoins, ce genre d'accident est ici plus fréquent qu'ailleurs (prof. 19-26) et justifie très souvent les vues de notre honorable confrère.

Pour le pli couché de Neunbrunn, S. de Waldenbourg, comparez pl. IV, prof. 23-26, puis les détails de pl. V.

Planche V.

Cette planche montre ce que l'on voit d'essentiel du pli couché de Neunbrunn au S. de Waldenbourg. Il y a dans cette région assez de preuves contre un chevauchement ordinaire du Dogger par-dessus l'Argovien comme le voudrait M. Mühlberg (Compte rendu de l'excursion de la Société géologique suisse en 1891, Eclogæ geol. Helvet., vol. III, p. 468 et suiv., et p. 500 et suiv.). Les couches à polypiers L (fig. 1) qui sont au moins vésulliennes, sinon bajociennes, par-dessus le Hauptrogenstein, puis les perforations de lithophages au contact du calcaire roux-sableux, le prolongement de celui-ci en arc régulier sous les rochers de Neunbrunn, démontrent un déjettement complet, qu'on ne peut expliquer autrement que par un pli couché, dont l'ensemble est représenté dans pl. IV, prof. 24.

Les détails de fig. 2-3 sont pris sous les rochers, un peu au N. de la grotte de Neunbrunn, et montrent un pétrissage des marnes argoviennes (Effingerschichten) avec les couches de Birmensdorf et du Callovien (Cornbrash), qui rappelle les phénomènes décrits par M. le professeur Heim sur la Lochseite dans le double pli glaronnais. Il ne s'agit ici naturellement que d'un seul pli couché, mais le mouvement du Dogger sur l'Argovien correspond, bien qu'en petit, à celui du Verrucano sur le Flysch, avec étirement et pétrissage (Knetung) du Malm. Nous avons en collection un *Macrocephalites tumidus* étiré, avec stries de glissement, pris en place dans les blocs tourmentés du Callovien de fig. 2. Les dessins ont été lithographiés par M. Heim lui-même; ils sont, comme on peut s'y attendre, la reproduction fidèle de la nature.

Planche VI.

La figure 1 est le croquis du pli très aigu et parfaitement régulier qu'on voit à l'entrée de la Combe de Vaberbin, rive droite, à l'E. de Bressaucourt, vis-à-vis de la cote 528 m. in fig. 3. Il sert de preuve au pli que l'on doit admettre à la côte de Chaité, au S. de Bressaucourt, au-dessus des premiers affleurements du calcaire à cérithes tongrien.

La fig. 2 et la carte fig. 3, à l'échelle de 1 : 25,000, sont suffisamment détaillées pour expliquer les relations du Tongrien avec son substratum qu'il recouvre en discordance. Afin de le mieux faire ressortir, cet étage seul a été colorié. La coupe fig. 2 est prolongée vers le S. en dehors de la petite carte, jusqu'au crêt rauracien de Valbert. Tous les affleurements du terrain montrent que la structure de la montagne de Bressaucourt est parfaitement régulière, avec un déjettement local dans le Malm du flanc N. On voit donc le Tongrien s'avancer en discordance autour du crêt rauracien, qui devait par conséquent déjà exister dans la mer tertiaire. (Voir p. 164, et ajouter la citation: Bull. Soc. géol. de France, 3e série, t. 24, p. 1042.)

La fig. 4 est un croquis relevé dans un chemin de dévestiture au bord du bois E. de Breitenbach. La gompholithe tortonienne n'est pas fossilifère en ce point, mais il n'est pas possible de la distinguer de celle de Fehren et de Mühlematt, autres lambeaux situés non loin de là. La stratification de cette gompholithe n'est pas rendue suffisamment par le dessin. Il ne peut en tout cas pas être question d'en faire un dépôt quaternaire.

La fig. 5 est une coupe construite sur les données visibles sur le terrain, et sur les indications des puits de mine (voir p. 76 à 80), par lesquels on sait positivement que les sables à galets vosgiens reposent directement sur le Sidérolithique, ou sur le Kimeridien. Ils vont butter aux Neufs-Champs contre la falaise aquitanienne (calcaires delémontiens) de Montalin qui plongent sous la Sorne et se redressent à l'entrée E. du village de Courfaivre. Plus au S.-W. on voit de nouveau le Tortonien en couches à peu près horizontales. Ces relations font donc voir un plissement local du fond du val de Delémont avant le dépôt des sables à galets vosgiens et Dinotherium, ainsi qu'une érosion en falaise de l'Aquitanien.

Planche VII.

Le cliché photographique de planche VII a été fait grandeur naturelle d'une partie de la feuille I de la carte de la Suisse au 1 : 250,000, sur laquelle le plissement du sol a été représenté au moyen de signes tectoniques couvrant le moins possible la topographie. Les plis ou chaînes sont numérotés et nommés dans la légende (voir p. 150 et suiv.). Ils sont combinés avec les chevauchements qui affectent leur axe anticlinal, voire même leurs flancs, en indiquant par un angle aigu, au lieu d'un point, la direction du chevauchement. Les déjettements n'ont pas pu être figurés au moyen de ces simples traits-points. Quant aux failles et aux dislocations transverses (décrochements), elles sont confondues sous la même notation (trait double point). Pour leur nombre et leur description, voir p. 150 à 163. Il est facile à celui qui voudrait rendre plus frappante la différence entre les plis et les dislocations transverses ou les failles, de passer en couleurs ces lignes noires en débordant un peu.

ADDITIONS ET CORRECTIONS.

NB. Afin de ne pas les oublier, il serait bon de pointer chacune des notes ou corrections ci-dessous à la page indiquée du texte, cela est même nécessaire pour éviter tout *quiproquo*.

Page 3, ligne 4 et 5 (depuis le bas), lisez aux joints aux lieu de « au joint ».

Page 14, ligne 2 (depuis le haut), *Cidaris Schmidlini* Desor est mal déterminé. C'est le *Cidaris glandaria* Quenst. Voir la note ci-après sur les Cidaris à radioles glandiformes.

Page 14, ligne 4 de la note infrapaginale, après Yonne, ajoutez (Bajocien).

Page 14, ligne 7 de la note infrapaginale, après Dogger, ajoutez (Bathonien).

Page 14. Note sur les Cidaris à radioles glandiformes. Après de nouvelles recherches sur les Cidaris à radioles glandiformes, nous ne pouvons que confirmer nos conclusions sur l'extension verticale de *Cidaris Courtaudina* Cott. Quant à *C. Schmidlini* Desor, nous devons ajouter que le gisement de Montpéreux est douteux pour cette espèce. Il s'agit plutôt de *Cidaris authentica* Desor, synonyme de *Cidarites glandarius* (N. Lang) Quenst. (Petrefaktenkunde 1852), de Longwy (Lorraine), aux figures desquels nos exemplaires se rapportent parfaitement. Seulement Quenstedt, et après lui Desor, ndiquent comme gisement le Coral-rag. Mais il y a ici certainement erreur ou malentendu, car toute la région de Longwy dans les Ardennes françaises ne présente aucune trace de Rauracien. Il s'agit plutôt du calcaire à polypiers du Lédonien ou Bajocien coralligène.

Passons maintenant en revue les espèces de Cidaris à radioles glandiformes établies par les auteurs cités:

1840. L. Agassiz. — Echinodermes fossiles de la Suisse (Nouv. mém. soc. helv. sc. nat., vol. 4, Neuchâtel 1840):

Cidaris cucumifera Ag., tab. 21, fig. 27, p. 70, du terrain à chailles (Raur. inf.) des environs de Besançon, coll. Dudressier. (Figure reproduite par Desor, Syn.)

Cidaris meandrina Ag., tab. 21, fig. 28, p. 70, du terrain à chailles (Séq. inf.) du canton de Soleure, plusieurs exemplaires recueillis par Hugi et Gressly. (La figure est reproduite par Desor dans le Synopsis.)

Cidaris glandifera Goldf., Petref. Germ., tab. 40, fig. 3, p. 120 *(Lapides judaici,* probablement de Palestine, selon Cotteau in Pal. fr., Echin. jur. réguliers, p. 197). Agassiz figure et cite cette espèce tab. 21 a, fig. 9, p. 76, des environs de Bâle, du Monterrible (terrain à chailles), du Randen, etc. Sa figure paraît être cependant un radiole globuleux ou déformé du *Cidaris florigemma,* comme l'on en trouve quelquefois.

1858. E. Desor. — Synopsis des Echinides fossiles, 8°, Paris, Wiesbade 1858, pl. 4 :

Fig. 12, *Cidaris Roisyi* Desor, Oolithe infér. de Privas (Ardèche).

Fig. 9, *Cidaris authentica* Desor, Corallien de Longwy (Lorraine), et Jura bernois (Gressly). Cette espèce est synonyme de *Cidarites glandarius* (N. Lang) Quenst. (Petrefaktenkunde 1852), qui a la priorité. (= Bajocien.)

Fig. 8, *Cidaris Courtaudina* Cotteau (Echin. de l'Yonne), Ool. infér. de Sémur (= Bajocien).

Fig. 4, *Cidaris Schmidlini* Desor, Oolithe du Frickthal (Argovie) (= Bathien).

Fig. 7, *Cidaris cucumifera* Agas., Corallien de Besançon et de la Rochelle (= Rauracien ?).

Fig. 5, *Cidaris meandrina* Agas., Corallien du Günsberg (= Séquanien ?).

La figure de Desor pour cette espèce, reproduite d'Agassiz, diffère de *C. Schmidlini* Des. par des granules étirés dans le sens transversal, et beaucoup plus irréguliers, méandriformes.

1868—1872. E. Desor et P. de Loriol. — Echinologie helvétique, échinides jurassiques, 4°, Paris-Wiesbade.

Cidaris cucumifera. Les figures 6-13 de pl. 2 n'ont plus les gros granules bien alignés de la figure d'Agassiz. C'est pourquoi la synonymie avec l'espèce de Cotteau de l'Yonne, *C. Courtaudina,* nous laisse quelque doute. La figure 13 est plutôt *C. glandaria* Quenst. (= *C. authentica* Desor).

Cidaris meandrina. Les figures 3-6 de pl. 2 n'ont plus les caractères de *C. meandrina* Agas., mais bien plutôt de *C. Schmidlini,* que ces auteurs, puis Cotteau (Pal. fr., Echinides jurassiques réguliers), rapportent à l'espèce d'Agassiz.

Cidaris glandifera Goldf., figurée dans l'Echinologie helvétique, pl. 8, fig. 7-9, p. 54 provient du terrain à chailles (? Crenularisschichten) de Bärenwyl près Langenbrouck (Musée de Bâle).

1875-1880. G. Cotteau. — Paléontologie française, Echinides jurassiques réguliers, 8°, Paris.

Cidaris cucumifera, pl. 148, fig. 1-10, p. 31, du Bajocien. La figure 3, et surtout fig. 4 sont certainement des *Cidaris glandaria* Quenst. sp. Quant à fig. 1, 6, 7, ce sont bien les types de *C. Courtaudina* Cott. (Echin. de l'Yonne), du Bajocien de la Côte-d'Or (Musée de Sémur). Si le type d'Agassiz provient réellement du Calcaire à polypiers lédonien (Bajocien) des environs de Besançon, où il existe en effet des radioles semblables (Pirey), et non pas du Rauracien inférieur (Beauregard), il faut admettre la synonymie de Desor et de Loriol acceptée par Cotteau lui-même.

Cidaris meandrina, pl. 163, fig. 1-10, du Puget (Var), coll. Péron et Cotteau, Bathonien, p. 79. Ce sont bien des *C. Schmidlini* Des., sauf que les granules sont mieux alignés dans l'axe du radiole que dans les figures de Desor. Mais il n'y a rien du type d'Agassiz *(C. meandrina)* dans ces figures de Cotteau. Trouvera-t-on dans le Séquanien inférieur des radioles analogues à celui figuré par Agassiz? L'avenir répondra.

Cidaris glandifera, pl. 196, fig. 1-9, p. 191 et suiv. Les originaux des figures 1, 2, 7, sont de l'Echaillon près Voreppe (Isère) et des environs de Chambéry, donc du Kimeridien ou du Portlandien. Ils sont plus globuleux que les échantillons figurés et provenant de Djebel-Seba, province de Constantine (Algérie). Cotteau réunit à cette espèce, à l'instar de Desor et de Loriol (Echinologie helvétique), le *C. authentica* Des. La ressemblance du type de Longwy avec ceux de l'Echaillon est assez grande, mais la distance stratigraphique des gisements est trop considérable pour justifier cette assimilation. Il n'est pas difficile du reste de trouver des différences spécifiques entre eux.

Les espèces suivantes de la Paléontologie française n'ont pas encore été rencontrées en Suisse:

Cidaris Julii Cott. Bath. de Pasques (Côte-d'Or).

Cidaris episcopalis Cott. Bath. de Pont-l'Evêque (Calvados).

Cidaris Icaunensis Cott. Rauracien de Mailly-Château (Yonne).

Cidaris Guirandi Cott. Corallien de Valfin.

Page 16, fig. 8, Coupe du Furcil près Noiraigue. Les marnes de Bouxwiller sont bien entendu les couches *b-d.*

Page 17, ligne 1 (au haut), au lieu de « se relèvent », lisez: s'élèvent en croupe.

Page 17, ligne 6 (depuis le haut), au lieu de « Bathien supérieur », lisez: Callovien inférieur. — Ces bancs ochracés nous ont livré en outre (sept. 1898) des exemplaires typiques de *Rhynchonella varians.*

Page 17, ligne 8 (depuis le haut), ajoutez: C'est du Bathien supérieur.

Page 17, ligne 19 (depuis le haut), biffer: « ou les *Meandrina*-Schichten de M. Mösch ».

Note sur les couches de Brot, pag. 17. Il est possible que les couches coralligènes à fossiles siliceux de Brot soient du Vésullien supérieur, de même que celles du Chasseron, de Crébillon et de la Baumine derrière le Suchet (Vaud). A Brot, on ne voit pas ce qui repose sur ces couches siliceuses, et les bancs oolithiques du sentier des gorges entre le Furcil et le Saut-de-Brot, qui sont certainement bathiens, ne répondent point aux couches de Brot. Nous hésitons pour ces dernières entre le Bathien supérieur et le Vésullien supérieur.

Page 17, ligne 11 (depuis le bas). A propos de la détermination comme Bajocien des couches de Brot, il est juste de dire que l'erreur provient déjà de Desor et Gressly en 1858.

Page 18, ligne 6 (depuis le bas), après « cette espèce » ajoutez: avec les céphalopodes.

Page 20, ligne 15 (depuis le haut), le genre *Camptonectes* est pris dans le sens de Bayle (Explication de la Carte géol. de la France, Atlas de fossiles). Ces formes lisses sont-elles des *Entolium?*

Page 21, ligne 3 (haut), ajoutez: Voir Bleicher. Bull. Soc. géol. de France, 3e série, t. 24, p. 983.

Page 30, ligne 4, au lieu de « Massif oolithique », lisez: Massif d'oolithe ..... (pour l'accord grammatical des adjectifs qui suivent).

Page 33. Note au sujet des couches à *O. acuminata*. Il y a dans le Frickthal deux niveaux marneux à *O. (Exogyra) acuminata*: l'un du Vésullien inférieur (N. de Frick), l'autre du Bathien inférieur (gare de Hornussen). Ce fait stratigraphique qui ne ressort pas assez de notre texte, p. 33, vient d'être établi sûrement par M. Max Mühlberg, dans une note préliminaire sur l'Oolithique de la Suisse septentrionale. (Voyez Bericht über die 31. Versammlung des Oberrheinischen geolog. Vereins zu Tuttlingen, am 16. April 1898.)

Page 34. Rectification de nom de localité. Les fossiles cités p. 34 sont indiqués par erreur de mémoire comme provenant du village de Lupsingen, mais c'est de Seltisberg, village voisin, qu'il s'agit. M. le Dr Leuthardt, professeur à Liestal, qui a bien voulu nous renseigner, écrit pour le gisement en question, la colline du réservoir de Seltisberg: « Galmshubel ». Le réservoir est creusé dans les calcaires de la base de l'Argovien, et le fossé de la conduite d'eau sur le plateau, à 500 m. au N.-E. de Seltisberg, a mis à découvert les marnes oxfordiennes pyriteuses et le Callovien sous-jacent qui paraît être de peu d'épaisseur. Les travaux datent de 1895-96.

Page 39, ligne 4. A propos du niveau à polypiers de Brot, voir la note ci-dessus, p. 191, ce qui rend incertain le rapprochement indiqué dans la note infrapaginale, p. 39.

Page 40, ligne 6 du deuxième alinéa, ajoutez: Voir Bull. Soc. géol. de France, 3e série, 1896, t. 24, p. 805 et suiv.

Page 50, ligne 7 (depuis le bas), au lieu de « que dans ce dernier pays, entre: ....., lisez: dans ce dernier pays qu'entre ....

Page 52, lignes 5 et 13, au lieu de « *Pygurus tenuis* Des. », lisez *Pygurus Hausmanni* Koch et Dunk. (Clypeaster).

Les *Pygurus Hausmanni* Koch et Dunk. (Beiträge Nordeutsch. Ool., tab. 4, fig. 3), du Rauracien (Korallenkalk) du Hanovre, *P. Icaunensis* Cott., du Rauracien de l'Yonne et *P. tenuis* Desor, du Séquanien de Laufon (Jura bernois), ce dernier un peu aplati par la fossilisation, sont difficiles à distinguer et se rapportent peut-être à la même espèce, d'autant plus que les figures de Desor et P. de Loriol, de Cotteau, etc., apportent quelque incertitude dans la délimitation des formes ainsi nommées. C'est en tout cas l'espèce de Koch et Dunker qui a l'antériorité.

Pygurus Icaunensis Cott. paraît être la forme la plus épaisse des trois; elle se trouve au Lomont en compagnie d'une forme ou espèce plus mince. Un bel exemplaire de cette dernière est conservé dans la collection de la Faculté des sciences de Grenoble, recueilli par M. Kilian dans le gisement du Lomont. A signaler aussi de Develier et du Lomont, *Clypeus subulatus* Y. & B. (Echinites), synonyme de *Clypeus emarginatus* Phil. (Voyez Echinolog. helv., tab. 53, fig. 3, pag. 337.)

Page 52, ligne 6, au lieu de « beau gisement », lisez: nouveau gisement.

Page 52. Aux fossiles cités, ajoutez *Pileus hemisphæricus* (Ag.) Cott. (Pygaster). Le bel exemplaire que nous avons recueilli au S. de Damvant ou de Villars, sur la crête du Lomont, est le premier à signaler dans le Jura. Cet échinide n'est pas cité par Desor et P. de Loriol dans l'Echinologie helvétique. Cotteau le décrit (Pal. franç., Echin. jur. irrég., p. 451) de l'Yonne (Châtel-Censoir, Coulanges), de la Nièvre et de la Côte-d'Or (Sélongey), en ajoutant: « partout très rare ».

Page 59, ligne 7 (depuis le bas), après « le niveau », ajoutez: si tant est que le gisement coralligène de Valfin est bien du Kimeridien supérieur, et non pas du Séquanien supérieur. Il semble, d'après les coupes de M. Schardt (Bull. Soc. vaud., vol. 18, pl. 10, p. 210 et 212), que les calcaires oolithiques blancs fossilifères des environs de Charix et de St-Germain-de-Joux se rencontrent a deux niveaux différents, et que ceux de Valfin occupent le niveau inférieur. Mais comme la plupart des auteurs français (voyez E. Bourgeat in Mém. Soc. pal. suisse, vol. 13, 1886, Notice stratigr. sur le Corall. de Valfin) ont déterminé ces gisements comme facies coralligènes du Kimeridien entier, peut-être n'y a-t-il pas lieu de faire cette distinction? M Schardt dit (loc. cit. p. 215) qu'à Valfin les différents niveaux coralligènes sont confondus, c'est pourquoi il range le tout dans le Kimeridien. Dans le Jura central, il y a réapparition des niveaux coralligènes au sommet de plusieurs étages.

Page 60, ligne 8 (depuis le haut), ajoutez après Kimeridien moyen: de pl. 6, fig. 1.

Page 60, dernier alinéa, après faune ammonitique de Baden, ajoutez: Idem au Born près Aarbourg (Bonigen), dans un gisement exploité dernièrement par M. Mühlberg, riche en *Perisphinctes, Aspidoceras, Holectypus, Collyrites*, etc., de la faune de Baden.

Page 62, troisième alinéa, après « Purbeckien inférieur », ajoutez: Ces fossiles sont: *Cardium Villersense et Corbula inflexa.* Dans ses Etudes géologiques et paléontologiques sur la formation d'eau douce infracrétacée de Villers-le-Lac (Mém. soc. phys. de Genève, vol. 18, 1865, p. 15), et dans sa Description géologique du Jura vaudois (Matériaux carte géol. de la Suisse, 6e livr., p. 179 et suiv.), A. Jaccard dit: *dolomie saccharoïde,* syn. Purbeckien inférieur, dolomies portlandiennes de Lory, Marcou, etc., tandis que sur la planche IV du même ouvrage, il transcrit: *calcaire âpre.*

Page 63, note infrapaginale, au commencement de la dernière phrase, au lieu de « Autrement », lisez: A part cela....

Page 71, avant-dernier alinéa, ajoutez:

Pour répondre à l'objection de M. Schardt (Revue géol. suisse pour 1895, 1er partie, Eclogæ vol. 5, p. 101), que le temps est trop court entre le Valangien et le Néocomien pour permettre le creusage des poches, et que le Valangien supérieur n'aurait pas encore pu exister lors de la formation de ces cavernes, nous ferons observer:

Les calcaires roux, et surtout la limonite qui n'est pas toujours développée, quoi qu'en dise M. Schardt, sont, comme nous l'avons vu p. 71, des dépôts littoraux, réduits par place, ou présentant même des lacunes. Dans les Alpes du Dauphiné (Fontanil près Grenoble), où ils prennent un développement plus normal, ils atteignent au moins 50 mètres d'épaisseur. On peut dès lors parfaitement trouver pendant ou avant le dépôt sporadique de la limonite, des régions littorales où des excavations (bonds, etc., voir p. 119) pouvaient se produire. Le remplissage des poches avec des débris du Valangien inférieur, du Valangien supérieur et de la marne néocomienne est bien entendu une phase subséquente. Or, comme l'on n'a pas trouvé jusqu'ici dans ces poches des roches plus jeunes que la marne néocomienne, on peut s'arrêter momentanément à notre première hypothèse, à la date du Néocomien inférieur pour la phase de remplissage.

Page 75, après le deuxième alinéa, ajoutez le titre:

Coupes des anciens puits de mine du Jura bernois (1847—1884) par A. Quiquerez.

Page 102. Note infrapaginale à ajouter: Pour la composition chimique des matériaux du terrain sidérolithique, voir le Rapport technique sur le Groupe 27 de l'Exposition nationale suisse à Genève en 1896, la reproduction par M. C. Schmidt des analyses du laboratoire des usines de Choindez: minerai de fer de Delémont, sables vitrifiables de Moutier (Petit Champoz) et de Court (Champ-Chalmé).

Page 107. Explication de Fig. 54. La surface corrodée du haut de cette figure se trouve un peu en retrait dans la tranche des autres roches. Elle faisait sans doute partie d'une diaclase dont le prolongement en profondeur se trouvait dans la partie des rochers enlevée par la cluse. C'est de surfaces analogues que J. Thurmann veut parler dans son Résumé relatif au pélomorphisme des roches (Actes soc. helv. sc. nat. 1855, p. 131 et suiv.), où elles portent le nom de *thlasmes* (p. 135). Personne ne verra plus aujourd'hui dans ces aspérités des esquilles produites par un écartement ou des déchirures de la masse pâteuse du calcaire à l'état pélomorphique (mou), mais une corrosion des diaclases de la roche par des eaux acidules. Les poches de bolus rouge vineux logées dans les bancs sous-jacents sont également dues au même phénomène, avant leur remplissage par de l'argile ferrugineuse. Il n'y a pas de grains de minerai de fer dans cette localité, mais on peut en trouver ailleurs (Montagne de Boujean, d'après une communication de M. E. Schüler).

Page 132, ligne 10, au lieu de « en partie jurassienne, se mélangeant », lisez: en grande partie jurassienne, se mélangent....

Page 133, deuxième alinéa, ajoutez la note suivante:

Nous avons aussi constaté l'existence du grès coquillier en couches verticales ou renversées, au S. de Chaux-de-Fonds (Envers des Abattoirs), à mi-côte, dans un sentier vers le bois, en septembre 1898. Il y a donc lieu de distinguer dans cette région entre les marnes coquillières (Helvétien) et le grès coquillier sous-jacent (Burdigalien).

Page 134, ligne 17 (depuis le haut), ajoutez: Voir pl. 6, fig. 4.

Page 134, note infrapaginale, première ligne, au lieu de « ca », lisez ce.

Page 136, avant-dernier alinéa, ajoutez: Les pholades sont des moules internes de la même molasse.

Page 145, avant-dernier alinéa, ajoutez: La localité au N. de Neuhaus où s'exploite le tuf dans la vallée de la Petite-Lucelle est mieux désignée par Kiffis-Mühle. Voir Fliche, Bleicher et Mieg in Bulletin soc. géol. de France, 3e série, t. 22, 1894, p. 471 et suiv.

Page 158, ligne 10 (depuis le haut), au lieu de « chaîne des Epiquerez (n° 43) », lisez: chaîne du Mont-Miroir (n° 41).

A propos des deux chaînes n° 41 et 43, il faut corriger in Livret-guide Suisse, pl. 3, prof. 2, la voussure simple au N. d'Epauvillers, qui est au contraire une voussure oolithique double.

Page 164, ligne 6 (depuis le haut), pour rectifier la citation, voir p. 188.

Page 166, ligne 15 (depuis le haut), au lieu de « certaine », lisez: certain....

Page 166, ligne 24 (depuis le haut), au lieu de « les plis dirigés.... ceux » lisez: le pli dirigé.... celui....

Page 168, ligne 5 (depuis le haut), avant 3°, ajoutez: et....

Page 168, ligne 7, supprimez: et 4°.... jusqu'à la fin de l'alinéa.

Page 168, ligne 15 (depuis le bas), au lieu de « plis », lisez: chaînes.

Matériaux pour la carte géologique de la Suisse, 38e livraison.

Porrentruy J. Thurmann 1830 (Tableau proportionnel in Essai sur les soulèvemens jurassiques du Porrentruy. Mém. de Strasbourg. t. 1).				Delémont J. B. Greppin 1870 (Matériaux carte géologique suisse. 8e livr.).		Chaux A. Jacca (Matériaux ca 6e-7e
				Purbeckien	7 m.	Purbeckien
Etage jurassique supérieur	Groupe portlandien 35 m.	Calcaire portlandien	20 m.	Virgulien	50 m.	Portlandien
		Marnes kimméridiennes	15 m.	Ptérocérien	100 m.	Ptérocérien
Etage jurassique moyen	Groupe corallien (coral-rag) 75 m.	. . . .		Astartien	80 m.	Astartien
		Calcaire à astartes	30 m.			Hypocorallie
		Calcaire à nérinées	20 m.	Corallien	100 m.	Pholadomyen caires hyd
		Oolite corallienne	20 m.			
	Groupe oxfordien 38 m.	Calcaire corallien	5,5 m.	Hypocorallien	30 m.	Spongitien
		Terrain à chailles (Calcareous grit et glypt. p. parte)	23 m.			
		Marnes oxfordiennes et Kalloway rock	15 m.	Oxfordien	30 m.	...
				Callovien	4–5 m.	Callovien
Etage jurassique inférieur ou	Groupe oolitique 80 m.	Dalle nacrée	7 m.	Dalle nacrée et calcaire roux-sableux (Bathonien supérieur)	30 m.	**Bathonien**
		Calcaire roux-sableux	9,5 m.			
		Great-Oolite	5,5 m.	Bathonien moyen et inf.	80 m.	
		Marnes à *O. acuminata*	4 m.			
		Oolite subcompacte (oolites miliaires et calc. à polyp.)	37 m.	Oolithe inférieure	50 m.	Lédonien
		Oolite ferrugineuse	6,5 m.			
		Grès superliasique	12 m.			
Terrain liasique		Marnes, schistes, calcaires, etc.	60–70 m.	Lias sup. (avec marnes à *A. opalinus*)	40–50 m.	. . . . .
				Lias moyen	10 m.	. . . . .
				Lias inf.	10 m.	. . . . .
				Rhétien	12 m.	. . . . .
Terrain keupérien			60–80 m.	Keuper	130 m.	. . . . .
Terrain conchylien ou **Muschelkalk**				Conchylien	200 m.	. . . . .
				Grès bigarré	40 m.	. . . . .

Tabelle, voir p. 185.

rdon e Tribolet 1873 rches géol. et paléont. le Jura neuchâtelois. ss. inaug., Zurich).	Soleure F. Lang 1863 (Geologische Skizze der Umgebung von Solothurn).	Œnsingen — Baden C. Mösch 1867 (Beiträge zur geologischen Karte der Schweiz. Lieferung 4).	
—		Plattenkalke (?) . . . . 30 m.	(Oberbuchsiten)
dien . . . 50 m.		Wettingerschichten . . . . 25—30 m.	(Regensberg)
rien sup. . 50 m.	Oberer Jura . . . . 240 m.	Badenerschichten . . . . . 10–15 m.	
rien inf. . 100 m.		Letzischichten . . . . . . 10—15 m.	(Rhyfluh)
ien sup. . 110 m.		Wangenerschichten . . . . 20 m.	(Olten, in Baden nur 4 m.)
	Mittlerer Jura (120 m.):		
ien inf. . . 30 m. en . . . . 15 m.	Oberes Terrain à chailles . . 30 m.	Crenularisschichten . . . . . . 2 m.	(Lägern etc.)
omyen . . 20 m.	Unteres Terrain à chailles und Mergel . . . . 24 m.	Geissbergschichten . . . . . 30 m.	
e hydr. . . 150 m.	Oxfordkalk mit Scyphienkalk . 36 m.	Effingerschichten . . . . . 40—50 m.	
ien . . . 15 m.		Birmensdorferschichten . . . . 2 m.	(Zeihen, in Villigen 7 m.)
. . . .	Oxfordmergel und Callovien . 2,5 m.	Ornatenschichten . . . . 1 m.	(Zurzach)
	Unterer Jura (150 m.):		
	Macrocephalusschichten . . . 7,5 m.	Macrocephalusschichten . . . . 13 m.	(Kornberg)
	Discoideenmergel . . . . . 7,5 m.	Variansschichten . . . . . 7—9 m.	
. . . .		Spathkalke . . . . bis 17 m.	
		Oberer Hauptrogenstein . . . . 25 m.	
	Hauptrogenstein . . . . . 105 m.	Mittlerer Hauptrogenstein . . bis 10 m. (Sinuatus- und Meandrinasch.)	
		Unterer Hauptrogenstein . . . 65 m.	
	— —	Blagdenischichten . . . . . ca. 9 m.	
	Humphriesianusschichten . . . 12 m.	Humphriesianusschichten und Neutrale Zone . . . . . bis 19 m.	(Betznau)
. . . .	Eisenrogenstein . . . . und	Sowerbyischichte . . . . . . 0,3 m. Murchisonæschichten . . . . 2 m.	
	Marlysandstein . . . . . . 6 m.		
. . . .	Opalinusthone . . . . . . 12 m. (schwer vom Lias trennbar)	Opalinusschichten . . . . . ca. 50 m.	
	Lias (80 m. am Weissenstein):		
	Liasmergel . . . . 36 m.	Jurensisschichten . . . . . bis 4 m.	
	Posidonienschiefer . . . . . 36 m.	Liasschiefer . . . . ca. 6 m.	
. . . .	Belemnitenbänke . . . . . 6 m.	Margaritatusschichten . . . ca. 2 m.	
	—	Numismalisschichten . . . . . 2 m.	
. . . .	Gryphitenkalk . . . . . . 4,5 m.	Arietenkalk . . . . 2—6 m.	
. . . .	Liassandstein . . . . (mit dem Keuper verwachsen)	Insektenmergel . . . . 33 m.	(Schambelen)
. . . .	**Keuper** (75 m.):		
	Bunte Mergel mit Gyps . . . 45 m. Würfeldolomit . . . . . . 6 m.	Keuper . . . . bis 180 m.	
	Sandiger Thonmergel . . . . 18 m. Lettenkohle . . . . 6 m.	Lettenkohle . . . . bis 30 m.	
. . . .	**Muschelkalk** (105 m.):		
	Oberer Dolomit . . . . . . 7,5 m. Muschelkalk . . . . 6 m. Unterer Dolomit . . . . . 7,5 m.	Hauptmuschelkalk . . . . bis 30 m.	(Felsenau)
	Oberer **Salzthon** und Gyps . 15 m.	Anhydritgruppe . . . . . . 40 m.	(Kaiseraugst)
		Idem . . . . 150 m.	(Felsenau)
		Wellenkalk . . . . 20 m.	(Kaiseraugst)
		Wellendolomit . . . . . . 20—30 m.	(Schwatterloch)
. . . .	. . . .	Buntsandstein . . . . 30 m.	

RÉPERTOIRE ALPHABÉTIQUE

des noms de localités examinées et de personnes, auteurs de renseignements inédits, d'opinions discutées, etc., (non des auteurs après un nom d'étage ou de fossile, ni de leurs livres cités).

Remarque. Il a fallu éliminer de ce répertoire les nombreux noms de localités, fermes isolées, finages, pâturages, forêts, crêts, etc., énumérés p. 150/163 dans la nomenclature des plis (2e partie), et faciles à trouver en suivant les chaînes. Il n'y a du reste aucun renseignement à leur sujet, autre que leur position orographique, ou leur détermination orotectonique. On trouvera là aussi l'énumération des cluses. Pour celle des vallons, voir Ier Supplément, chapitre II, p. 214-228.

N.-B. Muschelkalk jusqu'à p. 3. — Keuper p. 9. — Lias p. 11. — Dogger ou Oolithique p. 40. — Malm p. 62. — Infracrétacique p. 72. — Sidérolithique p. 120. — Molassique p. 137. — Quaternaire p. 147. — Tectonique p. 182. — Explication des planches p. 188. — Additions et corrections p. 194. — Tabelle des épaisseurs des étages p. 196.

A.

B.

C.

D.

E.

F.

G.

H.

I.

J.

K.

L.

M.

N.

O.

P.

Q.

R.

S.

T.

U.

V.

W.

Z.

Matériaux Carte géol. Suisse Livr. 8, nouv. Sér.

CARTES GÉOLOGIQUES

d'ASUEL

et de la

HOHE - WINDE

(environs de Beinwil)

par

Louis Rollier

Echelle = 1: 25000

Publiées par la commission géologique fédérale en 1898.

Report sur pierre d'une partie des feuilles 89. 98. 99 de l'Atlas Siegfried avec l'autorisation du Bureau topogr. fédéral.

Légende & Couleurs

	Diluvium (supprimé sur la carte de Beinwil)
mo	*Marno-calcaires oeningiens*
mv · mr · mg	*Sables à galets vosgiens ou hercyniens, avec Dinotheri[um] marnes rouges et gompholithe d'Argovie (Juranagelfluh)*
mh	*Molasse helvétienne*
md	*Marno-calcaires delémontiens*
ma	*Molasse alsacienne et calcaires subordonnés*
mt	*Calcaire à cérithes et gompholithe d'Ajoie*
	Sidérolithique (bolus rouges et calcaires à grains de limonite)
Ki	*Calcaires kimeridiens*
Sq	*Oolithes et marno-calcaires séquaniens*
Ra · Ar	*Calcaires corallig. rauraciens ⟷ Marno-calc. argovie[ns]*
Ox	*Chailles et marnes oxfordiennes*
D · Ds	*Marno-calc. ferrugineux calloviens*
D · Dm	*Marnes et calcaires oolithiques bathiens et vésuliens*
D · Di	*Calcaires marno-sableux, ferrugin, ou corallig. lédoniens-b[ajociens]*
L · Lo	*Oolithe ferrugineuse aalénienne*
L · Ls	*Marnes supra liasiques*
L · Lm	*Marno-calcaires charmouthiens*
L · Li	*Calcaire et grès sinémuriens*
K	*Keuper*
M	*Muschelkalk*
	Failles ou décrochements (non les plis-failles ni les chevauc[hements])

Carte géologique des environs d'Asuel

Pl. I a

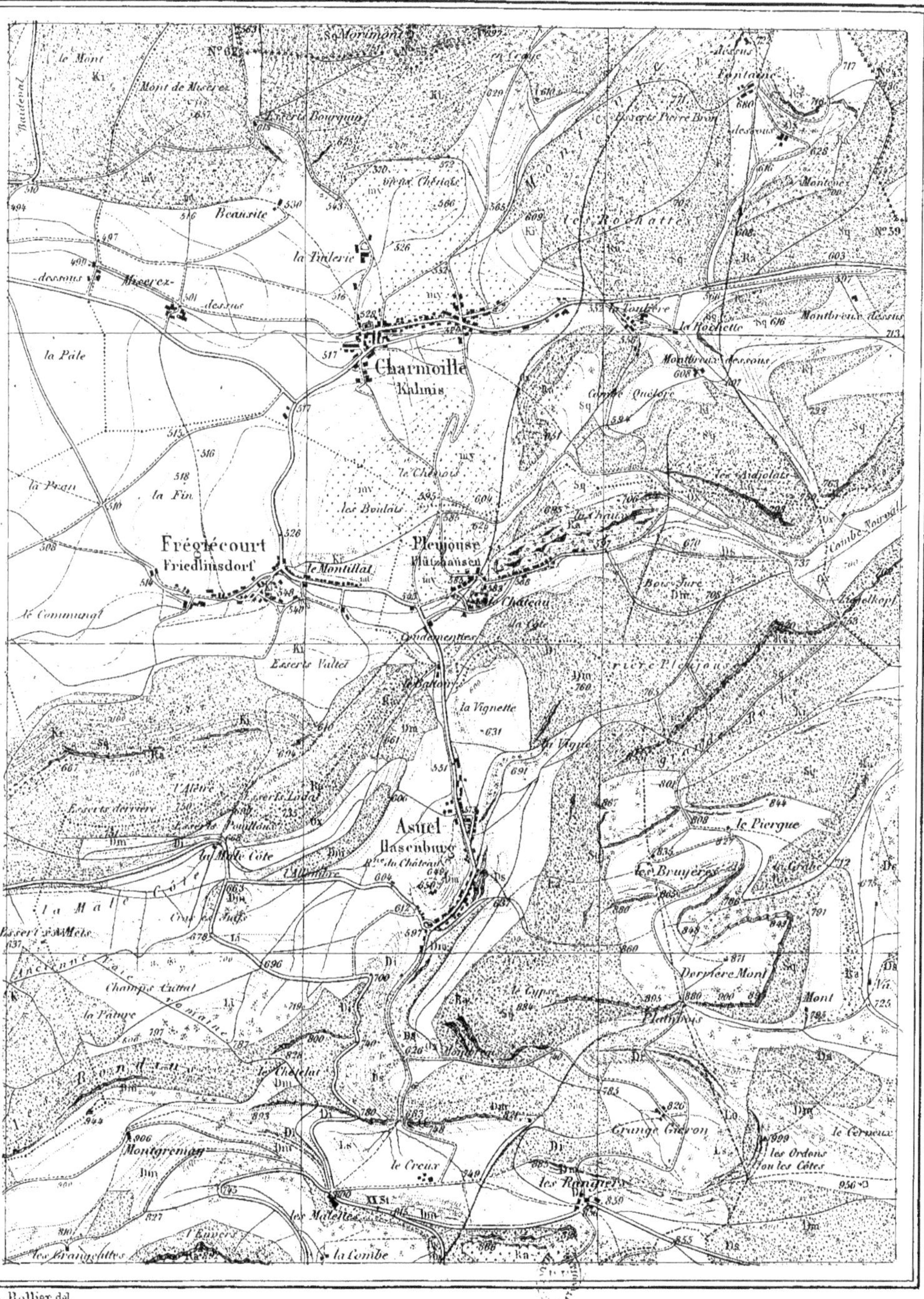

L. Rollier del.

Matériaux Carte géol. Suisse Livr. 8, nouv. Sér.

Carte géologique de la Ho

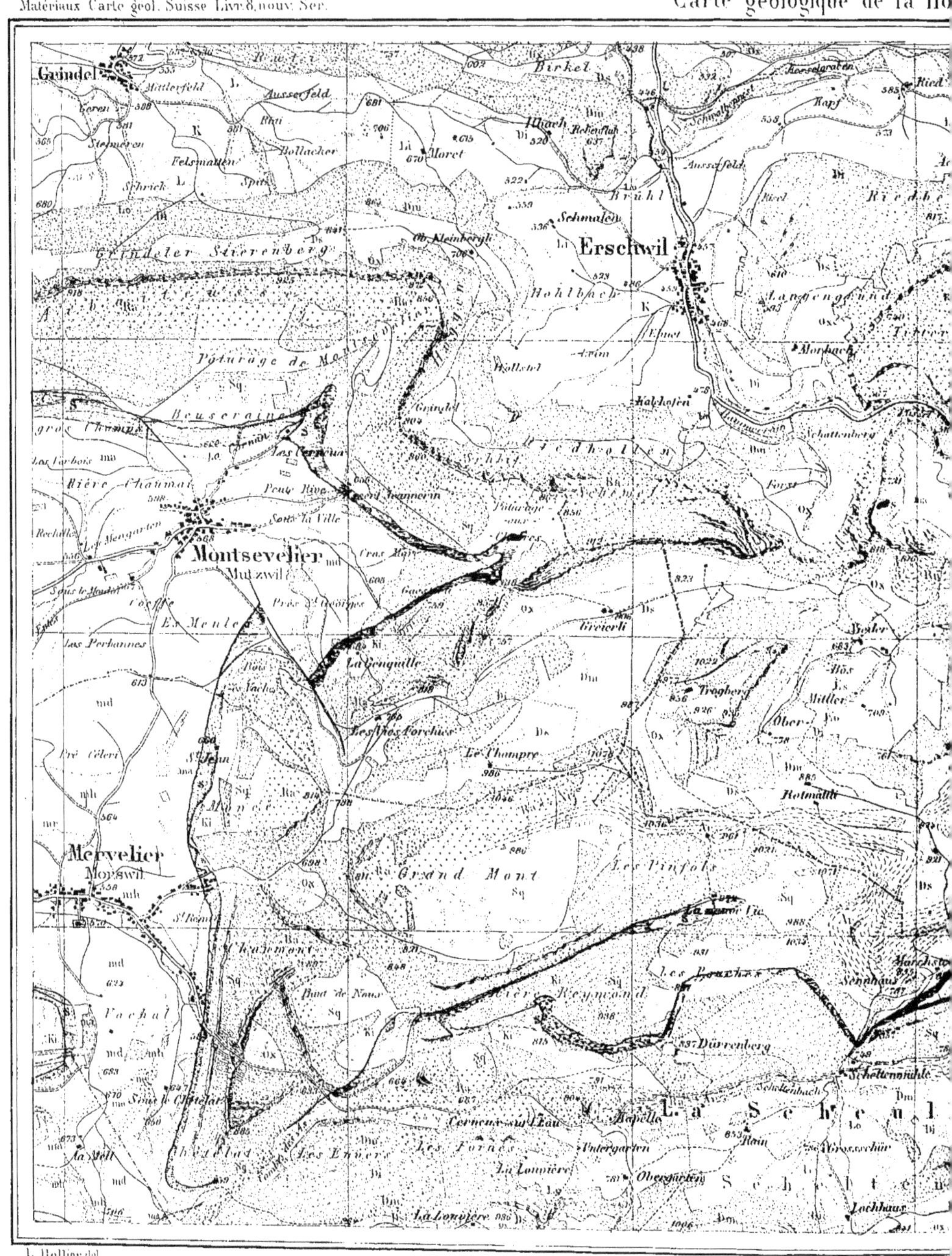

L. Rollier del.

Winde (environs de Beinwil) Pl. I b.

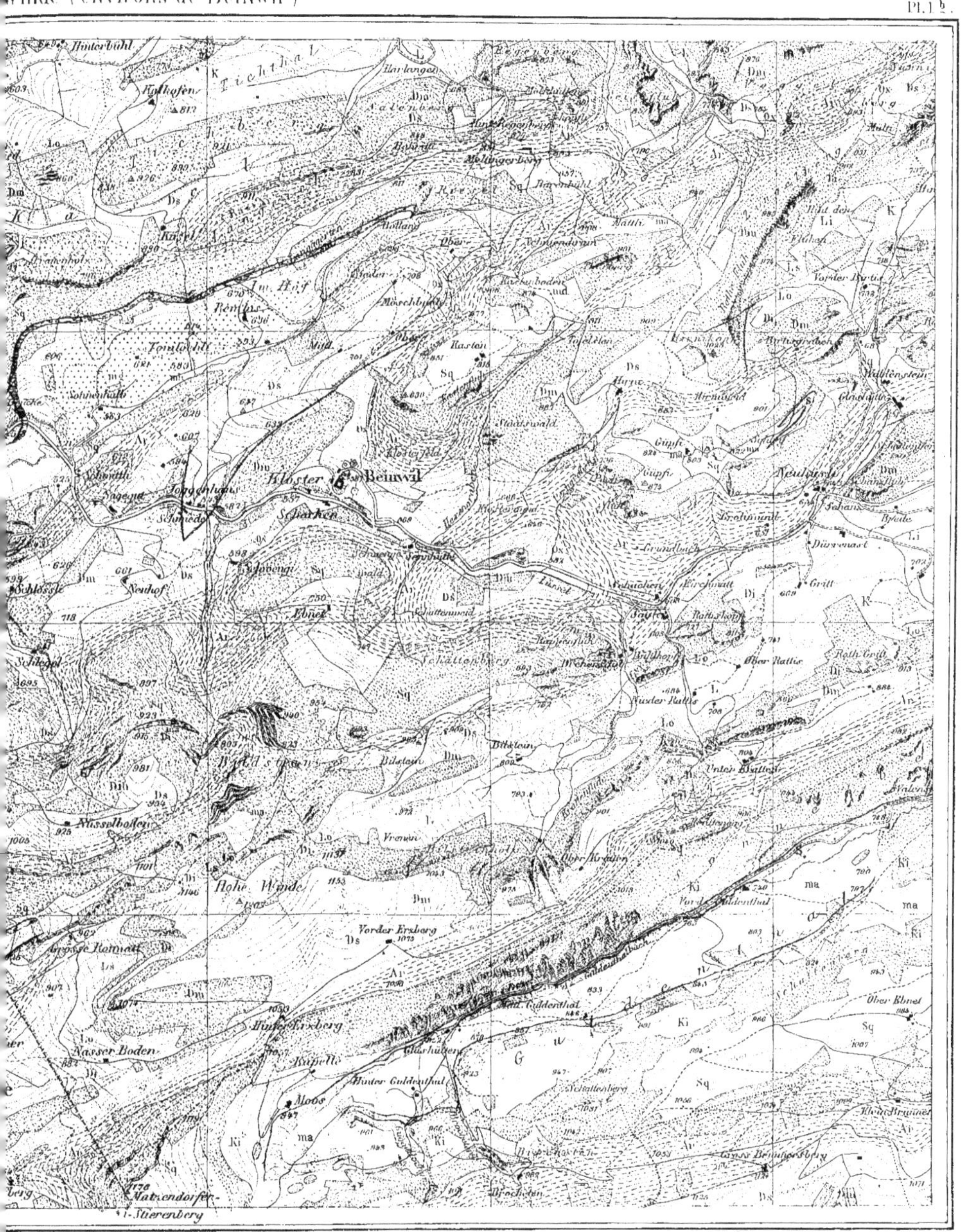

Etablt topogr. à Winterthur J. Schlumpf

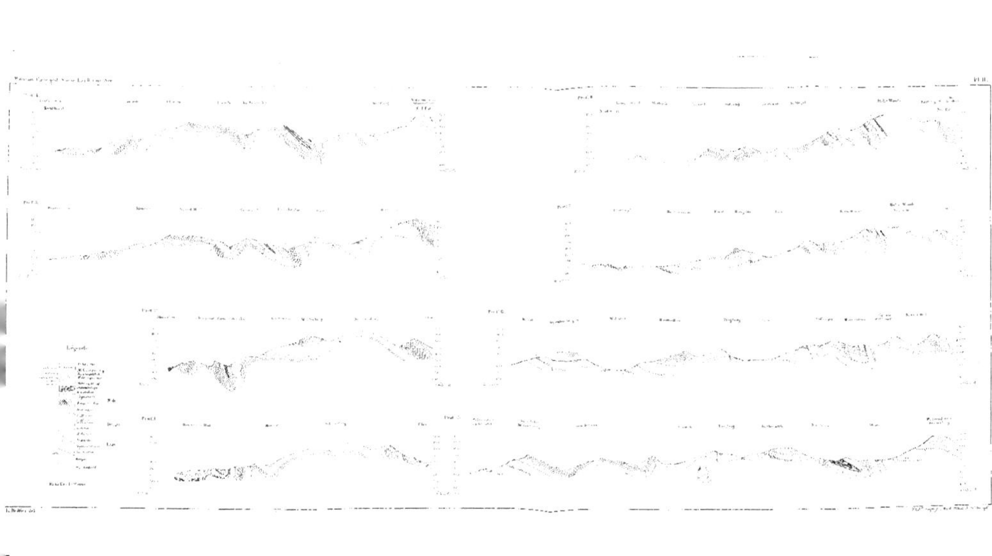

Pl. III.

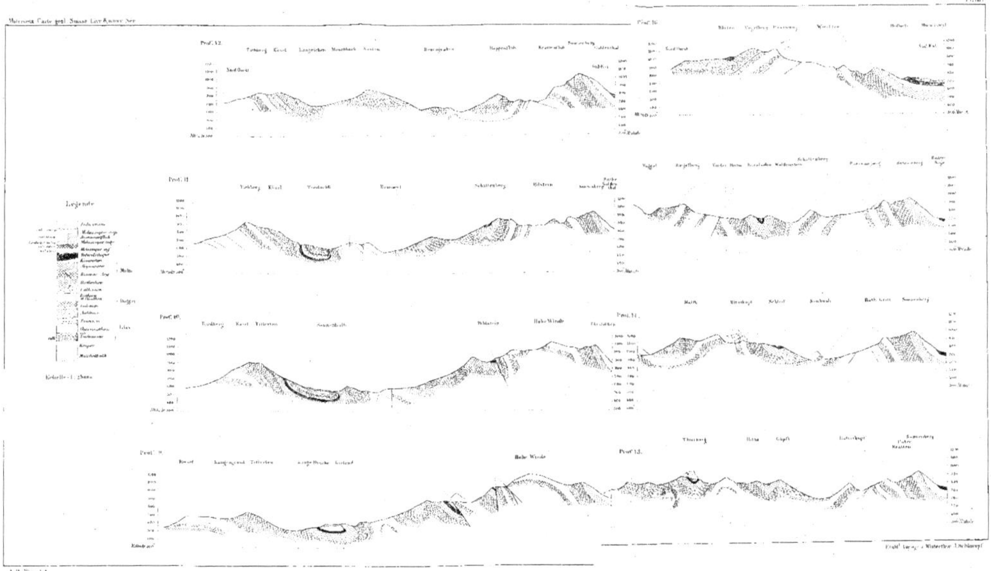

Matériaux Carte géol. Suisse Livr. [illegible]

Prof. 12.

Prof. 11.

Prof. 10.

Prof. 9.

Prof. 13.

Prof. 14.

Prof. 16.

Legende

Hohe Winde

L. Rollier del.

Lith. Anst. v. Wurster, Winterthur

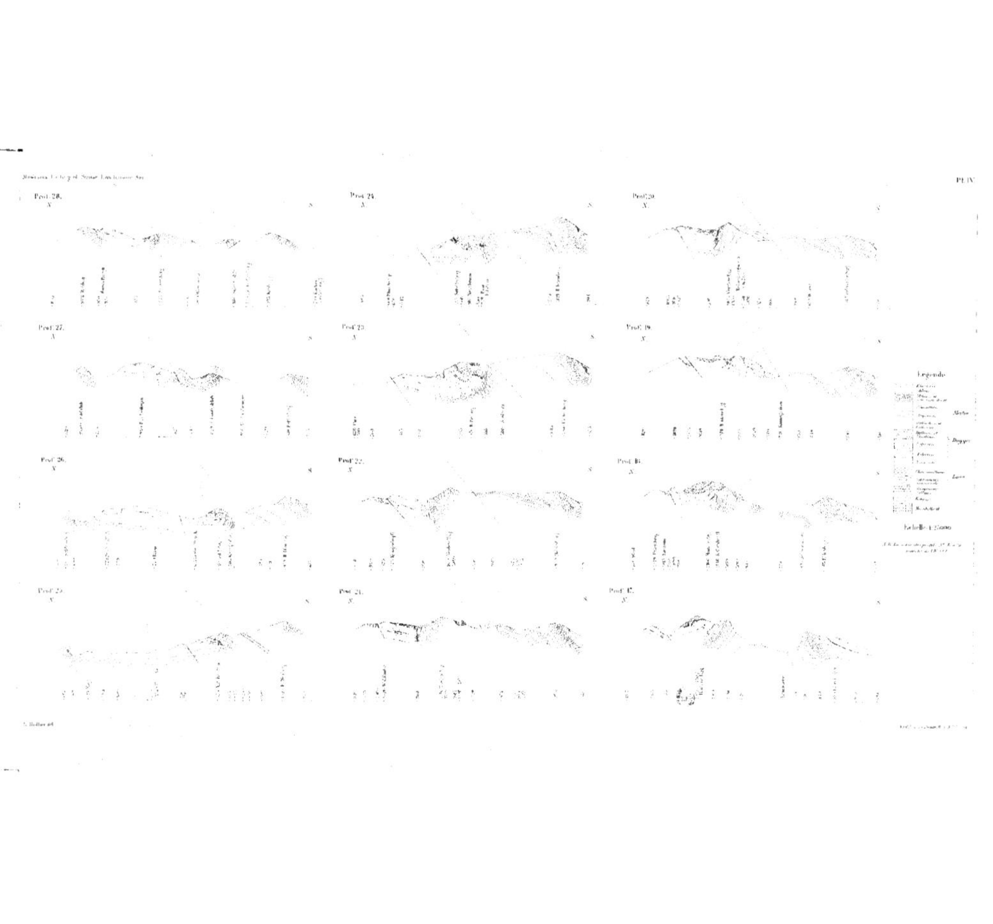

Fig. 1. Vue d'ensemble des rochers de Neunbrunn au Sud de Waldenbourg.

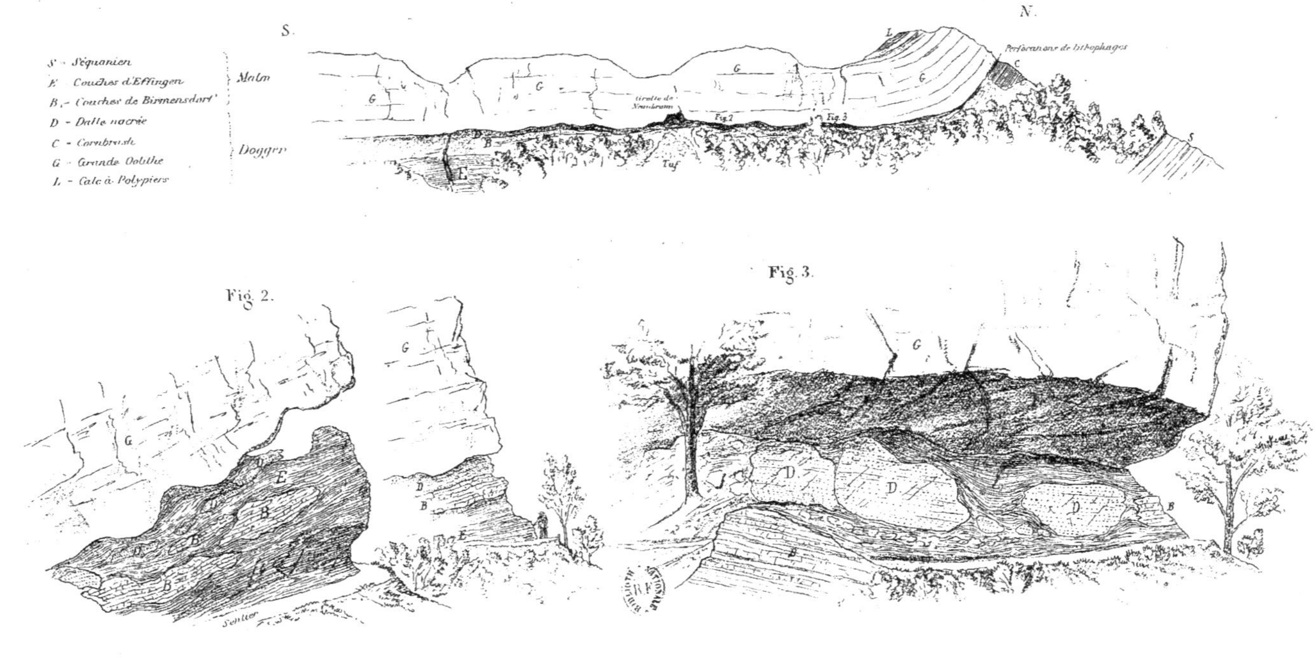

Fig. 2.

Fig. 3.

L. Rollier del.

Etabl. topogr. à Winterthur J. Schlumpf.

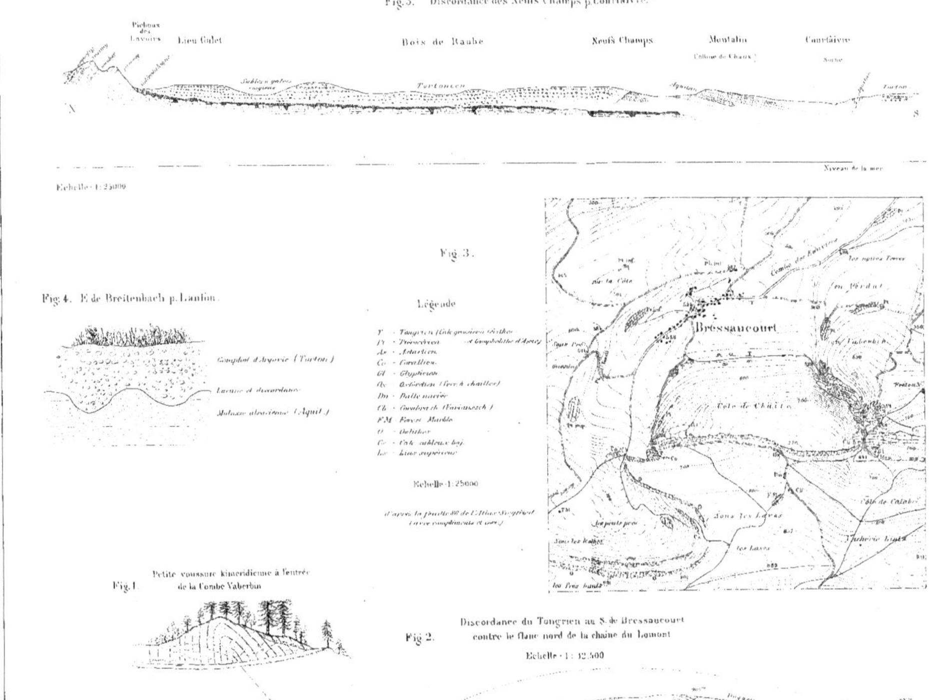

L. Rollier del.

Etabl. topogr. J. Wurster & Schlumpf

SOLOTHURN
TECTONIQUE DE LA FEUILLE VII
Pl. VII
Photographie d'un report sur la partie correspondante de la carte Dufour au 1:250 000 (édition 1896), avec autorisation du Bureau topographique fédéral
NOMENCLATURE DES PLIS OU ANTICLINAUX
1 Montbijou
2 Macolin
6 Chasseral
8 Pontins
9 Château d'Erguel
13 Weissenstein
18 Sonnenberg
20 Pouillerel
24 Pl. du fond du val de Tavannes
32 Basse Montagne de Moutier
42 Vacheresse
43 Epiquerez
44 Clairmont
45 Passwang
53 Lomont
56 Homberg — Rechtenberg
62 Banné — La Perche
63 Perchet p. Damvant
Signes tectoniques
Axes des plis (normaux ou déjetés)
Chevauchements des axes anticlinaux
Idem, autre direction du chevauchement
Autres dislocations (Décrochements, Failles)

Sechste Lieferung: *A. Jaccard, Description géologique du Jura vaudois et neuchâtelois et de quelques districts adjacents du Jura français et de la plaine suisse compris dans les feuilles XI et XVI de l'atlas fédéral,* 1 vol. et 2 cartes (XI, XVI). 1869.

Le tout frs. 30. —
Le texte „ 10. —
Feuille XI, 2e édit. „ 10. —
Feuille XVI, épuisée, la 2e édition paraîtra prochainement.

Siebente Lieferung: I. *A. Jaccard, Supplément à la description géologique du Jura vaudois et neuchâtelois,* avec une carte (feuille VI), 1870. Le tout frs. 15. —
Le texte „ 5. —
Feuille VI „ 10. —

II. *A. Jaccard, Deuxième supplément à la description géologique du Jura neuchâtelois, vaudois, des districts adjacents du Jura français et de la plaine suisse,* avec une carte, deuxième édition de la feuille XI, 1893, 4 phototypies et 4 planches. Le tout frs. 25. —
Le texte „ 15. —
Feuille XI „ 10. —

Achte Lieferung: *J. B. Greppin, Description géologique du Jura bernois et de quelques districts adjacents compris dans la feuille VII de l'atlas fédéral,* avec 2 cartes, une planche de profils géologiques et sept de fossiles. 1870. Le tout frs. 31. —
Le texte „ 15. —
Feuille VII „ 10. —
„ II „ 6. —

L. Rollier, Ier Supplément, Structure et histoire géologiques d'une partie du Jura central, avec deux cartes géologiques au 1 : 25,000, 4 planches de profils et 1 phototypie. 1894. frs. 15. —

Pour le IIme supplément voir: *Huitième livraison, nouvelle série.*

Neunte Lieferung: *H. Gerlach, Das südwestliche Wallis mit den angrenzenden Landesteilen von Savoyen und Piemont.* Hierzu Blatt XXII und 1 Blatt Profile. 1872.
Zusammen Fr. 25. —
Text „ 10. —
Blatt XXII mit Profilen „ 15. —
„ XXII ohne Profile „ 10. —

Zehnte Lieferung: *C. Mœsch, Der südliche Aargauer Jura und seine Umgebungen,* enthalten auf Blatt VIII des eidgenössischen Atlas, mit einem Anhang zur IV. Lieferung der Beiträge (Aargauer Jura). 1874. Zusammen Fr. 20. —
Text „ 10. —
Blatt VIII „ 10. —

Elfte Lieferung: *F. J. Kaufmann, Gebiete der Kantone Bern, Luzern, Schwyz und Zug,* enthalten auf Blatt VIII (Rigi und Mittelschweiz), mit 6 Tafeln, enthaltend Gebirgsansichten, Specialkarten und Petrefakten, nebst einer Beilage: Systematisches Petrefakten-Verzeichnis der helvetischen Stufe der Schweiz und Schwabens, von *K. Mayer.* 1872. Hierzu Blatt VIII des eidgenössischen Atlas. Zusammen Fr. 35. —
Text „ 25. —
Blatt VIII „ 10. —

Zwölfte Lieferung: *V. Gilliéron, Les Alpes de Fribourg en général et Montsalvens en particulier*, avec 10 planches, comprenant une carte géologique, des profils et des fossiles. 1873. frs. 20. —

Dreizehnte Lieferung: *A. Escher von der Linth, Geologische Beschreibung der Säntisgruppe*, 1878. Mit vielen Holzschnittprofilen und 6 Tafeln kolorierter Profile.

Hierzu angeheftet:

C. Mœsch, Zur Paläontologie des Säntisgebirges. Mit 3 Tafeln Abbildungen. 1878.

Zu dem Ganzen: Geologische Karte des Säntis, 1 : 25,000, aufgenommen von *A. Escher von der Linth.* Zusammen Fr. 35. —

Text „ 20. —

Karte des Säntis, 1 : 25,000, mit Profilen „ 15. —

„ „ „ „ ohne Profile „ 10. —

Vierzehnte Lieferung: *A. Escher von der Linth, Gutzwiller, Kaufmann* und *Mœsch, Geologische Beschreibung des Kantons St. Gallen und der angrenzenden Gegenden.* 1877—1881. Mit Blatt IX. Fr. 65. —

Daraus einzeln:

I. *Gutzwiller, A., Molasse und jüngere Ablagerungen.* 1877. Fr. 8. —

IIa. *Kaufmann, F. J., Kalkstein- und Schiefergebiete der Kantone Schwyz und Zug und des Bürgenstocks bei Stans.* 1877. Fr. 15. —

IIb. *Mayer, K., Paläontologie der Pariserstufe von Einsiedeln und seinen Umgebungen.* 1877. Fr. 7. —

III. *Mœsch, Geologische Beschreibung der Kalkstein- und Schiefergebirge der Kantone St. Gallen, Appenzell und Glarus.* 1881. Mit 4 Doppeltafeln Profilen in Chromo und zehn Holzschnitten. Fr. 25. —

Blatt IX „ 10. —

Fünfzehnte Lieferung: *Karl v. Fritsch, Das Gotthardgebiet*, 1873. Mit einer Karte des St. Gotthard und 3 Profiltafeln. Zusammen Fr. 25. —

Text „ 10. —

Karte des Gotthard, 1 : 50,000 „ 10. —

Die 3 Profiltafeln „ 5. —

Sechzehnte Lieferung: *E. Renevier, Monographie des Hautes-Alpes vaudoises.* 1890. Avec une carte des Hautes-Alpes vaudoises, 4 planches de profils, 2 phototypies.

Le tout frs. 30. —

Le texte „ 20. —

Carte des Hautes Alpes vaudoises, 1 : 50,000 „ 10. —

Siebenzehnte Lieferung: *Torquato Taramelli, Il cantone Ticino meridionale ed i paesi finitimi.* Spiegazione del foglio XXIV Duf., colorito geologicamente da *Spreafico, Negri e Stoppani.* 4°. Avec une esquisse de la feuille XXIV et 3 planches de profils. 1880. Le tout frs. 30. —

Le texte „ 20. —

Feuille XXIV „ 10. —

Achtzehnte Lieferung: *V. Gilliéron, Description des territoires de Vaud, Fribourg et Berne* compris dans la feuille XII entre le lac de Neuchâtel et la crête du Niesen. Avec un tableau des terrains et 13 planches, brochés à part. 1885. Le tout frs. 35. —
Le texte „ 25. —
Feuille XII „ 10. —

Neunzehnte Lieferung: *Gutzwiller* und *Schalch, Geologische Beschreibung der Kantone St. Gallen, Thurgau und Schaffhausen.* Hierzu Blatt IV und V des eidg. Atlas. 1883. Zusammen Fr. 20. —
Text „ 10. —
Blatt IV/V „ 10. —

Zwanzigste Lieferung: *A. Baltzer, Der mechanische Kontakt von Gneis und Kalk im Berner-Oberland.* Mit Atlas von 13 Tafeln und einer Karte. Mit Zugrundelegung der eidg. Aufnahmskarten im Massstab von 1:50,000. Geolog. kol. 1880. Zusammen Fr. 50. —
Text „ 25. —
Atlas allein „ 25. —

Einundzwanzigste Lieferung: *E. v. Fellenberg* und *C. Mœsch, Geologische Beschreibung des westlichen Teiles des Aarmassivs, enthalten auf dem nördlich der Rhone gelegenen Teile des Blattes XVIII.* 1893.

I. *Das Hochgebirge zwischen der Rhone, dem Gasteren- und Lauterbrunnenthal* von *E. v. Fellenberg.* Mit 6 Zinkographien und zwei lithographischen Tafeln. Dazu ein Atlas mit 18 Tafeln und einer Exkursionskarte.

II. *Die Kalk- und Schiefergebirge der Kienthaleralpen, der Schilthorn- und Jungfraugruppe und der Blümlisalpkette vom Lauterbrunnenthal bis zum Öschinensee* von *C. Mœsch.* Mit einer Doppeltafel von Profilen und sechs in den Text gedruckten Holzschnitten. Zusammen Fr. 35. —
Text mit Atlas „ 25. —
Hierzu Blatt XVIII „ 10. —

Zweiundzwanzigste Lieferung: *G. Ischer, E. Favre* et *H. Schardt, Territoires des cantons de Berne, Vaud, Fribourg, Valais et du Chablais, contenus dans la feuille XVII.*

I. *E. Favre* et *H. Schardt, Description géologique des Alpes du canton de Vaud et du Chablais jusqu'à la Dranse et de la chaîne des Dents du Midi, formant la partie ouest de la feuille XVII,* avec une carte géologique et un atlas de 18 planches. 1887. Le tout frs. 35. —
Le texte avec atlas „ 25. —
Feuille XVII „ 10. —

II. Die übrigen auf *Blatt XVII* enthaltenen Gebiete werden in der *Neuen Folge* erscheinen und zwar bearbeitet von *H. Schardt* und *Maur. Lugeon.*

Dreiundzwanzigste Lieferung: *Fr. Rolle, Das südwestliche Graubünden und nordöstliche Tessin,* enthalten auf Blatt XIX des eidgenössischen Atlas und mit 9 Profiltafeln. 1881. Zusammen Fr. 15. —
Text „ 5. —
Blatt XIX „ 10. —

Vierundzwanzigste Lieferung: *Baltzer, Kaufmann* und *C. Mœsch, Das Centralgebiet der Schweiz,* enthalten auf Blatt XIII. Paläontologische Beilage von *Mayer-Eymar.*

I. *F. J. Kaufmann, Emmen- und Schlierengegenden nebst Umgebungen, bis zur Brünigstrasse und Linie Lungern-Grafenort.* Atlas mit 30 Tafeln und Karte. 1886. Zusammen Fr. 40. —
Text mit Atlas „ 30. —
Blatt XIII „ 10. —

II. *K. Mayer-Eymar, Systematisches Verzeichnis der Kreide- und Tertiär-Versteinerungen der Umgegend von Thun, nebst Beschreibung der neuen Arten.* 1887. Fr. 8. —

III. *C. Mœsch, Die Kalk- und Schiefergebirge zwischen dem Reuss- und Kienthal.* Mit einem Atlas von 35 Profiltafeln und einem geologischen Kärtchen. 1894. Fr. 30. —

IV. *A. Baltzer, Das Aarmassiv nebst einem Abschnitt des Gotthardmassivs,* enthalten auf Blatt XIII. Mit 9 lithographirten Tafeln, 2 in Lichtdruck und 34 Zinkographien im Text. 1888. Text allein Fr. 20. —

Fünfundzwanzigste Lieferung: *Alb. Heim, Geologie der Hochalpen zwischen Reuss und Rhein.* Text zur geolog. Karte der Schweiz, Blatt XIV, mit 8 Profiltafeln. Nebst einem Anhang von petrographischen Beiträgen von *Carl Schmidt.* 1891.
Zusammen Fr. 35. —
Text „ 25. —
Blatt XIV „ 10. —

Sechsundzwanzigste Lieferung: Der Text zu *Blatt XXIII* und dem östlich angrenzenden Gebiet ist in Vorbereitung durch *C. Schmidt.*
Hierzu ist erschienen: Blatt XXIII Fr. 10. —

Siebenundzwanzigste Lieferung: 1. *Heinrich Gerlach.* Sein Leben und Wirken. 2. *Die Penninischen Alpen.* Abgedruckt mit Bewilligung der betreffenden Kommission der S. N. G. aus Band XXII der Neuen Denkschriften der S. N. G. Mit einer Profiltafel. 3. *Bericht über den Bergbau im Kanton Wallis.* Durch den hohen Staatsrat autorisierter Abdruck. 1883. Fr. 20. —

Achtundzwanzigste Lieferung: *Alph. Favre, Carte du phénomène erratique et des anciens glaciers du versant nord des Alpes suisses et de la chaîne du Mont-Blanc.* 4 feuilles. 1 : 250,000. 1884. Fr. 20. —

Alph. Favre, Texte explicatif de la Carte du phénomène erratique etc., précédé d'une *Introduction* par *Ernest Favre* et suivie d'une biographie de *Léon Du Pasquier* par *Maur. de Tribolet.* Avec 2 portraits. 1898. Fr. 3. —

Neunundzwanzigste Lieferung, die vier Eckblätter enthaltend. 1887.
Blatt I: *Titelblatt.* Fr. 1. —
„ V: *Verzeichnis von Ortsbenennungen in verschiedenen Sprachen.* „ 1. —
„ XXI: *Farben- und Zeichen-Erklärung.* „ 5. —
„ XXV: *Höhen-Angabe der vorzüglichsten Punkte.* „ 1. —

Louis Rollier, Schweizerische geologische Bibliographie. (In Vorbereitung.)

Dreissigste Lieferung: *A. Baltzer, Der diluviale Aargletscher und seine Ablagerungen in der Gegend von Bern, mit Berücksichtigung des Rhonegletschers.* Mit 17 Tafeln und 38 Figuren im Text. Hierzu eine geologische Exkursionskarte der Umgebungen von Bern, in 1 : 25,000, von *Fr. Jenny, A. Baltzer* und *E. Kissling.* 1896.
Zusammen Fr. 20. —
Text „ 15. —
Die Karte allein „ 5. —

Geologische Karte der Schweiz 1:500,000

bearbeitet

im Auftrage der geologischen Kommission der schweiz. naturforschenden Gesellschaft

von

A. Heim und **C. Schmidt.** 1894.

Unaufgezogen Fr. 13. —
Aufgezogen, Taschenformat „ 14. —

Beiträge zur geologischen Karte der Schweiz,

herausgegeben von der

geologischen Kommission der schweiz. naturforschenden Gesellschaft.

Textbände in-4°.

Neue Folge.

Erste Lieferung (des ganzen Werkes 31. Lieferung): *Léon Du Pasquier, Über die fluvioglacialen Ablagerungen der Nordschweiz.* Mit 2 Karten und 1 Profiltafel. 1891.
Fr. 8. —

Zweite Lieferung (des ganzen Werkes 32. Lieferung): *C. Burckhardt, Die Kontaktzone von Kreide und Tertiär am Nordrande der Schweizeralpen vom Bodensee bis zum Thunersee.* Mit einer Karte 1 : 50,000 und 8 Tafeln. 1893. Fr. 10. —

Dritte Lieferung (des ganzen Werkes 33. Lieferung): *E. C. Quereau, Die Klippenregion von Iberg im Sihlthal.* Mit einer geologischen Karte 1 : 25,000, 4 Profiltafeln und 13 Zinkographien. 1893. Fr. 10. —

Vierte Lieferung (des ganzen Werkes 34. Lieferung): *A. Äppli, Erosionsterrassen und Glacialschotter in ihrer Beziehung zur Entstehung des Zürichsees.* Mit einer Karte 1 : 25,000 und 2 Profiltafeln. 1894. Fr. 10. —

Fünfte Lieferung (des ganzen Werkes 35. Lieferung): *C. Burckhardt, Kreideketten zwischen Klönthal, Sihl und Linth.* Mit einer Karte 1 : 50,000 und 6 Tafeln. 1896. Fr. 18. —
Die Karte allein „ 5. —

Sechste Lieferung (des ganzen Werkes 36. Lieferung): *Leo Wehrli, Das Dioritgebiet von Schlans bis Disentis im Bündner Oberland.* Mit einer Karte in 1 : 50,000 und 6 Tafeln. 1896. Fr. 10. —

Siebente Lieferung (des ganzen Werkes 37. Lieferung): *Chr. Piperoff, Geologie des Calanda.* Mit einer Karte in 1 : 50,000, mit Profilen und Ansichten. 1897. Fr. 8. —
Die Karte allein „ 5. —

Achte Lieferung (des ganzen Werkes 38. Lieferung): *L. Rollier, IIme Supplément à la Description géologique de la partie jurassienne de la Feuille VII.* Avec 2 cartes géologiques au 1 : 25,000, une carte orotectonique au 1 : 250,000, 5 planches de profils etc. 1898. Fr. 15. —

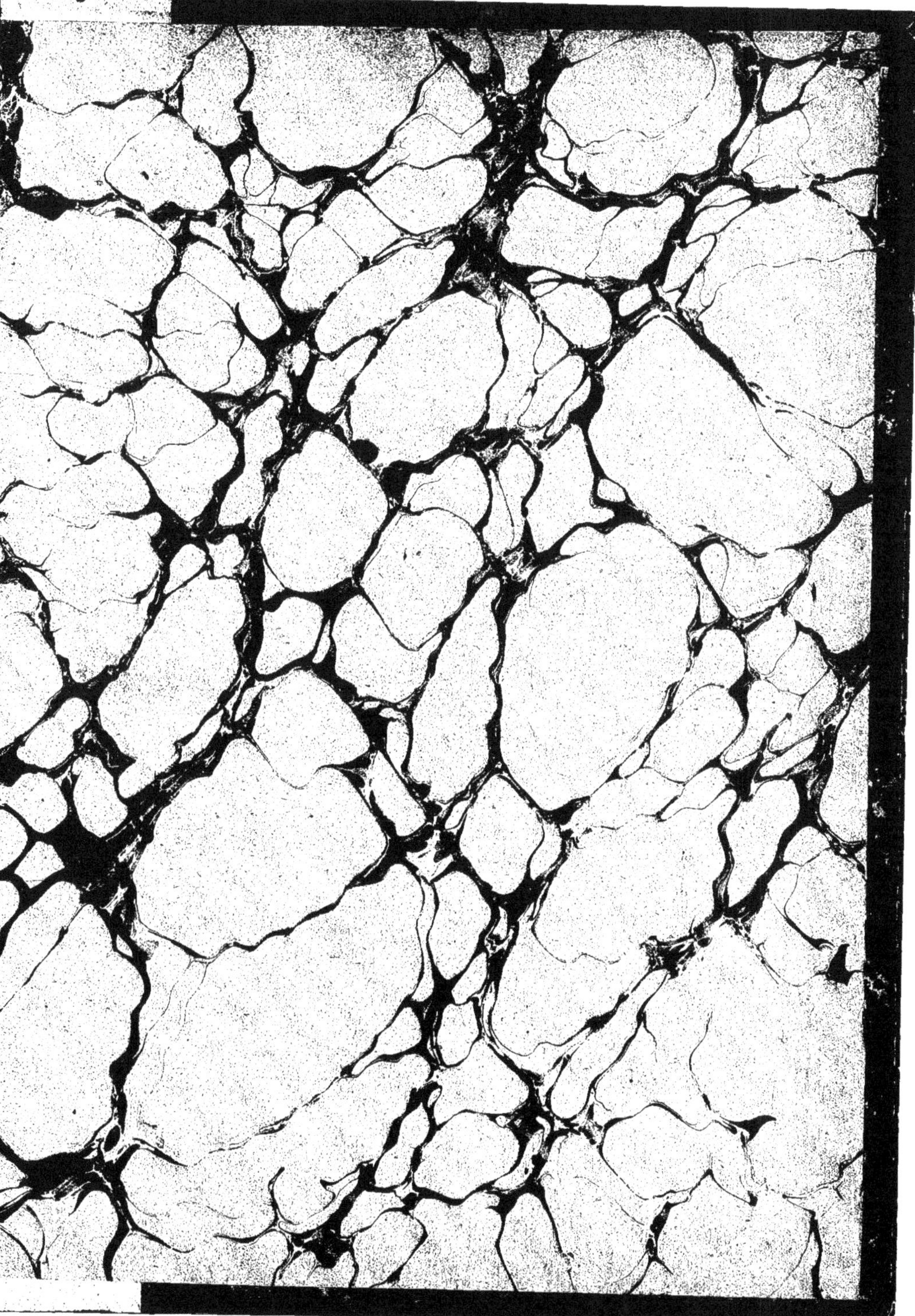

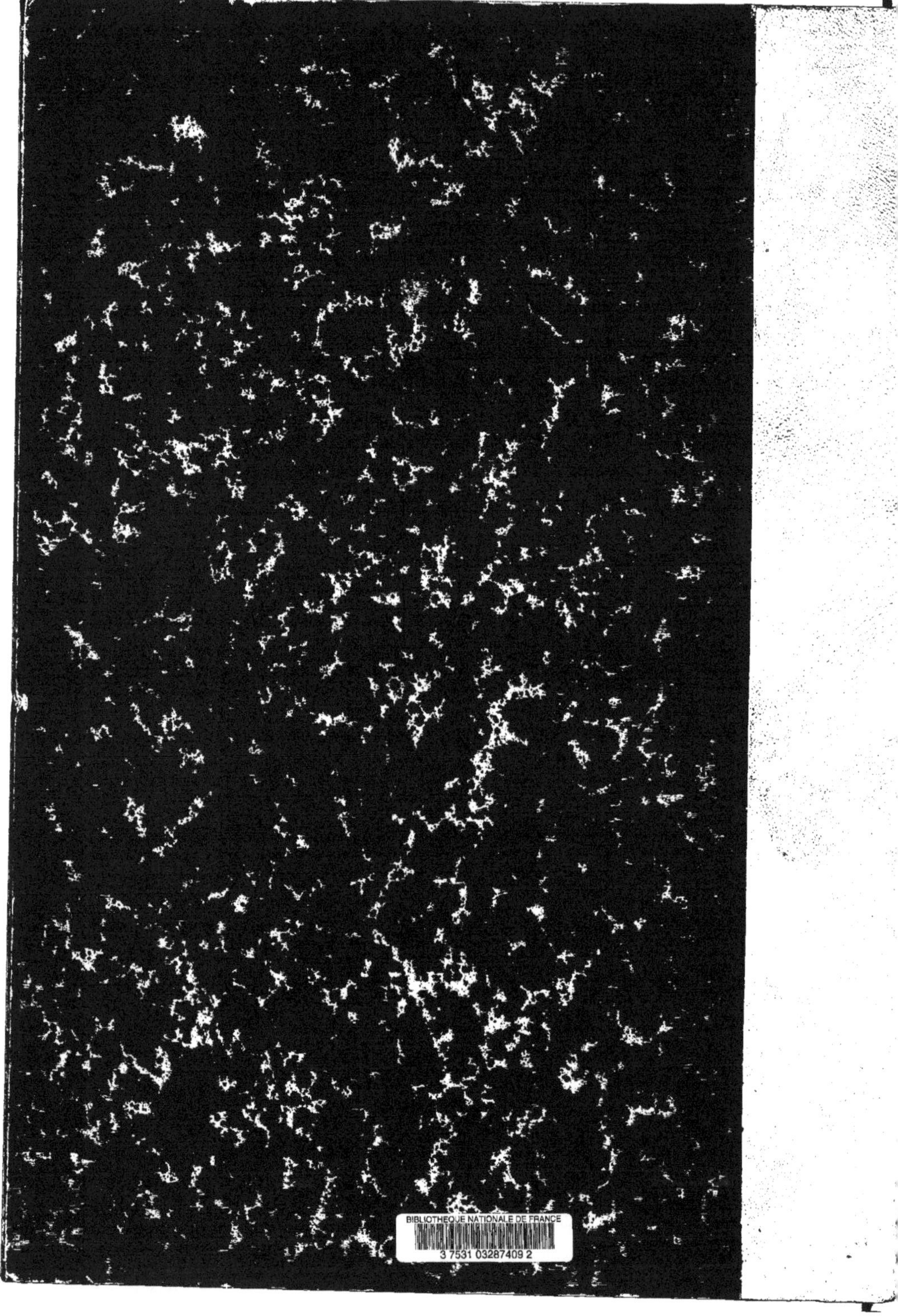

www.ingramcontent.com/pod-product-compliance
Ingram Content Group UK Ltd.
Pitfield, Milton Keynes, MK11 3LW, UK
UKHW020554230726
13926UKWH00005B/2009

9 782014 443790